"十二五"职业教育国家规划教材

经全国职业教育教材审定委员会审定

高职高专土建类专业规划教材工程造价系列

工程造价控制

第 2 版

主　编　马永军

副主编　李兴顺　宋显锐

参　编（以姓氏笔画为序）

　　　　周胜利　姚新红　魏宝兰

主　审　袁建新　陈登明

机械工业出版社

本书是"十二五"职业教育国家规划教材，根据全国高职高专教育土建类专业教学指导委员会制定的工程造价专业教育标准和培养方案及主干课程教学大纲编写。全书系统介绍了工程造价全过程控制的基本知识和典型案例分析，内容包括：工程造价概论、建设项目决策阶段工程造价的计价与控制、建设项目设计阶段工程造价的计价与控制、建设项目招标投标阶段工程造价的控制、建设项目施工阶段工程造价的控制、建设项目竣工决算与保修费用处理。各章章前附有学习目标、学习重点、学习建议和相关知识链接；各章章后附有本章小结、思考题与习题。

本书作为高职院校工程造价专业的教材，结合行业最新规范、规程、标准，力求让工程造价高职高专教育与行业更贴近。本书也可作为工程造价从业人员培训的参考用书。

图书在版编目（CIP）数据

工程造价控制/马永军主编. —2 版. —北京：机械工业出版社，2014.12（2022.7 重印）
高职高专土建类专业规划教材. 工程造价系列
ISBN 978 - 7 - 111 - 48967 - 2

Ⅰ. ①工… Ⅱ. ①马… Ⅲ. ①工程造价控制 - 高等职业教育 - 教材 Ⅳ. ①TU723.3

中国版本图书馆 CIP 数据核字（2014）第 298712 号

机械工业出版社（北京市百万庄大街 22 号 邮政编码 100037）
策划编辑：张荣荣 责任编辑：张荣荣
责任印制：郜 敏 责任校对：常天培
北京富资园科技发展有限公司印刷
2022 年 7 月第 2 版·第 12 次印刷
184mm×260mm·13 印张·312 千字
标准书号：ISBN 978 - 7 - 111 - 48967 - 2
定价：28.00 元

电话服务　　　　　　网络服务
客服电话：010-88361066　机 工 官 网：www.cmpbook.com
　　　　　010-88379833　机 工 官 博：weibo.com/cmp1952
　　　　　010-68326294　金 书 网：www.golden-book.com
封底无防伪标均为盗版　机工教育服务网：www.cmpedu.com

第2版前言

　　《工程造价控制》（第2版）是"十二五"职业教育国家规划教材。根据全国高职高专教育土建类专业教学指导委员会制定的工程造价专业教育标准和培养方案及主干课程教学大纲编写，第1版于2009年由机械工业出版社出版，教材传承注册造价师考试辅导教材的理论，紧扣行业新规范、新规程，当时教材就已纳入了《建设工程工程量清单计价规范》（GB 50500—2008）、《建设项目投资估算编审规程》（CECA/GC1—2007）、《建设项目设计概算编审规程》（CE-CA/GC2—2007）、《建设项目工程结算编审规程》（CECA/GC3—2007）、2007版《中华人民共和国标准施工招标文件》以及《建设项目经济评价方法与参数》（第三版）等，有较强的实用性，至今已第九次印刷。

　　2013年有三部重要的行业新规同在7月1日发布，2013版《建设工程工程量清单计价规范》、2013版《建设工程施工合同（示范文本）》、2013版《建筑安装工程费用项目组成》，此外之前还发布有：《建设项目全过程造价咨询规程》（CECA/GC 4—2009）、《建设工程计价设备材料划分标准》（GB/T 50531—2009）、《建设项目施工图预算编审规程》（CECA/GC 5—2010）、《建设工程招标控制价编审规程》（CECA/GC 6—2011）等，因此本版教材再一次全面更新，以适应行业、职业需求。

　　为了提高教材的实用性，本版教材特别邀请了重庆开源工程项目管理有限公司的陈登明高级工程师（注册造价师）参与教材的修编工作，他所提的建议大大地促进了教材的修定。

　　本版教材编审分工如下：四川建筑职业技术学院袁建新教授为第一主审，重庆开源工程项目管理有限公司陈登明为第二主审；重庆工商职业学院马永军教授担任主编与统稿工作；陕西省建筑职工大学李兴顺、河南职业技术学院宋显锐担任副主编；第一章由马永军编写，第二章由太原城市职业技术学院魏宝兰编写，第三章由河南职业技术学院宋显锐编写，新增的第三章第四节由马永军编写，第四章由江门职业技术学院周胜利编写，第五章由李兴顺与马永军共同编写，第六章由山西建筑职业技术学院姚新红编写。

　　本教材仍可能存有不足之处，欢迎同行、专家和广大读者批评指正。

编　　者

目 录

第一章 工程造价概论

学习目标：

　　了解本课程的学习内容，掌握建设工程造价构成及本章深度建设投资估算，能够完成进口设备购置费案例计算和简单的建设项目投资额估算案例的计算。

学习重点：

　　工程造价构成，国产标准设备原价，进口设备原价、购置费计算，价差预备费计算，建设期贷款利息计算。

学习建议：

　　本章是全书重点章节之一，通过对工程造价控制的基本工作学习，初步了解本课程学习任务；通过工程造价构成的计算，掌握我国工程造价各项费用的构成。

相关知识链接：

　　《建设项目投资估算编审规程》（CECA/GC 1—2007）；《建设项目全过程造价咨询规程》（CECA/GC 4—2009）；《建筑安装工程费用项目组成》（建标［2013］44 号文）等。

第一节 工程造价的基本概念

一、工程造价的含义和特点

（一）工程造价的含义

　　工程，泛指一切建设工程。它可以是建设项目，也可以指单项工程，单位工程、分部工程、分项工程。

　　工程造价是指工程的建造价格。从不同角度，工程造价有建设工程造价和建筑安装工程造价两种含义。

　　1. 建设工程造价

　　一般地从建设项目的角度，业主从项目策划至项目竣工全过程的所有花费称之为建设工程造价。在决策阶段的投资估算、设计阶段的设计概算以及项目竣工验收时项目的竣工决算，计价对象都是整个建设项目，其工程造价均是从这个角度上的定义。在建设总投资构成中的位置及其造价构成如图1-1所示。

　　2. 建筑安装工程造价

　　建设项目进入到实施阶段，项目随即任务分解为单项工程或单位工程来进行设计、招标投标施工发包、合同管理、竣工验收及结算。围绕着单项工程的发承包而进行的工程造价计价称之为建筑安装工程造价。它是拟完成工程施工的建造价格（也称做发承包价格）。施工图设计阶段的单项工程施工图预算；清单计价中，招标投标阶段招标控制价、投标价、合同价；施工阶段末工程竣工结算造价，都是这种定义的工程造价，我们把它称作第二种含义的工程造价，它是第一种工程造价中的建筑安装工程费，如图 1-1 所示。

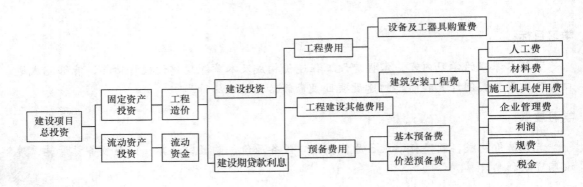

图 1-1　建设项目总投资构成示意图

建筑安装工程造价，亦称建筑安装产品价格。它是建筑安装产品价值的货币表现，和一般商品一样，它的价值是由 $C + V + m$（即：生产资料的转移价值 + 劳动者为自己劳动创造的价值 + 劳动者为社会劳动创造的价值）构成。通过工程招标投标发承包工程是目前建筑安装工程最主要的交易方式。该阶段的计价方法，有定额计价法和工程量清单计价法。

（二）工程造价的特点

由于工程建设的特点，工程造价具有以下特点：

（1）工程造价的大额性。工程的实物形体庞大，且造价高昂。一般民用建工程动则数百万元、上千万元；有些建设项目投资甚至高达数亿元、数十亿元。工程造价的大额性使其关系到有关各方面的重大经济利益，同时也会对宏观经济产生重大影响。这就决定了工程造价管理控制的特殊地位及其重要意义。

（2）工程造价的个别性、差异性。任何一项工程都有特定的用途、功能、规模，对每一项工程的结构、造型、空间分隔、设备配置和内外装饰都有具体的要求，所以工程内容和实物形态都具有个别性、差异性。产品的差异性决定了工程造价的特殊计价形式。同时每项工程所处地区、地段都不相同，使这一特点得到强化。

（3）工程造价的动态性。任何一项工程从决策到竣工交付使用，都有一个较长的建设期间，少则 1~2 年，长的 3~5 年。在预计工期内，许多影响工程造价的动态因素，如工程变更，设备材料价格，工资标准以及费率、利率、汇率会发生变化。这种变化必然会影响到造价的变动。所以，工程造价在整个建设期中具有动态性，且随着工程建设内容的清晰而逐步逼近其实际工程造价，直到竣工决算后才能最终确定工程的实际造价。也正是由于工程造价的动态性，对造价人员提出了更高的要求，需要系统学习全过程工程造价的控制方法与理论。

（4）工程造价的层次性。造价的层次性取决于工程的层次性。一个建设项目由一个或多个单项工程（车间、写字楼、教学楼等）构成。而一个单项工程又是由一个或多个单位工程（土建工程、电气安装工程等）组成，继续细分还有分部工程、分项工程。工程造价一般是由分项工程、分部工程、单位工程逐级汇总而得。工程造价的层次性也正符合现代建设项目的工作任务分解的要求。

（5）工程造价的兼容性。工程造价的兼容性首先表现在它具有两种含义，相互关联，其次表现在不同阶段不同方法确定的造价，深度和作用不同，但都在其各自阶段起着控制造价的共同作用，具有很强的兼容性。

二、建设工程造价相关概念

（一）建设项目总投资、建设工程造价、建设投资

建设项目总投资是投资主体为获取预期收益，在选定的建设项目上投入所需全部资金的经济行为。

建设项目总投资包括固定资产投资和流动资产投资，建设项目工程造价在量上与建设项目固定资产投资相当。建设工程造价包含建设投资、建设期贷款利息、固定资产投资方向调节税（暂停征收），如图 1-1 所示。

《建设项目投资估算编审规程》（CECA/GC 1—2007）（以下简称）07《估算规程》）对建设项目总投资构成的划分，见表 1-1。建设项目总投资，通过建设活动最终形成固定资产投资、无形资产投资、递延资产投资和流动资产。

建设投资与建设项目总投资的关系可用公式表达如下：

$$\frac{\text{建设项目}}{\text{总投资}} = \text{建设投资} + \frac{\text{建设期}}{\text{利息}} + \frac{\text{固定资产投资}}{\text{方向调节税}} + \frac{\text{流动资产}}{\text{投资}} \tag{1-1}$$

（二）静态投资与动态投资

1. 对于建设项目工程造价

根据计算依据与方法不同，建设项目工程造价有静态投资和动态投资之分。

静态投资是以某一基准年、月的建设要素的价格为依据所计算出的建设项目投资的瞬时值。静态投资包括：建筑安装工程费，设备和工器具购置费，工程建设其他费用，基本预备费。通常为估算时点或概算时点的工程造价。

动态投资是指为完成一个工程项目的建设，预计投资需要量的总和。它除了包括静态投资所含内容之外，还包括建设期贷款利息、固定资产投资方向调节税、价差预备费等。动态投资适应了市场价格运行机制的要求，使投资的计划、估算、控制更加符合实际，符合经济运行规律。

2. 对于建设投资

按照计价（估算、概算）的特点，建设投资也有静态投资与动态投资之分。以某一基准年、月的建设要素的价格为依据所计算出的建设投资的瞬时值即为静态的建设投资。包括建设工程费、设备和工器具购置费、安装工程费、工程建设其他费、基本预备费。与建设项目工程造价（固定资产静态投资）内容一致。

由于建设投资不包括建设期利息和固定资产投资方向调节税，所以建设投资的动态因素就只有价差预备费，那么建设投资的静态投资加上价差预备费就是建设投资的动态投资。

表1-1 建设项目总投资构成

费用项目名称				资产类别归并 （限项目经济评价使用）
建设项目总投资	建设投资	第一部分 工程费用	建筑工程费	
			设备购置费	
			安装工程费	
		第二部分 工程建设 其他费用	建设管理费	固定资产费用
			建设用地费	
			可行性研究费	
			研究试验费	
			勘察设计费	
			环境影响评价费	
			劳动安全卫生评价费	
			场地准备及临时设施费	
			引进技术和引进设备其他费	
			工程保险费	
			联合试运转费	
			特殊设备安全监督检验费	
			市政公用设施费	
			专利及专有技术使用费	无形资产费用
			生产准备及开办费	其他资产费用 （递延资产）
		第三部分 预备费用	基本预备费	固定资产费用
			价差预备费	
		建设期利息		固定资产费用
		固定资产投资方向调节税（暂停征收）		
	流动资金			流动资产

第二节　工程造价管理内容

工程造价管理有两种角度。一是建设工程投资费用管理，二是工程价格管理。

建设工程投资费用管理是为了实现投资的目标，在拟定的规划、设计方案的条件下，预测、计算、确定和监控工程造价及其变动的系统活动，是业主角度的造价管理。

工程价格管理，属于价格管理范畴。在社会主义市场经济条件下，价格管理分两个层次。在微观层次上，是施工企业在掌握市场价格信息的基础上，为实现管理目标而进行的成本控制、计价、定价和竞价的系统活动。在宏观层次上，是政府根据社会经济发展的要求，利用法律手段、经济手段和行政手段对价格进行管理和调控，以及通过市场管理规范市场主体价格行为的系统活动。区分两种管理职能，进而制定不同的管理目标，采用不同的管理方法是必然的发展趋势。

一、工程造价计价与控制的基本工作

工程造价的计价与控制的实质就是项目的投资费用管理工作。是以建设项目、单项工程、单位工程为对象，研究其在建设前期、工程实施和工程竣工的全过程各阶段计算和控制工程造价的理论、方法，以及工程造价的运动规律的学科。

工程造价的计价工作，是投资费用管理的基础。根据《建设项目全过程造价咨询规程》（CECA/GC 4—2009）、《建设工程计价设备材料划分标准》（GB/T 50531—2009）、《建设项目投资估算编审规程》（CECA/GC 1—2007）、《建设项目设计概算编审规程》（CECA/GC 2—2007）、《建设项目施工图预算编审规程》（CECA/GC 5—2010）、《建设工程招标控制价编审规程》（CECA/GC 6—2011）、《建设项目工程结算编审规程》（CECA/GC 3—2007）以及《建设工程工程量清单计价规范》（GB 505000—2013）（以下简称13《规范》），包括投资估算、设计概算、施工图预算、招标控制价、投标价、合同价、过程计价、竣工结算、竣工决算。图1-2所示为工程造价全过程计价示意图。

工程造价的控制工作，是以投资费用管理为目的，在批准的工程造价限额内，对工程建设前期可行性研究、投资决策到设计施工再到竣工交付使用所需全部费用的确定、控制、监督和管理，即时纠正发生的偏差，保证项目投资目标的实现以求在各个建设阶段能够合理地使用人力、物力、财力，以取得较好的投资效益，最终实现竣工决算控制在审定的概算额内。

工程造价计价与控制都是全过程的，是从建设项目决策阶段工程造价的预测开始，到工程实际造价的确定和经济后评价（项目的竣工验收）为止的整个建设期间的工程造价的计价与控制管理。

（一）项目建设全过程工程计价

建设项目工程造价的计价与控制贯穿于建设项目从投资决策到竣工验收全过程，具有多次性计价的特点。多次性计价是工程造价计价在各阶段逐步深化、逐步细化和逐步接近实际造价的过程。计价过程各环节之间相互衔接，前者制约后者，后者补充前者。项目的投资估算、项目的设计概算、项目的施工图预算（见规程CECA/GC 5—2010）、项目的竣工决算的

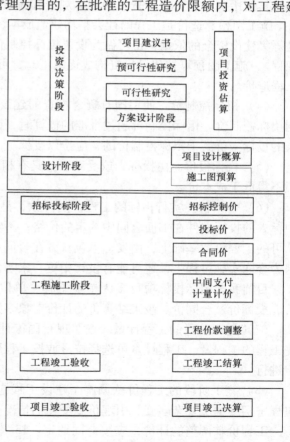

图1-2　工程造价全过程计价示意图

计算范围都是整个建设项目建设全过程形成的建设投资总额，它包括了建设工程造价，同时也包含了单项工程或单位工程计价。而招标投标阶段和工程施工阶段，多是以单项工程或单位工程为对象就其承包范围进行的计价。这个阶段的计价方法有两种：清单计价法和定额计价法。

（1）投资估算。是进行建设项目技术经济评价和投资决策的基础，在项目建议书、预可行性研究、可行性研究、方案设计阶段应编制投资估算。它全面反映建设项目建设前期和建设期的全部投资。

（2）设计概算与修正设计概算。是设计文件的重要组成部分，是确定和控制建设项目全部投资的文件，是编制固定资产投资计划、实行建设项目投资包干、签订发承包合同的依据，是签订贷款合同、项目实施全过程造价控制管理以及考核项目经济合理性的依据。设计概算投资一般应控制在立项批准的投资估算额以内；如果设计概算超过控制额，必须修改设计或重新立项审批；设计概算批准后不得任意修改和调整；如需修改或调整时，须经原批准部门重新审批。

（3）施工图预算。施工图预算是在施工图设计阶段，根据已批准的施工图样、现行的预算定额、费用定额和地区人工、材料、设备与机械台班等资源价格，在施工方案或施工组织设计已大致确定的前提下，按照规定的计算程序计算工程量，并计取人工费、材料费、施工机具使用费、企业管理费、利润、规费和税金等费用，确定单位工程造价的技术经济文件。施工图预算造价是工程的社会平均建造成本，是设计单位完成限额设计的衡量依据，也是筹集建设资金的依据；也可做为设置招标控制价的依据。依据《建设项目施工图预算编审规程》，施工图预算按建设投资构成逐级汇总，可形成与估、概算一致，但价格不同的建设工程造价。

（4）招标控制价。使用国有资金投资的建设工程必须采用工程量清单计价，并必须编制招标控制价。招标控制价超过批准的概算时，招标人应将其报原概算审批部门审核。投标人的投标报价高于招标控制价的，应予以废标。

（5）投标报价。由投标人或受其委托具有相应资质的咨询人编制，由投标人自主确定，但不得低于成本价。

（6）合同价。实行招标的工程合同价款，是中标后，由发、承包双方依据招标文件和中标人的投标文件在书面合同中约定的价格；不实行招标的工程合同价款，在发、承包双方认可的工程价款基础上，由发、承包双方在合同中约定。合同价不能等同于实际工程造价，因为合同实施过程中，还可能有设计变更、索赔、提前工期的奖励等合同追加的变动因素。

目前我国招标投标项目多为单项工程、单位工程的建筑安装施工承包，所以招标控制价、投标价、合同价、竣工结算价的计价对象多为建筑安装工程造价。

（7）施工阶段的工程计量。按照现行国家计量规范规定的工程量计算规则计算当期已完工程的工程量。工程计量可选择按月或按工程形象进度分段计量，具体计量周期按合同约定进行。

（8）施工阶段的工程价款调整。建设工程施工周期长，受外界环境影响也较大，施工过程中实际情况复杂多变，引起价款变化的情况可能时有发生。

工程价款调整的计价，应按合同约定。13《规范》中将可能发生的工程价款调整归纳为15种。包括①法律法规变化；②工程变更；③项目特征不符；④工程量清单缺项；⑤工程量偏差；⑥计日工；⑦物价变化；⑧暂估价；⑨不可抗力；⑩提前竣工（赶工补偿）；⑪误期赔偿；⑫索赔；⑬现场签证；⑭暂列金额；⑮发承包双方约定的其他调整事项。

经双方确认调整的合同价款，作为追加（减）合同价款，应与工程进度款或结算款同期支付。

（9）合同价款的期中支付。合同价款的期中支付一般包括：预付款、安全文明施工费、进度款，其中进度款中包含双方确认的调整合同价款部分。具体依照合同进行，如合同无规定或规定不完整，参照现行的计价规范，即建设工程工程量清单计价规范执行。

（10）竣工结算——实际造价。竣工结算是指在合同实施阶段末，在工程竣工时，对整个工程按合同调价范围和调价方法，对实际发生的工程量增减、设备和材料价差等进行调整后计算和确定价格的过程。结算价是发承包双方根据合同就结算工程达成一致的实际建筑安装价格。采用清单招标投标的工程，工程结算应遵循13《规范》的有关规定。

（11）竣工决算——项目的实际造价。竣工决算是以实物数量和货币指标为计量单位，综合反映竣工项目从筹建开始到项目竣工交付使用为止的全部建设费用、建设成果和财务情况的总结性文件，是反映建设项目实际造价和投资效果的文件。

实际造价是指竣工决算阶段，通过为建设项目或单项工程编制竣工决算，最终确定建设项目或单项工程的固定资产投资额。

（二）项目建设全过程中的工程造价控制

在工程项目建设的全过程中，工程造价控制也贯穿各个阶段。要有效地控制工程造价，应该从组织、技术、经济、合同与信息管理等多方面采取措施。其中技术与经济相结合是控制工程造价最有效的手段。以下18个方面是工程建设全过程各个阶段工程造价控制的主要方法和主要工作［参考《建设项目全过程造价咨询规程》（CECA/GC 4—2009）］。

（1）建设项目投资估算的编制、审核与调整。

（2）建设项目经济评价。

（3）设计概算的编制、审核与调整。

（4）施工图预算的编制或审核。

（5）参与工程招标文件的编制。

（6）施工合同的相关造价条款的拟定。

（7）招标工程工程量清单的编制。

（8）招标工程招标控制价的编制或审核。

（9）各类招标项目投标价合理性的分析。

（10）建设项目工程造价相关合同履行过程的管理。

（11）工程计量支付的确定，审核工程款支付申请，提出资金使用计划建议。

（12）施工过程的设计变更、工程签证和工程索赔的处理。

（13）提出工程设计、施工方案的优化建议，各方案工程造价的编制与比选。

（14）协助建设单位进行投资分析、风险控制，提出融资方案的建议。

（15）各类工程的竣工结算审核。

（16）竣工决算的编制与审核。

（17）建设项目后评价。

（18）建设单位委托的其他工作。

本教材是围绕建设项目全过程的五个阶段，即决策阶段、设计阶段、交易阶段、施工阶段、竣工阶段，讲述各阶段的工程造价计价与控制的主要工作的基本理论与方法。为培养上述行业职业能力打基础。

在工程造价全过程的控制中，要以设计阶段为重点，在优化建设方案、设计方案的基础上，在建设程序的各个阶段，采用一定的方法和措施把工程造价的发生，控制在合理的范围和核定的造价限额内。以求合理使用人力、物力和财力，取得较好的投资效益。

工程造价控制是动态的，在预计工期内，许多影响工程造价的动态因素会发生变化，直至竣工决算后才能完全确定工程的最终实际造价。

二、我国的工程造价的管理体制的形成与发展

（一）我国工程造价管理体制的建立

工程造价管理体制建立于建国初期。1949 年新中国成立后，三年经济恢复时期和第一个五年计划时期，引进了前苏联一套概预算定额管理制度，同时也为新组建的国营建筑施工企业建立了企业管理制度。这一阶段先后颁布了各项有关规定、办法、细则，确立了概预算在基本建设工作中的地位，同时对概预算的编制原则、内容、方法和审批、修正办法、程序等作了规定，确立了对概预算编制依据实行集中管理为主的分级管理原则。

从 1953 年至今，我国的工程造价管理体制经历了：建立（1953～1958 年）、削弱（1958～1966 年）、严重破坏（1966～1976 年）、恢复整顿发展（1977～20 世纪 90 年代初）、改革和振兴（20 世纪 90 年代初至今）。从 1988 年开始，工程造价管理工作划归建设部，成立标准定额司。

（二）工程造价管理体制的改革

随着我国经济发展水平提高和经济结构的日益复杂，计划经济的内在弊端逐步暴露出来。传统的与计划经济相适应的概预算定额管理，实际上是用来对工程造价实行行政指令的直接管理，遏制了竞争，抑制了生产者和经营者的积极性与创造性。市场经济虽然有其弱点和消极的方面，但能适应不断变化的社会经济条件而发挥优化资源配置的基础作用。广大工程造价管理人员也逐渐认识到，传统的概预算定额管理必须改革。

随着经济体制改革的深入和对外开放政策的实施，我国基本建设概预算定额管理的模式已逐步转变为全过程工程造价管理模式。主要表现在：

（1）重视和加强项目决策阶段的投资估算工作，努力提高可行性研究报告投资估算的准确度，切实发挥其控制建设项目总造价的作用。

（2）明确概预算工作不仅要反映设计、计算工程造价，更要能动地影响设计、优化设计，并发挥控制工程造价、促进合理使用建设资金的作用。工程经济人员与设计人员要密切配合，做好多方案的技术经济比较，通过优化设计来保证设计的技术经济合理性。要明确规定设计单位逐级控制工程造价的责任制，并辅以必要的奖罚制度。

（3）从建筑产品也是商品的认识出发，以价值为基础，确定建设工程的造价和建筑安装工程的造价，使工程造价的构成合理化，逐渐与国际惯例接轨。

（4）把竞争机制引入工程造价管理体制，打破以行政手段分配建设任务和施工单位依附于主管部门吃大锅饭的体制，冲破条块分割、地区封锁，在相对平等的条件下进行招标承包，择优选择工程承包公司和设备材料供应单位，以促使这些单位改善经营管理，提高应变

能力和竞争能力，降低工程造价。

（5）提出用"动态"方法研究和管理工程造价。研究如何体现项目投资额的时间价值，要求各地区、各部门工程造价管理机构要定期公布各种设备、材料、工资、机械台班的价格指数以及各类工程造价指数，要求尽快建立地区、部门以至全国的工程造价管理信息系统。

（6）提出要对工程造价的估算、概算、预算、承包合同价、结算价、竣工决算实行"一体化"管理，并研究如何建立一体化的管理制度，改变过去分段管理的状况。

造价工程师执业资格制度促进了现代工程造价管理知识体系的传播，推动了工程造价咨询业的迅速发展。造价工程师执业资格制度正式建立后，中国建设工程造价管理协会及各专业委员会和各省、市、自治区工程造价管理协会也很快建立起来。

为适应我国建筑市场发展和国际市场竞争的需要，我国推行了工程量清单计价模式，出台了《建设工程工程量清单计价规范》（GB 50500—2003），于 2003 年 7 月 1 日正式颁布实施，经历 5 年、10 年，分别进行了修编，新《建设工程工程量清单计价规范》（GB 50500—2013）颁布，并于 2013 年 7 月 1 日实施。

清单计价的实施标志着我国工程造价管理实现政府定价到市场定价的转变。这与我国社会主义市场经济体质相吻合，有利于建设市场有序竞争；有利于促进技术进步，提高劳动生产率；有利于提高国内建设各方主体参与国际化竞争的能力，有利于提高工程建设的管理水平。

（三）工程造价管理知识体系的建立

1998 年我国举办全国统一造价工程师执业资格考试，造价工程师考试培训教材本身成为工程造价管理基本知识体系。近年来中国建设造价协会组织继续教育，又相继丰富了工程风险知识、工程保险知识，之后又组织了工程项目价值管理、全过程工程造价管理理论与方法、全寿命周期成本控制理论与方法、工程造价管理实务等内容的学习，形成了丰富的工程造价管理知识体系。

（四）工程造价的管理组织

工程造价管理的组织，是指为了实现造价管理目标而进行的有效组织活动，以及与造价管理功能相关的有机群体。它是工程造价动态的组织活动过程和相对静态的造价管理部门的统一。具体来说，主要是指国家、地方、部门和企业之间管理权限和职责范围的划分。

工程造价管理组织有三个系统：政府行政管理系统、企事业机构管理系统、行业协会管理系统。

1. 政府行政管理系统

政府在工程造价管理中既是宏观管理主体，也是政府投资项目的微观管理主体。从宏观管理的角度，政府对工程造价管理有一个严密的组织系统，设置了多层管理机构，规定了管理权限和职责范围。国家建设行政主管部门的造价管理机构在全国范围内行使管理职能，它在工程造价管理工作方面承担的主要职责是：

（1）组织制定工程造价管理有关法规、制度并组织贯彻实施。

（2）组织制定全国统一经济定额和部管行业经济定额的制订、修订计划。

（3）组织制定全国统一经济定额和部管行业经济定额。

（4）监督指导全国统一经济定额和部管行业经济定额的实施。

（5）制定工程造价咨询单位的资质标准并监督执行，提出工程造价专业技术人员执业资格标准。

（6）管理全国工程造价咨询单位资质工作，负责全国甲级工程造价咨询单位的资质审定。

省、自治区、直辖市和行业主管部门的造价管理机构，是在其管辖范围内行使管理职能；省辖市和地区的造价管理部门在所管辖地区内行使管理职能。其职责大体和住房和城乡建设部的工程造价管理机构相对应。

2. 企事业机构管理系统

企事业机构对工程造价的管理，属微观管理的范畴。设计机构和工程造价咨询机构，按照业主或委托方的意图，在可行性研究和规划设计阶段合理确定和有效控制建设项目的工程造价，通过限额设计等手段实现设定的造价管理目标；在招投标工作中编制标底，参加评标、议标，在项目实施阶段，通过对设计变更、工期、索赔和结算等项管理进行造价控制。承包企业的工程造价管理是企业管理中的重要组成，设有专门的职能机构参与企业的投标决策，并通过对市场的调查研究，利用过去积累的经验，研究报价策略，提出报价；在施工过程中，进行工程造价的动态管理，注意各种调价因素的发生和工程价款的结算，避免收益的流失，以促进企业盈利目标的实现。当然承包企业在加强工程造价管理的同时，还要加强企业内部的各项管理，特别要加强成本控制，才能切实保证企业有较高的利润水平。

3. 行业协会管理系统

在全国各省、自治区、直辖市及一些大中城市，先后成立了工程造价管理协会，对工程造价咨询工作和造价工程师实行行业管理。

中国建设工程造价管理协会（简称中价协）是我国建设工程造价管理行业协会。协会成立于1990年7月。它的前身是1985年成立的"中国工程建设概预算委员会"。

协会的宗旨是：坚持党的基本路线，遵守国家宪法、法律、法规和国家政策，遵守社会道德风尚，遵循国际惯例，按照社会主义市场经济的要求，组织研究工程造价行业发展和管理体制改革的理论和实际问题，不断提高工程造价专业人员的素质和工程造价的业务水平，为维护各方的合法权益，遵守职业道德，合理确定工程造价，提高投资效益，以及促进国际间工程造价机构的交流与合作服务。

协会的性质是：由从事工程造价管理与工程造价咨询服务的单位及具有造价工程师注册资格和资深的专家，学者自愿组成的具有社会团体法人资格的全国性社会团体，是对外代表造价工程师和工程造价咨询服务机构的行业性组织。经住房和城乡建设部同意，民政部核准登记，本协会属非营利性社会组织。

三、国外工程造价管理的特点

分析国外的工程造价管理，其特点主要体现在六个方面。

（1）政府的间接调控。

（2）有章可循的计价依据。

（3）多渠道的工程造价信息。

（4）造价工程师动态估价。

（5）通用的合同文本。

（6）重视实施过程中的造价控制。

第三节 工程造价构成

建设工程造价构成如图1-1所示。建设工程造价包括建设投资、建设期贷款利息、固定资产投资方向调节税三部分。建设投资的内容与表1-1完全一致。下面就构成建设工程造价的各组成部分做简要介绍。

一、设备及工器具购置费用的构成及计算

按照《建设工程计价设备材料划分标准》（GB／T 50531—2009），设备按生产和生活使用目的分为工艺设备和建筑设备；建筑设备购置有关费用应列入建筑工程费，这里所指的设备及工器具购置费，是指的工艺设备。建筑设备购置费计算可以参考本部分内容进行。

设备及工器具购置费用是由设备购置费和工具、器具及生产家具购置费组成的，它是固定资产投资中的积极部分。在生产性工程建设中，设备及工器具购置费用占工程造价比重的增大，意味着生产技术的进步和资本有机构成的提高。

（一）设备购置费的构成及计算

设备购置费是指为建设项目购置或自制达到固定资产标准的各种国产或进口设备、工具、器具的购置费用。设备购置费由设备原价和设备运杂费构成。

$$设备购置费＝设备原价＋设备运杂费 ＝设备原价×（1＋设备运杂费率） \qquad (1-2)$$

式（1-2）中，设备原价是指国产标准设备或进口设备的原价；设备运杂费指除设备原价之外的关于设备采购、运输、途中包装及仓库保管等方面支出费用的总和。

1. 设备原价的构成与计算

按设备的来源不同可分为：国产标准设备、国产非标准设备、进口设备。它们的原价确定是不同的。

（1）国产标准设备原价。国产标准设备是指按照主管部门颁布的标准图样和技术要求，由我国设备生产厂批量生产的，符合国家质量检验标准的设备。国产标准设备原价一般指的是设备制造厂的交货价，即出厂价或订货合同价。一般根据生产厂或供应商的询价、报价、合同价确定。有的设备有两种出厂价，即带有备件的原价和不带备件的原价，在确定设备原价时，一般按带有备件的原价计算。

（2）国产非标准设备原价。国产非标准设备是指国家尚无定型标准，各设备生产厂不可能在工艺过程中采用批量生产，只能按一次订货，并根据具体的设计图样制造的设备。非标准设备原价有多种不同的计算方法，如成本计算估价法、系列设备插入估价法、分部组合估价法、定额估价法等。但无论哪种方法都应该使非标准设备计价接近实际出厂价，并且计算方法要简便。

按成本计算估价法，国产非标准设备的原价组成及计算方法见表1-2。

单台非标准设备原价＝｛［（材料费＋加工费＋辅助材料费）×（1＋专用工具费率）×（1＋废品损失费率）＋外购配套件费］×（1＋包装费率）－外购配套件费｝×（1＋利润率）＋增值税销项税金＋非标准设备设计费＋外购配套件费

$$\qquad (1-3)$$

表 1-2　国产非标准设备原价组成及计算方法

构成	计算公式	注意事项
材料费	材料净重×（1+加工损耗系数）×每吨材料综合价	
加工费	设备总质量（t）×设备每吨加工费	
辅助材料费	设备总质量×辅助材料费指标	
专用工具费	（材料费+加工费+辅助材料费）×专用工具费率	
废品损失费	（材料费+加工费+辅助材料费+专用工具费）×废品损失费率	
外购配套件费	相应的购买价格加上运杂费	
包装费	（材料费+加工费+辅助材料费+专用工具费+废品损失费+外购配套件费）×包装费率	计算包装费时把外购配件费用加上
利润	（材料费+加工费+辅助材料费+专用工具费+废品损失费+包装费）×利润率	计算利润时不包括外购配件费用，但包含包装费
税金	销售额×适用增值税率	主要指增值税
非标准设备设计费	按国家规定的设计费收费标准计算	

（3）进口设备原价的购成与计算。进口设备的原价是指进口设备的抵岸价，即抵达买方边境港口或边境车站，且交完关税为止形成的价格。

进口设备的交货类别可分为内陆交货类、目的地交货类、装运港交货类。

1）内陆交货类：即卖方在出口国内陆的某个地点交货。

2）目的地交货类：即卖方要在进口国的港口或内地交货。

3）装运港交货类：即卖方在出口国装运港完成交货任务。主要有装运港船上交货价（FOB），习惯称离岸价格；运费在内价（C&R）和运费、保险费在内价（CIF）等几种价格，CIF 习惯称到岸价格。它们的特点主要是：卖方按照约定的时间在装运港交货，只要卖方把合同规定的货物装船后提供货运单据便完成交货任务，可凭单据收回货款。

装运港船上交货价（FOB）是我国进口设备采用最多的一种货价。采用装运港船上交货价时，卖方的责任是：在规定的期限内，负责在合同规定的装运港口将货物装上买方指定的船只，并及时通知买方；负责货物装船前的一切费用和风险；负责办理出口手续；提供出口国政府或有关方面签发的证件；负责提供有关装运单据。买方的责任是：负责租船或订舱，支付运费，并将船期、船名通知卖方；负担货物装船后的一切费用和风险；负责办理保险及支付保险费，负责在目的港的进口和收货手续；接受卖方提供的有关装运单据，并按合同规定支付货款。

我国进口设备采用最多的是装运港船上交货价（FOB），以 FOB 价为交货价，其原价（抵岸价）构成可概括为：

进口设备原价 = 货价 + 国际运费 + 运输保险费 + 银行财务费 + 外贸手续费

　　　　　　　+ 关税 + 增值税 + 消费税 + 海关监管手续费 + 车辆购置附加费　　　（1-4）

1）货价。一般指装运港船上交货价（FOB）。设备货价分为原币货价和人民币货价，原币货价一律折算为美元表示，人民币货价按原币货价乘以外汇市场美元兑换人民币中间价确定。进口设备货价按有关生产厂商询价、报价、订货合同价计算。

2）国际运费。即从装运港（站）到我国抵达港（站）的运费。我国进口设备大部分采用海洋运输方式，小部分采用铁路运输，个别采用航空运输。进口设备国际运费计算公式为：

$$国际运费（海、陆、空）= 原币货价（FOB）\times 运费率 \qquad (1-5)$$

$$国际运费（海、陆、空）= 运量 \times 单位运价 \qquad (1-6)$$

其中，运费率或单位运价参照有关部门或进出口公司的规定执行。

3）运输保险费。对外贸易货物运输保险是由保险人（保险公司）与被保险人（出口人或进口人）订立保险契约，在被保险人交付议定的保险费后，保险人根据保险契约的规定对货物在运输过程中发生的承保责任范围内的损失给予经济上的补偿。这是一种财产保险。保险费率按保险公司规定的进口货物保险费率计算（中国人民保险公司收取的海运保险费约为货价的 0.266%，铁路运输保险费约为货价的 0.35%，空运保险费约为货价的 0.455%）。计算公式为：

$$运输保险费 = \frac{原币货价（FOB）+ 国际运费}{1 - 保险费率} \times 保险费率 \qquad (1-7)$$

4）银行财务费。银行财务费一般是指中国银行手续费，一般可按下式简化计算：

$$银行财务费 = 人民币货价（FOB）\times 银行财务费率 \qquad (1-8)$$

银行财务费率一般为 0.4% ~0.5%。

5）外贸手续费。指按对外经济贸易部规定的外贸手续费率计取的费用，外贸手续费率一般取 1.5%。计算公式为：

$$外贸手续费 = [装运港船上交货价（FOB）+ 国际运费 + 运输保险费] \times 外贸手续费率$$

$$(1-9)$$

6）关税。是由海关对进出国境或关境的货物和物品征收的一种税。计算公式为：

$$关税 = 到岸价格（CIF）\times 进口关税税率 \qquad (1-10)$$

其中，到岸价格（CIF）包括装运港船上交货价（FOB）、国际运费、运输保险费等费用，它作为关税完税价格。进口关税税率实行优惠和普通两种。优惠税率适用于与我国订有关税互惠条款贸易条约或协定的国家的进口设备；普通税率适用于产自与我国未订有关税互惠条款贸易条约或协定的国家的进口设备；进口关税税率按我国海关部署发布的进口关税税率计算。

7）增值税。是对从事进口贸易的单位和个人，在进口商品报关进口后征收的税种。我国增值税条例规定，进口应税产品均按组成计税价格和增值税税率直接计算应纳税额。即：

$$进口产品增值税额 = 组成计税价格 \times 增值税率 \qquad (1-11)$$

$$组成计税价格 = 关税完税价格 + 关税 + 消费税 \qquad (1-12)$$

增值税税率根据规定的税率计算。

8）消费税。对部分进口设备（如轿车、摩托车等）征收，一般计算式为：

$$应纳消费税额 = \frac{到岸价 + 关税}{1 - 消费税税率} \times 消费税税率 \qquad (1-13)$$

其中，消费税税率根据规定的税率计算。

9）海关监管手续费。指海关对进口减税、免税、保税货物实施监督、管理、提供服务的手续费。对于全额征收进口关税的货物不计本项费用。其计算公式为：

$$海关监管手续费 = 到岸价 \times 海关监管手续费率（一般为 0.3\%） \qquad (1\text{-}14)$$

10）车辆购置附加费。进口车辆需缴纳进口车辆购置附加费。其计算公式为：

$$\begin{matrix}进口车辆\\购置附加费\end{matrix} = （到岸价 + 关税 + 消费税 + 增值税） \times \begin{matrix}进口车辆购置\\附加费率\end{matrix} \qquad (1\text{-}15)$$

对于进口设备计算中价格内涵及一些税费计算基数，总结见表 1-3。

表 1-3　进口设备计算中价格内涵与税费计算基数一览表

序号	价格种类	FOB	运费	保险费	银行手续费	外贸费	关税	增值税	消费税	海关监管手续费	车辆附加费
1	装运港船上交货价（FOB）	✓									
2	运费在内价（C&R）	✓	✓								
3	保险费在内价（CIF）	✓	✓	✓							
4	到岸价	✓	✓	✓							
5	银行手续费基数①	✓									
6	外贸费取费基数①	✓									
7	关税基数	✓	✓	✓							
8	增值税基数	✓	✓	✓			✓		✓		
9	消费税基数	✓	✓	✓			✓				
10	海关监管手续费基数①	✓	✓	✓							
11	车辆附加税基数	✓	✓	✓			✓	✓	✓		
12	原价（抵岸价）	✓	✓	✓	✓	✓	✓	✓	✓	✓	✓

① 银行手续费、外贸费、海关监管手续费未作为计费基数。

2. 设备运杂费

设备运杂费通常由下列各项组成：

（1）运费和装卸费。国产标准设备由设备制造厂交货地点起至工地仓库（或施工组织设计指定的需要安装设备的堆放地点）止所发生的运费和装卸费。进口设备则为我国到岸港口、边境车站起至工地仓库（或施工组织设计指定的需安装设备的堆放地点）止所发生的运费和装卸费。

（2）包装费。在设备原价中没有包含的，为运输而进行的包装支出的各种费用。

（3）设备供销部门的手续费。按有关部门规定的统一费率计算。

（4）采购与仓库保管费。指采购、验收、保管和收发设备所发生的各种费用，包括设备采购人员、保管人员和管理人员的工资、工资附加费、办公费、差旅交通费，设备供应部门办公和仓库所占固定资产使用费、工具用具使用费、劳动保护费、检验试验费等。这些费用可按主管部门规定的采购保管费费率计算。

设备运杂费的计算公式为：

$$设备运杂费 = 设备原价 \times 设备运杂费率 \qquad (1\text{-}16)$$

其中，设备运杂费率按各部门及省、市等的规定计取。

[例1-1] 某工程进行施工招标，其中有一种设备须从国外进口，招标文件中规定投标者必须对其做出详细报价。某资审合格的施工单位，对该设备的报价资料作了充分调查，所得数据为：该设备重1000t；在某国的装运港船上交货价为100万美元；海洋运费为300美元/t；运输保险费率为0.2%；银行财务费率为0.5%；外贸手续费率为1.5%；关税税率为20%；增值税率为17%；设备运杂费率为2.5%。请根据上述资料计算出详细报价，该进口设备的原价（以人民币计，1美元=6.2元人民币）。

解：（1）进口设备的货价FOB＝外币金额×银行牌价＝1000000×6.2＝6200000（元）

（2）进口设备的国际运费＝300×1000×6.2＝1860000（元）

（3）运输保险费＝$\dfrac{6200000+1860000}{1-0.2\%}$×0.2%＝16152.31（元）

（4）银行财务费＝FOB货价×0.5%＝6200000×0.5%＝31000（元）

（5）外贸手续费＝（FOB货价＋国外运费＋运输保险费）×1.5%＝（6200000＋1860000＋16152.31）×1.5%＝121142.29（元）

（6）关税＝到岸价×关税税率

＝（6200000＋1860000＋16152.31）×20%＝1615230.46（元）

（7）进口产品增值税额＝组成计税价格×增值税率

组成计税价格＝关税完税价格＋关税＋消费税

＝（FOB价＋国际运费＋运输保险费）＋关税＋0

＝6200000＋1860000＋16152.31＋1615230.46＝9691382.77（元）

增值税额＝9691382.77×17%＝1647535.07（元）

（8）进口设备的抵岸价（原价）

＝6200000＋1860000＋16152.31＋31000＋121142.29＋1615230.46＋1647535.07

＝11491060.13（元）

（9）设备购置费

＝设备原价＋设备运杂费＝11491060.13×（1＋2.5%）＝11778336.63（元）

该设备购置费详细报价为11778336.63元。

（二）工器具及生产家具购置费

工器具及生产家具购置费是指新建项目或扩建项目初步设计规定的，保证初期正常生产必须购置的没有达到固定资产标准的设备、仪器、工卡模具、器具、生产家具和备品备件等的费用。一般以设备购置费为计算基数，按照部门或行业规定的工具、器具及生产家具费率计算。计算公式为：

$$工器具及生产家具购置费＝设备购置费×定额费率 \tag{1-17}$$

二、建筑安装工程费用的构成

建筑安装工程费用是指建设单位支付给从事建筑安装工程施工单位的全部生产费用，包括用于建筑物、构筑物的建造及有关的准备、清理等工程的投资，用于需要安装设备的安装工程的投资。

按照建标〔2013〕44号"关于印发《建筑安装工程费用项目组成》的通知"建筑安

工程费用的构成如图1-3、图1-4所示。图1-3所示为按费用要素划分，由定额计价工程造价构成演变而来，适用于定额计价；图1-4所示为按造价形成划分，适用于清单计价。具体构成内容可参考建标〔2013〕44号原文。

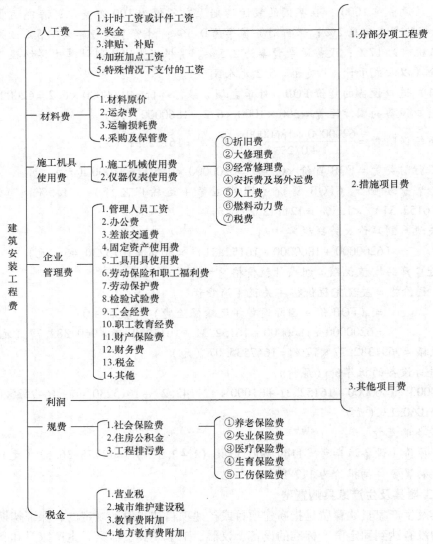

图1-3 44号文的建筑安装工程费用构成（按费用构成要素划分）

需要说明的是，一些地方，尚未按照建标〔2013〕44号文件形成新的取费标准的，计价时，按照当地情况执行。

从内涵上，定额计价长期以来先计图示工程量造价，施工变动因素造价待结算追加的部分，没有放到造价构成中。清单计价是将施工变动因素造价以其他费用的形式明列在造价构成中。建标〔2013〕44号文将两者清晰地联系在一起，由此我们要从新审视"定额计价"构成，它不仅包括了图示部分，还应包括未来施工变动因素追加部分的造价费用构成。

建筑安装工程费的预算定额计价法与清单计价法在《建筑工程定额计价》和《建筑工

程清单计价》中学习。

建筑安装工程费的估算方法见第二章相关内容；概算方法见第三章相关内容。

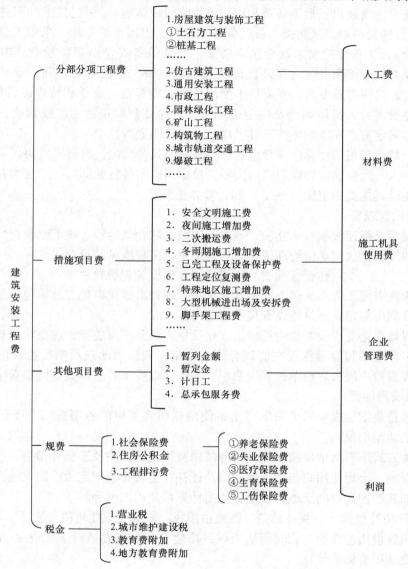

图 1-4　44 号文的建筑安装工程费用构成（按造价形成划分）

三、工程建设其他费用的构成及计算

工程建设其他费用是指从工程筹建起到工程竣工验收交付使用止的整个建设期间，除建筑安装工程费用和设备、工器具购置费以外的，为保证工程建设顺利完成和交付使用后能够正常发挥效用而发生的各项费用的总和。

工程建设其他费用构成见表 1-1，按其内容包括：建设单位管理费（含建设单位管理费、工程监理费、工程质量监督费）、建设用地费（含土地征用及补偿费、征用耕地按规定一次性缴纳的耕地占用税、建设单位租用建设项目土地使用权在建设期支付的租地费用）、可行性研究费、研究试验费、勘察设计费、环境影响评价费、劳动安全卫生评价费、场地准备及临量设施费（含建设场地准备费和建设单位临时设施费）、引进技术和引进设备其他费（含引进项目图样资料翻译复制费、备品备件测绘费，出国人员费用，来华人员费用，银行担保及承诺费）、工程保险费、联合试运转费、特殊设备安全监督检验费、市政公用设施费、专利及专有技术使用费（含国外设计及技术资料费、引进有效专利、专有技术使用费和技术保密费，国内有效专利、专有技术使用费用，商标权、商誉和特许经营权费等）、生产准备及开办费（含人员培训费及提前进厂费，为保证初期正常生产或营业、使用所必需的第一套不够固定资产标准的生产工具、器具、用具购置费）。

工程建设其他费用的计算应结合拟建建设项目的具体情况，有合同或协议明确的费用按合同或协议列入。无合同或协议明确的费用，根据国家和各行业部门、工程所在地地方政府的有关工程建设其他费用定额（规定）和计算办法估算。

（一）建设管理费

建设管理费是指建设项目从立项、筹建、建设、联合试运转、竣工验收交付使用全过程管理所需的费用包括建设单位管理费、工程监理费、工程质量监督费。

$$建设管理费 = 工程费用 \times 建设管理费费率 \qquad (1-18)$$

如建设管理采用工程总承包方式，其总承包管理费由建设单位与总承包单位根据总承包工作范围在合同中商定，并从建设管理费中支出。

由于工程监理是受建设单位委托的工程建设技术服务，属建设管理范畴。监理费应根据委托的监理工作范围和监理深度在监理合同中商定，或按当地或所属行业部门有关规定计算。建设管理费费率应由建设单位管理费率、工程监理费率、工程质量监督费率构成。

（二）建设用地费

建设用地费是指建设项目依法取得土地使用权所需支付的各项费用（不包括使用以后按年缴纳的土地使用税）。

通过划拨方式取得土地使用权的，土地使用费为土地征用及迁移补偿费。以出让方式取得土地使用权的，土地使用费包括土地征用及迁移补偿费和按规定缴纳的土地出让金。无论何种方式，如获取使用权的土地为耕地，还需计算耕地占用税等。

1. 土地征用补偿费、安置补助费、耕地占用税、城镇土地使用税

根据征用建设用地面积、临时用地面积，按建设项目所在省（自治区、直辖市）人民政府制定颁发的税费标准计算。

2. 迁建补偿费

建设用地上的建（构）筑物如需迁建，其迁建补偿费应按迁建补偿协议计列或按新建同类工程造价计算。建设场地平整中的余物拆除清理费在"场地准备及临时设施费"中计算。

3. 租地费

建设项目采用"长租短付"方式租用土地使用权，在建设期间支付的租地费用计入建设用地费，在生产经营期间支付的地土使用费应进入营运成本中核算。

（三）可行性研究费、研究试验费、勘察设计费

1. 可行性研究费

依据前期研究委托合同计列，或参照《国家计委关于印发＜建设项目前期工作咨询收费暂行规定＞的通知》（计投资〔1999〕1283号）规定计算。

编制预可行性研究报告参照编制项目建议书收费标准，并可适当调增。

2. 研究试验费

研究试验费是指为本建设项目提供或验证设计参数、数据资料等进行必要的研究试验，以及设计规定在施工中必须进行的试验、验证所需的费用。包括自行或委托其他部门研究试验所需的人工费、材料费、试验设备及仪器使用费等，这项费用按照设计单位根据本工程项目的需要提出的研究试验内容和要求计算。

研究试验费不包括以下项目：

（1）应由科技三项费用（即新产品试制费、中间试验费和重要科学研究补助费）开支的项目。

（2）应在建筑安装费用中列支的施工企业对建筑材料、构件和建筑物进行一般鉴定、检查所发生的费用及技术革新的研究试验费。

（3）应由勘察设计费或工程费用中开支的项目。

3. 勘察设计费

勘察设计费是指为本建设项目提供设计文件所需的费用，依据勘察设计委托合同计列，或参照国家规定〔国家计委、建设部《关于发布＜工程勘察设计收费管理规定＞的通知》（计价格〔2002〕10号）〕计算。

（四）环境影响评价费、劳动安全卫生评价费

1. 环境影响评价费

依据环境影响评价委托合同计列，或按照国家计委，国家环境保护总局《关于规范环境影响咨询收费有关问题的通知》（计价格〔2002〕125号）规定计算。

2. 劳动安全卫生评价费

依据劳动安全卫生预评价委托合同计列，或按照建设项目在省（自治区、直辖市）劳动行政部门规定的标准计算。

（五）场地准备及临时设施费

（1）场地准备及临时设施应尽量与永久性工程统一考虑。建设场地的大型土石方工程应进入工程费用中的总图运输费中。

（2）新建项目的场地准备和临时设施费应根据实际工程量估算，或按工程费用的比例计算。改扩建项目一般只计拆除清理费。场地准备和临时设施费计算公式为：

$$场地准备和临时设施费 = 工程费用 \times 费率 + 拆除清理费 \qquad (1\text{-}19)$$

（3）发生拆除清理费时可按新建同类工程造价或主材费、设备费的比例计算。凡可以回收材料的拆除工程，采用以料抵工方式冲抵拆除清理费。

（4）此项费用不包括已列入建筑安装工程费中的施工单位临时设施费用。

（六）引进技术和引进设备其他费

（1）引进项目图样资料翻译复制费。根据引进项目的具体情况计列，或按引进货价（FOB）的比例估列；引进项目发生备品备件测绘费时按具体情况估例。

（2）出国人员费用。依据合同或协议规定的出国人次、期限以及相应的费用标准计算。生活费按照财政部、外交部规定的现行标准计算，差旅费按中国民航公布的票价计算。

（3）来华人员费用。依据引进合同或协议有关条款及来华技术人员派遣计划进行计算。来华人员接待费用可按每人次费用指标计算。引进合同价款中已包括的费用内容不得重复计算。

（4）银行担保及承诺费。应按担保或承诺协议计取。投资估算和概算编制时可以担保金额或承诺金额为基数乘以费率计算。

（5）引进设备材料的国外运输费、国内运输保险费、关税、增值税、外贸手续费、银行财务费、国内运杂费、引进设备材料国内检验费等按引进货价（FOB 或 CIF）计算后进入相应的设备材料费中。

（6）单独引进软件不计算关税只计算增值税。

（七）工程保险费

（1）不投保的工程不计取此项费用。

（2）不同的建设项目可根据工程特点选择投保险种，根据投保合同计列保险费用。编制投资估算和概算时可按工程费用的比例估算。

（3）此项费用不包括已列入施工企业管理费中的施工管理用财产、车辆保险费。

（八）联合试运转费

（1）不发生试运转或试运转收入大于或等于费用支出的工程，不列此项费用。

（2）当联合试运转收入小于试运转支出时，其计算公式为：

$$联合试运转费 = 联合试运转费用支出 - 联合试运转收入 \tag{1-20}$$

（3）联合试运转费不包括应由设备安装工程费用开支的调试及试车费用，以及在试运转中暴露出来的施工原因或设备缺陷等发生的处理费用。

（4）试运行期按照以下规定确定：引进国外设备项目按建设合同中规定的试运行期执行；国内一般性建设项目试运行期原则上按照批准的设计文件所规定的期限执行；个别行业的建设项目试运行期需要超过规定试运行期的，应报项目设计文件审批机关批准。试运行期一经确定，各建设单位应严格按规定执行，不得擅自缩短或延长。

（九）特殊设备安全监督检验费

按照建设项目所在省、自治区、直辖市安全监察部门的规定标准计算。无具体规定的，在编制投资估算和概算时，可按受检设备现场安装费的比例估算。

（十）市政公用设施费

（1）按工程所在地人民政府规定标准计列。

（2）不发生或按规定免征项目不计取。

（十一）无形资产费用

专利及专有技术使用费是无形资产费用。

（1）按专利使用许可协议和专有技术使用合同的规定计列。

（2）专有技术的界定应以省、部级鉴定批准为依据。

（3）项目投资中只计需在建设期支付的专利及专有技术使用费。协议或合同规定在生产期支付的使用费应在生产成本中核算。

（4）一次性支付的商标权、商誉特许经营权费按协议或合同规定计列。协议或合同规定在生产期支付的商标权或特许经营权费应在生产成本中核算。

（5）为项目配套的专用设施投资，包括专用铁路线、专用公路、专用通信设施、变送电站、地下管道、专用码头等，如由项目建设单位负责投资但产权不归属本单位的，应作无形资产处理。

（十二）其他资产费用（递延资产）

生产准备及开办费为其他资产费用。

（1）新建项目按设计定员为基数计算，改扩建项目按新增设计定员为基数计算，其计算公式为：

$$生产准备费 = 设计定员 \times 生产准备费指标（元/人）\tag{1-21}$$

（2）可采用综合的生产准备费指标进行计算，也可以按费用内容的分类指标计算。

四、预备费、建设期贷款利息、固定资产投资方向调节税

（一）预备费

按我国现行规定，包括基本预备费和价差预备费。

1. 基本预备费

基本预备费是指在初步设计及概算内难以预料的工程费用。费用内容包括：

（1）在批准的初步设计范围内，技术设计、施工图设计及施工过程中所增加的工程费用；设计变更、局部地基处理等增加的费用。

（2）一般自然灾害造成的损失和预防自然灾害所采取的措施费用。实行工程保险的工程项目费用应适当降低。

（3）竣工验收时为鉴定工程质量对隐蔽工程进行必要的挖掘和修复费用。

基本预备费是按设备及工器具购置费、建筑安装工程费用和工程建设其他费用三者之和为计取基数，乘以基本预备费率进行计算，其计算公式为：

$$基本预备费 = \left(\begin{array}{c}设备及工器具\\购置费\end{array} + \begin{array}{c}建筑安装\\工程费用\end{array} + \begin{array}{c}工程建设\\其他费用\end{array}\right) \times \begin{array}{c}基本\\预备费率\end{array}\tag{1-22}$$

基本预备费率的大小，应根据建设项目的设计阶段和具体的设计深度，以及在估算中所采用的各项估算指标与设计内容的贴近度、项目所属行业主管部门的具体规定确定。

2. 价差预备费

价差预备费是指建设项目在建设期间内由于价格等变化引起工程造价变化的预测预留费用。费用内容包括：人工、设备、材料、施工机械的价差费，建筑安装工程费，工程建设其他费用调整，利率、汇率、调整等增加的费用。

价差预备费用的估算，应根据国家或行业主管部门的具体规定和发布的指数计算。按估算年份价格水平的投资额为基数，分别计算各年投资价差，然后加总，其计算公式为：

$$PF = \sum_{t=0}^{n} I_t \left[(1+f)^m (1+f)^{0.5}(1+f)^{t-1} - 1\right]\tag{1-23}$$

式中　PF——价差预备费；

n——建设期（年）；

I_t——建设期中第 t 年投入的工程费用；

f——年涨价率（%）；

m——建设前期年限（从编制估算到开工建设，单位：年）；

t——年数。

[例1-2] 某项目工程费用1000万元，建设期3年，估算时点至开工建设时间为半年，按40%、40%、20%比例投入，年平均价格变动率预计为3%，价差预备费是多少？

解：

三年工程费用投资额分别是：400万元、400万元、200万元。

各年价差预备费为：

第一年 $PF1 = 400 \times [(1+3\%)^{0.5}(1+3\%)^{0.5}(1+3\%)^0 - 1] = 400 \times 3\% = 12$（万元）

第二年 $PF2 = 400 \times [(1+3\%)^{0.5}(1+3\%)^{0.5}(1+3\%)^1 - 1] = 24.36$（万元）

第三年 $PF3 = 200 \times [(1+3\%)^{0.5}(1+3\%)^{0.5}(1+3\%)^2 - 1] = 18.5454$（万元）

三年价差预备费合计为：$PF = 12 + 24.36 + 18.5454 = 54.9054$（万元）

（二）建设期贷款利息

建设期贷款利息包括向银行和其他非银行金融机构贷款、出口信贷、国外政府贷款、国际商业银行贷款以及在境内外发行的债券等在建设期间内应偿还的借款利息。建设期贷款利息实行复利计算。

建设期贷款利息的估算，根据建设期资金用款计划，可按当年借款在当年年中运用考虑，即当年借款按半年计息，上年借款按全年计息。

各年应计利息计算公式为：

$$q_j = \left(p_{j-1} + \frac{1}{2}A_j\right) \times i \tag{1-24}$$

贷款利息合计
$$Q = \sum_{j=1}^{n} q_j \tag{1-25}$$

式中　q_j——建设期第j年应计利息；

　　　Q——建设期贷款利息合计；

　　　P_{j-1}——建设期第$j-1$年末贷款累计金额与利息累计金额之和；

　　　A_j——建设期第j年贷款；

　　　i——贷款实际年利率；

　　　n——建设期年份数。

国外贷款利息的计算中，还应包括国外贷款银行根据贷款协议向贷款方以年利率的方式收取的手续费、管理费、承诺费；以及国内代理机构经国家主管部门批准的以年利率的方式向贷款单位收取的转贷费、担保费、管理费等。

[例1-3] 某新建项目，建设期为三年，在建设期第一年贷款300万元，第二年600万元，第三年400万元，年利率为5%，用复利法计算建设期贷款利息。

解：

在建设期，各年利息计算如下：

$q_1 = 0.5 \times 300 \times 5\% = 7.5$（万元）

$q_2 = [(300 + 7.5) + 600 \times 0.5] \times 5\% = 30.375$（万元）

$q_3 = [(300 + 7.5 + 600 + 30.375) + 400 \times 0.5] \times 5\% = 56.894$（万元）

建设期贷款利息合计：94.769万元。

（三）投资方向调节税

为了贯彻国家产业政策，控制投资规模，引导投资方向，调整投资结构，加强重点建设，促进国民经济持续稳定协调发展，对在我国境内进行固定资产投资的单位和个人（不含中外合资经营企业、中外合作经营企业和外商独资企业）征收固定资产投资方向调节税（简称投资方向调节税）。

投资方向调节税的估算，以建设项目的工程费用、工程建设其他费用及预备费之和（即建设投资）为基础（更新改造项目以建设项目的建筑工程费用为基础），根据国家适时发布的具体规定和税率计算。

根据财税字（1999）299 号文，对《中华人民共和国固定资产投资方向调节税暂行条例》规定的纳税义务人，其固定资产投资应税项目自 2000 年 1 月 1 日起新发生的投资额，暂停征收固定资产投资方向调节税。

五、世界银行工程造价的构成

1978 年，世界银行、国际咨询工程师联合会对项目的总建设成本（相当于我国的工程造价）作了统一规定，其内容如下：

（一）项目直接建设成本

项目直接建设成本包括以下内容：

（1）土地征购费。

（2）场外设施费用。如道路、码头、桥梁、机场、输电线路等设施费用。

（3）场地费用。是指用于场地准备、厂区道路、铁路、围栏、场内设施等的建设费用。

（4）工艺设备费。是指主要设备、辅助设备及零配件的购置费用，包括海运包装费用、交货港离岸价，但不包括税金。

（5）设备安装费。是指设备供应商的监理费用，本国劳务及工资费用，辅助材料、施工设备、消耗品和工具等费用，以及安装承包商的管理费和利润等。

（6）管道系统费用。是指与系统的材料及劳务相关的全部费用。

（7）电气设备费。其内容与第（4）项相似。

（8）电气安装费。是指设备供应商的监理费用，本国劳务与工资费用，辅助材料、电缆、管道和工具费用，以及营造承包商的管理费和利润。

（9）仪器仪表费。是指所有自动仪表、控制板、配线和辅助材料的费用以及供应商的监理费用，外国或本国劳务及工资费用、承包商的管理费和利润。

（10）机械的绝缘和油漆费。是指与机械及管道的绝缘和涂装相关的全部费用。

（11）工艺建筑费。是指原材料、劳务费及与基础、建筑结构、屋顶、内外装修、公共设施有关的全部费用。

（12）服务性建筑费用，其内容与第（11）项相似。

（13）工厂普通公共设施费。包括材料和劳务费以及与供水、燃料供应、通风、蒸汽发生及分配、下水道、污物处理等公共设施有关的费用。

（14）车辆费。是指工艺操作必需的机动设备零件费用，包括海运包装费用以及交货港的离岸价，但不包括税金。

（15）其他当地费用。是指那些不能归类于以上任何一个项目，不能计入项目间接成本，但在建设期间又是不可少的当地费用。如临时设备、临时公共设施及场地的维持费，营地设施及其管理，建筑保险和债券，杂项开支等费用。

（二）项目间接建设成本

项目间接建设成本包括：

（1）项目管理费。

1）总部人员的薪金和福利费，以及用于初步和详细工程设计、采购、时间和成本控制，行政和其他一般管理的费用。

2）施工管理现场人员的薪金、福利费和用于施工现场监督、质量保证、现场采购、时间及成本控制、行政及其他施工管理机构的费用。

3）零星杂项费用，如返工、旅行、生活津贴、业务支出等。

4）各种酬金。

（2）开工试车费。是指工厂投料试车必需的劳务和材料费用（项目直接成本包括项目完工后的试车和空转费用）。

（3）业主的行政性费用。是指业主的项目管理人员费用及支出（其中某些费用必须排除在外，并在"估算基础"中详细说明）

（4）生产前费用。是指前期研究、勘测、建矿、采矿等费用（其中一些费用必须排除在外，并在"估算基础"中详细说明）。

（5）运费和保险费。是指海运、国内运输、许可证及佣金、海洋保险、综合保险等费用。

（6）地方税。是指地方关税、地方税及对特殊项目征收的税金。

（三）应急费

应急费用包括：

（1）未明确项目的准备金。此项准备金用于在估算时不可能明确的潜在项目，包括那些在作成本估算时因为缺乏完整、准确和详细的资料而不能完全预见和不能注明的项目，并且这些项目是必须完成的，或它们的费用是必定要发生的。在每一个组成部分中均单独以一定的百分比确定，并作为估算的一个项目单独列出。此项准备金不是为了支付工作范围以外可能增加的项目，不是用以应付天灾、非正常经济情况以及罢工等情况，也不是用来补偿估算的任何误差，而是用来支付那些几乎可以肯定要发生的费用。因此，它是估算不可少的一个组成部分。

（2）不可预见准备金。此项准备金（在未明确项目准备金之外）用于在估算达到了一定完整性并符合技术标准的基础上，由于物质、社会和经济的变化，导致估算增加的情况。此种情况可能发生，也可能不发生。因此，不可预见准备金只是一种储备，可能不动用。

（四）建设成本上升费

通常，估算中使用的构成工资率、材料和设备价格基础的截止日期就是"估算日期"。必须对该日期或已知成本基础进行调整，以补偿直到工程结束时的未知价格增长。

工程的各个主要组成部分（国内劳务和相关成本、本国材料、外国材料、本国设备、外国设备、项目管理机构）的细目划分决定以后，便可确定每一个主要组成部分的增长率。这个增长率是一项判断因素。它以已发表的国内和国际成本指数、公司记录等为依据，并与实际供应商进行核对，然后根据确定的增长率和从工程进度表中获得的每项活动的中点值，计算出每项主要组成部分的成本上升值。

本 章 小 结

工程造价管理分工程价格管理和投资费用管理。投资费用管理就是全过程工程造价的计价与控制，本书从投资费用角度展开，重点介绍工程造价控制，对投资估算和设计概算也做重点介绍。

建设总投资由建设工程造价与流动资产投资构成。建设工程造价由建设投资、建设期贷款利息、固定资产投资方向调节税构成。

建设工程造价是从业主角度的工程造价；建设投资包括工程费用、工程建设其他费、预备费，是项目评价的重要参数。建筑安装工程造价是完成建筑安装工程施工任务的交易价格，是从承发包角度的工程造价，是建设工程造价中的建筑安装工程费。

全过程工程造价管理的基本工作是工程造价的计价与控制。全过程工程造价计价工作包括工程投资估算、设计概算、施工图预算、招标控制价、投标价、合同价、中间支付、工程价款调整、索赔与现场签证、工程竣工结算、竣工决算。全过程工程造价控制工作包括项目决策、设计优化、招标投标合同管理、价款结算、投资纠偏等工作。

设备及工器具购置费包括设备购置费和工器具购置费。设备购置费包括设备的原价和设备的运杂费。国产标准设备原价为带备件的设备原价，其价格可为询价、出厂价、订货价、成交价；国产非标设备的原价可由成本计算估价法、系列设备插入估价法、分部组合估价法、定额估价法等估算得到；进口设备原价是进口货物至进口国入关后价格，包括到岸价、银行手续费、外贸费、关税、增值税、消费税、海关监管手续费和车辆附加费。

通常将设备工器具费与建筑安装工程费合计称为工程费用。

工程建设其他费包括建设单位管理费、建设用地费、可行性研究费、研究试验费、勘察设计费、环境影响评价费、劳动安全卫生评价费、场地准备及临量设施费、引进技术和引进设备其他费、工程保险费、联合试运转费、特殊设备安全监督检验费、市政公用设施费、专利及专有技术使用费、生产准备及开办费。其中专利及专有技术使用费为无形资产费用，生产准备及开办费为其他资产（递延资产）费用，其余均为固定资产费用。

预备费是在项目前期，估概算建设工程造价时考虑的基本预备费及价差预备费。价差预备费按建设期各年工程费用从估算时点到投资年份的价差，计算基数为工程费用，投资年份只计 0.5 年的复利。

建设期贷款利息，是在融资方案后财务评价中的建设项目投资估算额需考虑的费用。包括利息和融资费用。

设备及工器具购置费、建安工程费、工程建设其他费与基本预备费之和为建设项目的静态投资；静态投资与价差预备费、建设期贷款利息、投资方向调节税合计为建设项目的动态工程造价。静态投资与价差预备费合计为动态的建设投资额。

思考题与习题

[思考题]

1. 如何理解建设工程造价的含义，如何理解建设投资？
2. 简述项目总投资构成，简述我国现行建设工程造价投资构成、建设投资构成。
3. 简述设备、工器具购置费的构成。

4. 简述工程建设其他费用的构成。

[单项选择题]

1. 在决策阶段的投资估算、设计阶段的设计概算以及项目竣工验收阶段的竣工决算，计价对象都是（　　），其工程造价均是从这个角度上的定义。

A. 建设项目　　　B. 单项工程　　　C. 单位工程　　　D. 承发包合同约定的范围

2. 建设项目总投资包括固定资产投资和流动资产投资，建设项目工程造价在量上与（　　）相当。

A. 建设项目总投资　　　　　　　B. 建设投资

C. 工程费用　　　　　　　　　　D. 固定资产投资

3. 建设工程投资费用管理是为了实现投资的一定的目标，在拟定的规划、设计方案的条件下，预测、计算、确定和监控工程造价及其变动的系统活动，是（　　）角度的造价管理。

A. 政府　　　B. 业主　　　C. 造价咨询　　　D. 总承包企业

4. 银行财务费的计费基础是（　　）。

A. FOB 价　　　B. CIF 价　　　C. 设备原价　　　D. 设备购置费

5. 外贸手续费的计费基础是（　　）。

A. FOB 价　　　B. CIF 价　　　C. 设备原价　　　D. 设备购置费

6. 工器具购置费的计费基础是（　　）。

A. FOB 价　　　B. CIF 价　　　C. 设备原价　　　D. 设备购置费

7. 建筑安装工程费构成中，检验试验费属于（　　）。

A. 人工费　　　B. 材料费　　　C. 施工机具使用费　　　D. 企业管理费

8. 建筑安装工程费构成中，仪器仪表使用费属于（　　）。

A. 人工费　　　B. 材料费　　　C. 施工机具使用费　　　D. 企业管理费

9. 建筑安装工程费构成中，劳动保护费属于（　　）。

A. 人工费　　　B. 材料费　　　C. 施工机具使用费　　　D. 企业管理费

10. 建筑安装工程费构成中，工具用具使用费属于（　　）。

A. 人工费　　　B. 材料费　　　C. 施工机具使用费　　　D. 企业管理费

11. 建筑安装工程费构成中，劳动保险和职工福利费属于（　　）。

A. 人工费　　　B. 材料费　　　C. 施工机具使用费　　　D. 企业管理费

12 引进技术和引进设备其他费属于（　　）。

A. 设备工器具购置费　　　　　　B. 建筑安装费

C. 工程建设其他费　　　　　　　D. 预备费

13. 联合试运转费是指（　　）。

A. 单机无负荷试运转的调试费

B. 系统联动无负荷试运转的调试费

C. 整个车间联合试运转发生的费用

D. 整个车间联合试运转发生的费用支出大于试运转收入的亏损部分

14. 基本预备费是指在（　　）内难以预料的工程费用。

A. 方案设计及估算　　　　　　　B. 初步设计及概算

C. 施工图设计及施工图预算　　　　D. 项目实施过程中合同价

15. 在某建设项目投资构成中，设备及工器具购置费为 2000 万元，建筑安装工程费为 1000 万元，工程建设其他费为 500 万元，预备费为 200 万元，建设期贷款 1800 万元，应计利息为 80 万元，流动资金贷款 400 万元，则该建设项目的工程造价为 （　　）万元。

A. 5980　　　　　　B. 5580　　　　　　C. 3780　　　　　　D. 4180

16. 建设项目投资构成如题 15，建设投资，建设项目总投资分别为 （　　）万元。

A. 3780，4180　　B. 3700，4180　　C. 3780，5580　　D. 3700，5980

17. 某项目进口加工设备，离岸价（FOB）为 100 万美元，国外运费 5 万美元，运输保险费 1 万美元，关税税率 20%，增值税税率 17%，无消费税，则该设备的增值税为（　　）万人民币。（外汇汇率：1 美元 =6.20 元人民币）

A. 111.72　　　　B. 166.06　　　　C. 174.35　　　　D. 176.02

18. 某工厂采购一台国产非标准设备，制造厂生产该台设备所用材料费 20 万元，加工费 2 万元，辅助材料费 4000 元，专用工具费 3000 元，废品损失费率 10%，外购配套件费 5 万元，包装费 2000 元，利润率为 7%，税金 4.5 万元，非标准设备设计费 2 万元，运杂费率 5%，该设备购置费为 （　　）万元。

A. 40.35　　　　　B. 40.13　　　　　C. 39.95　　　　　D. 41.38

19. 某项目投资建设期为三年，第一年工程费是 1000 万元，且每年以 15% 速度增长，预计该项目年均工程费价格上涨率为 5%，估算时点到项目开工时间为三个月，则该项目建设期间价差预备费为 （　　）万元。

A. 356.40　　　　　B. 310.1　　　　　C. 329.67　　　　　D. 376.34

20. 某新建项目，建设期为三年。第一年贷款 300 万元，第二年贷款 600 万元，第三年没有贷款。贷款在年度内均衡发放。根据贷款协定：年利率为 4%，以年利率方式收取的担保费和管理费 2%，贷款本息均在项目投产后偿还，则该项目第三年的贷款利息是 （　　）万元。

A.36.0　　　　　　B.54.54　　　　　　C.56.73　　　　　　D.58.38

[多项选择题]

1. 工程造价是指工程的建造价格。从不同角度，工程造价有 （　　）两种含义。

A. 建设总投资　　　　　　　　　B. 建设工程造价

C. 建设投资　　　　　　　　　　D. 建筑安装工程造价　　　　E. 工程费用

2. 由于工程建设的特点，工程造价具有 （　　）特点。

A. 工程造价的大额性　　　　　　B. 工程造价的个别性、差异性

C. 工程造价的动态性　　　　　　D. 工程造价的层次性

E. 工程造价的时效性

3. 建设工程造价包含 （　　）。

A. 建设投资　　　　　　　　　　B. 建设期贷款利息

C. 固定资产投资方向调节税　　　D. 流动资产　　　　　　　　E. 流动资产投资

4. 静态投资是以某一基准年、月的建设要素的价格为依据所计算出的建设项目投资的瞬时值。静态投资包括 （　　）。

A. 建筑安装工程费　　　　B. 设备和工、器具购置费　　C. 工程建设其他费用

D. 预备费　　　　　　　　E. 基本预备费

5. 建设工程造价中的动态投资是指为完成一个工程项目的建设，预计投资需要量的总和。它包括（　　）。

A. 建设期贷款利息 　　　　　 B. 固定资产投资方向调节税

C. 价差预备费 　　　　　　　 D. 流动资产投资 　　　　　 E. 静态投资

6. 对于建设投资，其动态投资是指为完成一个工程项目的建设，预计投资需要量的总和。它包括（　　）。

A. 建设期贷款利息 　　　　　 B. 固定资产投资方向调节税

C. 价差预备费 　　　　　　　 D. 流动资产投资 　　　　　 E. 静态投资

7. 工程造价管理有两种角度，它们是（　　）。

A. 静态投资管理 　　　　　　 B. 动态投资管理 　　　　　 C. 造价从业人员管理

D. 投资费用管理 　　　　　　 E. 工程价格管理

8. 对于工程价格管理，下列说法正确的有（　　）。

A. 价格管理分微观管理和宏观管理两个层次

B. 价格管理是政府管理职能

C. 在微观层次上，是施工企业利用经济手段进行定价的活动

D. 在宏观层次上，是政府把控市场信息价，控制价格水平

E. 在宏观层次上，是政府根据利用法律手段、经济手段和行政手段对价格进行管理和调控

9. 下列计价形式中，以整个建设项目为对象进行逐级编制的有（　　）。

A. 投资估算 　　　　　　　　 B. 设计概算 　　　　　　　 C. 施工图预算

D. 招标控制价 　　　　　　　 E. 竣工决算

10. 工程造价管理的组织，是指为了实现造价管理目标而进行的有效组织活动，以及与造价管理功能相关的有机群体，包括（　　）。

A. 政府行政管理系统 　　　　 B. 企事业机构管理系统 　　 C. 行业协会管理系统

D. 房地产管理系统 　　　　　 E. 高校科研管理系统

11. 国外工程造价管理的特点有（　　）。

A. 有章可循的计价依据 　　　 B. 多渠道的工程造价信息 　 C. 造价工程师动态估价

D. 专用的合同文本 　　　　　 E. 不重视实施过程中的造价控制

12. 建设工程造价包括（　　）。

A. 建设投资 　　　　　　　　 B. 建设期贷款利息

C. 固定资产投资方向调节税 　 D. 价差预备费 　　　　　　 E. 流动资金投资

13. 设备及工器具购置费计算中，计算基数是 CIF 价的有（　　）。

A. 国际运费 　　　　　　　　 B. 银行财务费 　　　　　　 C. 外贸手续费

D. 关税 　　　　　　　　　　 E. 海关监管手续费

14. 建筑安装工程费构成中，材料费构成有（　　）。

A. 材料原价 　　　　　　　　 B. 供销部门手续费 　　　　 C. 包装费

D. 运杂费、运输损耗费 　　　 E. 采购及保管费

15. 建筑安装工程费构成中，人工费构成有（　　）。

A. 计时工资或计价工资 　　　 B. 津贴、补贴 　　　　　　 C. 劳动保险和职工福利费

D. 劳动保护费　　　　　　　　　　　　E. 奖金、加班加点工资，特殊情况下支付的工资

16. 建筑安装工程费构成中，规费构成有（　　　）。

A. 养老保险　　　　　　　　B. 失业保险　　　　　　　　C. 社会保险

D. 住房公积金　　　　　　　E. 工程排污费

17. 建筑安装工程费构成中，税金构成有（　　　）。

A. 营业税　　　　　　　　　B. 城市维护建设税　　　　　C. 教育费附加

D. 地方教育费附加　　　　　E. 印花税

18. 建设管理费指建设项目从立项、筹建、建设、联合试运转、竣工验收交付使用全过程管理所需的费用包括（　　　）。

A. 建设单位管理费　　　　　B. 施工单位管理费　　　　　C. 工程监理费

D. 工程质量监督费　　　　　E. 土地征用费

19. 基本预备费包括（　　　）。

A. 技术设计、施工图设计增量及设计变更、地基处理增加的费用

B. 防灾减灾措施费　　　　C. 隐蔽工程质量鉴定费　　　D. 涨价预备费

E. 建设期贷款利息

20. 世界银行工程造价的构成有（　　　）。

A. 项目直接建设成本　　　　B. 项目间接建设成本　　　　C. 应急费

D. 不可预见准备金　　　　　E. 建设成本上升费

21. 用成本计算估价法计算国产非标准设备原价时，利润的计算基数中不包括的费用项目是（　　　）。

A. 专用工器具费　　　　　　B. 废品损失费　　　　　　　C. 外购配套件费

D. 包装费　　　　　　　　　E. 增值税

22. 装运港船上交货类别中买方的责任是（　　　）。

A. 负责租船或定舱　　　　　　B. 负责把货物装船

C. 负责办理出口手续　　　　　D. 负责货物装船后一切费用和风险

E. 负责支付运费

23. 下列关于设备及工器具购置费的描述中，正确的是（　　　）。

A. 设备购置费由设备原价、设备运杂费、采购保管费组成

B. 国产标准设备带有备件时，其原价按不带备件的价值计算，备件价值计入工程器具购置费中

C. 国产设备的运费和装卸费是指由设备制造厂交货地点起至工地仓库止所产生的运费和装卸费

D. 进口设备采用装运港船上交货价时，其运费和装卸费是指设备由装运港港口起到工地仓库止所发生的运费和装卸费

E. 工具、器具及生产家具购置费一般以设备购置费为计算基数，乘以部门或行业规定的定额费率计算

24. 土地征用及迁移补偿费包括（　　　）。

A. 征地动迁费　　　　　　　B. 安置补助费　　　　　　　C. 土地补偿费

D. 土地增值税　　　　　　　E. 青苗补偿费

25. 下列费用中属于工程建设其他费用中与未来企业生产经营有关的其他费用的是(　　)。

A. 系统联动试车费用　　　　B. 生产人员培训费

C. 整个车间无负荷试车的费用　D. 整个车间有负荷试车费用

E. 办公和生活家具购置费

[案例题]

[案例1]　拟由某德国公司引进全套工艺设备和技术,在我国某港口城市内建设的项目,建设期为二年,总投资12800万元。总投资中引进部分的合同总价782万美元。辅助生产装置、公用工程等均由国内设计配套。引进合同价款的细项如下:

1. 硬件费720万美元。

2. 软件费62万美元。人民币兑换美元的外汇牌价均按1美元=6.20元人民币计算。

3. 中国远洋公司的现行海运费率5.6%,海运保险费率3.2‰,现行外贸手续费率、中国银行财务手续费率、增值税率和关税税率分别按1.5%、5‰、17%、17%计取。

4. 国内供销手续费率0.3%,运输、装卸和包装费率0.1%,采购保管费率1%。

问题:

1. 引进项目的引进部分硬、软件原价包括哪些费用?应如何计算?

2. 本项目引进部分购置投资的估算价格是多少?

提示要点:

本案例主要考核引进项目费用的计算内容和计算方法、引进设备国内运杂费和设备购置费的计算方法。本案例应解决以下几个主要概念性问题:

1. 单独引进软件不计算关税,只计算增值税。相应的软件部分也不计国外运输费、国外运输保险费。

2. 外贸手续费、关税计算依据是硬件到岸价和应计关税软件的货价之和;银行财务费计算依据是全部硬、软件的货价;本例是引进工艺设备,故增值税的计算依据是应计关税价与关税之和,不考虑消费税。

[案例2]　某建设项目,有关数据资料如下:

1. 项目的设备及工器具购置费为2400万元。

2. 项目的建筑安装工程费为1300万元。

3. 项目的工程建筑其他费用为800万元。

4. 基本预备费费率为10%。

5. 年均价格上涨率为6%(投资估算时点与建设开工日期时间差为1.5年)。

6. 项目建设期为二年,第一年建设投资为60%,第二年建设投资为40%,建设资金第一年贷款1200万元,第二年贷款700万元,贷款年利率为8%,计算周期为半年。

问题:

1. 项目的基本预备费应是多少?

2. 项目的静态投资是多少?

3. 项目的价差预备费是多少?(注意按07《估算规程》规定计算)

4. 项目建设期贷款利息是多少?

5. 建设投资是多少?

注:计算结果按四舍五入取整。

第二章 建设项目决策阶段工程造价的计价与控制

学习目标：

了解决策阶段工程造价的计价与控制意义；熟悉可行性研究报告的作用、主要内容和审批程序；掌握投资估算的概念、内容和编制方法；掌握建设项目财务评价指标的含义、体系、评价方法及判别准则。

学习重点：

建设项目可行性研究的内容、编制及审批，投资估算的阶段划分与精度要求，投资估算的方法，建设项目财务评价的指标体系及评价方法。

学习建议：

投资决策阶段影响工程造价的程度最高，通过对投资决策阶段工程造价的计价与控制的学习，初步了解决策阶段的工作任务；通过投资估算和财务评价的计算，掌握我国建设项目投资估算和财务评价的基本过程。

相关知识链接：

国家发改委与建设部组织发布的《建设项目经济评价方法与参数》（第三版）；中国建设工程造价管理协会发布的《建设项目投资估算编审规程》（CECA/GC 1—2007）。

第一节 概 述

一、建设项目决策与工程造价的关系

（一）建设项目决策的含义

按照现代决策理论，决策是为达到一定的目标，从两个或多个可行的方案中选择一个较优方案的分析判断和抉择的过程。具体的说，决策是指人们为了实现特定的目标，在掌握大量有关信息的基础上，运用科学的理论和方法，系统地分析主客观条件，提出若干预选方案，并分析各种方案的优缺点，从中选出较优方案的过程。

项目投资决策是选择和决定投资行动方案的过程，是对拟建项目的必要性和可行性进行技术经济论证，对不同建设方案进行技术经济比较及作出判断和决策的过程。正确的项目投资来源于正确的项目投资决策。项目决策正确与否，直接关系到建设项目的成败，关系到工程造价的高低及投资效果的好坏。正确的决策是合理确定与控制工程造价的前提。

项目目标的确定，项目建设规模和产品（服务）方案的确定，场（厂）址的确定，技术方案、设备方案、工程方案的确定，环境保护方案以及融资方案的确定等都属于投资项目

决策的范畴。

（二） 建设项目决策与工程造价的关系

1. 项目决策的正确性是工程造价合理性的前提

项目决策正确，意味着对建设项目作出科学的决断，优选出最佳投资行动方案，达到资源的合理配置，这样才能合理地估计和计算工程造价，并且在实施最优投资方案过程中，有效地控制工程造价。项目决策失误，主要体现在不该建设的项目进行投资建设，或者项目建设地点的选择错误，或者投资方案的确定不合理等。诸如此类的决策失误，会直接带来不必要的资金投入和人力、物力及财力的浪费，甚至造成不可弥补的损失。在这种情况下，合理地进行工程造价的计价与控制已经毫无意义了。因此，要达到工程造价的合理性，事先就要保证项目决策的正确性，避免决策失误。

2. 项目决策的内容是决定工程造价的基础

工程造价的计价与控制贯穿于项目建设全过程，但决策阶段各项技术经济决策，对该项目的工程造价有重大影响，特别是建设标准的确定、建设地点的选择、工艺的评选、设备的选用等，直接关系到工程造价的高低。据有关资料统计，在项目建设各阶段中；投资决策阶段影响工程造价的程度最高，达到 70% ～ 90%。因此，决策阶段是决定工程造价的基础阶段，直接影响着决策阶段之后的各个建设阶段工程造价的计价与控制是否科学、合理的问题。

3. 造价高低、投资多少也影响项目决策

决策阶段的投资估算是进行投资方案选择的重要依据之一，同时也是决定项目是否可行及主管部门进行项目审批的参考依据。

4. 项目决策的深度影响投资估算的精确度，也影响工程造价的控制效果

投资决策过程，是一个由浅入深、不断深化的过程，依次分为若干工作阶段，不同阶段决策的深度不同，投资估算的精确度也不同。如投资机会及项目建议书阶段，是初步决策的阶段，投资估算的误差率在 ±30% 左右；而详细可行性研究阶段，是最终决策阶段，投资估算误差率在 ±10% 以内。另外，由于在项目建设各阶段中，即决策阶段、初步设计阶段、技术设计阶段、施工图设计阶段、工程招标投标及承发包阶段、施工阶段，以及竣工验收阶段，通过工程造价的确定与控制，相应形成投资估算、设计概算、修正概算、施工图预算、承包合同价、结算价及竣工决算。这些造价形式之间存在前者控制后者，后者补充前者这样的相互作用关系，按照"前者控制后者"的制约关系：意味着投资估算对其后面的各种形式的造价起着制约作用，作为限额目标。由此可见，只有加强项目决策的深度，采用科学的估算方法和可靠的数据资料，合理地计算投资估算，保证投资估算打足，才能保证其他阶段的造价被控制在合理范围，使投资控制目标能够实现，避免"三超"现象的发生。

二、建设项目决策阶段影响工程造价的主要因素

工程项目造价的多少主要取决于项目的建设标准。建设标准的主要内容有：建设规模、占地面积、工艺装备、建筑标准、配套工程、劳动定员等方面的标准或指标。建设标准是编制、评估、审批项目可行性研究的重要依据，是衡量工程造价是否合理及监督检查项目建设的客观尺度。

（一）项目建设规模

项目合理规模的确定就是要合理选择拟建项目的生产规模，解决"生产多少"的问题。项目规模的合理选择问题关系着项目的成败，决定着工程造价支出的有效与否。

规模效益，是指伴随生产规模扩大引起建设单位成本下降而带来的经济效益。当项目单位产品的报酬为一定时，项目的经济效益与项目的生产规模成正比，单位产品的成本随生产规模的扩大而下降，单位产品的报酬随市场规模的扩大而增加。在经济学中这一现象被称为规模效益递增。规模效益的客观存在对项目规模的合理选择意义重大而深远，可以充分利用规模效益来合理确定并有效控制造价，从而提高项目的经济效益。

合理经济规模是指在一定技术经济条件下，项目投入产出比处于较优状态，资源和资金可以得到充分利用，并可获得较优经济效益的规模。因此，在确定项目规模时，不仅要考虑内部各要素之间的数量匹配、能力协调、还要使所有生产力因素共同形成的经济实体（如项目）在规模上大小适应。这样可以合理确定和有效控制工程造价，提高项目的经济效益。但同时也须注意，规模扩大所产生的效益不是无限的，它受到技术进步、管理水平、项目经济技术环境等多种因素的制约。超过一定限度，规模效益将不再出现，甚至可能出现单位成本递减和收益递减的现象。

项目规模合理化的制约因素有：

1. 市场因素

市场因素是项目规模确定中需要首要考虑的因素。首先，项目产品的市场需求状况是确定项目生产规模的前提。通过市场分析与预测，确定市场需求量、了解竞争对手情况，最终确定项目建成时的最佳生产规模，使所建项目在未来能够保持合理的盈利水平和持续发展能力。其次，原材料市场、资金市场、劳动力市场等对项目规模的选择起着不同的制约作用。例如项目规模过大可能导致材料紧张和价格上涨，造成项目所需投资的资金筹措困难和资金成本上升等，将制约项目的规模。

2. 技术因素

先进适用的生产技术及技术装备是项目规模效益赖以存在的基础，而相应的管理技术水平是实现规模效益的重要保证。若与经济规模相适应的先进技术及其装备的来源没有保障，或获取技术的成本过高，或管理水平跟不上，则不仅预期的规模效益难以实现，还会给项目的生存和发展带来危机，导致项目投资效益降低，工程支出浪费严重。

3. 环境因素

项目的建设、生产和经营离不开一定的社会经济环境。项目规模确定中需要考虑的主要环境因素有：政治因素、燃料动力供应，协作及土地条件，运输及通信条件。其中政策因素包括产业政策、投资政策、技术经济政策、国家、地区及行业经济发展规划等。

（二）建设地区及建设地点（厂址）

建设项目的具体地址（或厂址）的选择，需要经过建设地区选择和建设地点选择两个不同层次、相互联系又相互区别的工作阶段，这两个阶段是一种递进关系。其中，建设地区选择是指在几个不同地区之间对拟建项目适宜配置在哪个区域范围的选择；建设地点选择是指对项目具体坐落位置的选择。

1. 建设地区的选择

建设地区选择的合理与否，在很大程度上决定着拟建项目的命运，影响着工程造价的高低、建设工期的长短、建设质量的好坏，还影响到项目建成后的运营状况。因此建设地区的选择要充分考虑各种因素的制约，具体要考虑以下因素：

（1）要符合国民经济发展战略规划、国家工业布局总体规划和地区经济发展规划的总体要求。

（2）要根据项目的特点和需要，充分考虑原材料条件、能源条件、水源条件、各地区对项目产品需求及运输条件等。

（3）要综合考虑气象、地质、水文等建厂的自然条件。

（4）要充分考虑劳动力来源、生活环境、协作、施工力量、风俗文化等社会环境因素的影响。

因此，在综合考虑上述因素的基础上，建设地区的选择要遵循以下两个基本原则：一是要靠近原料、燃料提供地和产品消费地的原则，二是工业项目适当集聚的原则。在工业布局中，通常是一系列相关的项目聚成适当规模的工业基地和城镇，从而有利于发挥"集聚效应"。

2. 建设地点（厂址）的选择

建设地点的选择是一项极为复杂的技术经济综合性很强的系统工程，它不仅涉及到项目建设条件、产品生产要素、生态环境和未来产品销售等重要问题，受社会、政治、经济、国防等多因素的制约；而且还直接影响到项目建设投资、建设速度和施工条件，以及未来企业的经营管理及所在地的城乡建设规划与发展。因此，必须从国民经济和社会发展的全局出发，运用系统观点和方法分析决策。

建设地点的选择是在已选定建设地区的基础上，具体确定项目所在的建筑地段、坐落位置和东、西、南、北四邻。建设地点的选择要满足以下要求：

（1）节约土地，少占耕地。项目的建设应尽可能节约土地，尽量把厂址放在荒地、劣地、山地和空地，尽可能不占和少占耕地，并力求节约用地。尽量节省土地的补偿费用，降低工程造价。

（2）减少拆迁移民。工程选址应少拆迁，少移民，尽可能不靠近、不穿越人口密集的城镇或居民区，减少或不发生拆迁安置费，降低工程造价。

（3）应尽量选在工程地质、水文地质条件较好的地段，其土壤耐压力应满足拟建厂的要求，严禁选在断层、熔岩、流沙层与有用矿床上以及洪水淹没区、已采矿坑塌陷区、滑坡下。厂址的地下水位应尽可能低于地下建筑物的基准面。

（4）要有利于厂区合理布置和安全运行。厂区土地面积与外形能满足厂房与各种构筑物的需要，并适合于按科学的工艺流程布置厂房与构筑物，满足生产安全要求。厂区地形力求平坦而略有坡度（一般以 5%～10% 为宜），以减少平整土地的土方工程量，节约投资，又便于地面排水。

（5）应尽量靠近交通运输条件和水电等供应条件好的地方。厂址应靠近铁路、公路、水路，以缩短运输距离，减少建设投资和未来的运营成本；厂址应设在供电、供热和其他协作条件便于取得的地方，有利于施工条件的满足和项目运营期间的正常运作。

（6）应尽量减少对环境的污染。对于排放有害气体和烟尘的项目，不能建在城市的上风口，以免对整个城市造成污染；对于噪声大的项目，厂址应选在距离居民集中地区较远的地方，同时，要设置一定宽度的绿化带，以减弱噪声的干扰；对于生产和使用易燃、易爆、辐射产品的项目，厂址应远离城镇和居民密集区。

上述条件能否满足，不仅关系到建设工程造价的高低和建设期限，对项目投产后的运营状况也有很大的影响。因此，在确定厂址时，也应进行方案的技术经济分析、比较，选择最佳厂址。

（三）技术方案

生产技术方案是指产品生产所采用的工艺流程和生产方法。技术方案不仅影响项目的建设成本，也影响项目建成后的运营成本。因此，技术方案的选择直接影响工程造价，必须认真选择和确定。

1. 技术方案选择的基本原则

（1）先进适用。这是评定技术方案最基本的标准。先进与适用，是对立的统一。保证工艺技术的先进性是首先要满足的，它能够带来产品质量、生产成本的优势。但是不能单独强调先进而忽视适用，还要考察工艺技术是否符合我国国情和国力，是否符合我国的技术发展政策。有的引进项目，可以在主要工艺上采用先进技术，而其他部分则采用适用技术。总之，要根据国情和建设项目的经济效益，综合考虑先进与适用的关系。对于拟采用的工艺，除了必须保证能用指定的原材料按时生产出符合数量、质量要求的产品外，还要考虑与企业的生产和销售条件（包括原有设备能否配套、技术和管理水平、市场需求、原材料种类等）是否相适应，特别要考虑原有设备能否利用，技术和管理水平能否跟上。

（2）安全可靠。项目所用的技术或工艺，必须经过多次试验和实践证明是成熟的，技术过关，质量可靠，有详尽的技术分析数据和可靠记录，并且生产工艺的危害程度控制在国家规定的标准之内，才能确保生产安全运行，发挥项目的经济效益。对于核电站、生产有毒有害和易燃易爆物质的项目（比如油田、煤矿等）及水利水电枢纽等项目，更应重视技术的安全性和可靠性。

（3）经济合理。经济合理是指所用的技术或工艺应能以尽可能小的消耗获得最大的经济效果，要求综合考虑所用技术或工艺所能产生的经济效益和国家的经济承受能力。在可行性研究中可能提出几种不同的技术方案，各方案的劳动需要量、能源消耗量、投资数量等可能不同，在产品质量和产品成本等方面可能有差异，因而应反复进行比较，从中挑选最经济合理的技术或工艺。

2. 技术方案选择的内容

（1）生产方法选择。生产方法直接影响生产工艺流程的选择。一般在选择生产方法时，从以下几个方面着手：

1）研究与项目产品相关的国内外的生产方法，分析比较优缺点和发展趋势，采用先进适用的生产方法。

2）研究拟采用的生产方法是否与采用的原材料相适应。

3）研究拟采用生产方法的技术来源的可得性，若采用引进技术或专利，应比较所需费用。

4）研究拟采用生产方法是否符合节能和清洁的要求。

（2）工艺流程方案的选择。工艺流程是指投入物（原料或半成品）经过有次序地生产加工，成为产出物（产品或加工品）的过程。选择工艺流程方案的具体内容包括以下几个方面：

1）研究工艺流程方案对产品质量的保证程度。

2）研究工艺流程各工序间的合理衔接，工艺流程应通畅、简捷。

3）研究选择先进合理的物料消耗定额，提高收效和效率。

4）研究选择主要工艺参数。

5）研究工艺流程的柔性安排，既能保证主要工序生产的稳定性，又能根据市场需求变化，使生产的产品在品种规格上保持一定的灵活性。

（四）设备方案

在生产工艺流程和生产技术确定之后，就要根据工厂生产规模和工艺过程的要求，选择设备的型号和数量。设备的选择与技术密切相关，二者必须匹配。没有先进的技术，再好的设备也没有用，没有先进的设备，技术的先进性则无法体现。对于主要设备方案选择，应符合以下要求：

（1）主要设备方案应与确定的建设规模、产品方案和技术方案相适应，并满足项目投产后生产或使用的要求。

（2）主要设备之间、主要设备与辅助设备之间，能力要相互匹配。

（3）设备质量可靠、性能成熟、保证生产和产品质量稳定。

（4）在保证设备性能的前提下，力求经济合理。

（5）选择的设备应符合政府部门或专门机构发布的技术标准要求。

因此，在设备选用中，应注意处理好以下问题：

（1）要尽量选用国产设备。凡是国内能够制造，并能保证质量、数量和按期供货的设备，或者进口专利技术就能满足要求的，则不必从国外进口整套设备；凡引进关键设备就能由国内配套使用的，就不必成套引进。

（2）要注意进口设备之间以及国内外设备之间的衔接配套问题。有时一个项目从国外引进设备时，为了考虑各供应厂家的设备特长和价格等问题，可能分别向几家制造厂购买，这时，就必须注意各厂家所提供设备之间技术、效率等方面的衔接配套问题。为了避免各厂所供设备不能配套衔接，引进时最好采用总承包的方式。还有一些项目，一部分为进口国外设备，另一部分则引进技术由国内制造，这时，也必须注意国内外设备之间的衔接配套问题。

（3）要注意进口设备与原有国产设备、厂房之间的配套问题。主要应注意本厂原有国产设备的质量、性能与引进设备是否配套，以免因国内外设备能力不平衡而影响生产。有的项目利用原有厂房安装引进设备，就应把原有厂房的结构面积、高度以及原有设备的情况了解清楚，以免设备到场后安装不下或互不适应而造成浪费。

（4）要注意进口设备与原材料、备品备件及维修能力之间的配套问题。应尽量避免引进设备所用主要原料需要进口。如果必须从国外引进时，应安排国内有关厂家尽快研制这种原料。在备品备件供应方面，随机引进的备品备件数量往往有限，有些备件在厂家输出技术或设备之后不久就被淘汰，因此采用进口设备，还必须同时组织国内研制所需备品备件问题，以保证设备长期发挥作用。另外，对于进口的设备，还必须懂得如何操作和维修，否则不能发挥设备的先进性。在外商派人调试安装时，可培训国内技术人员及时学会操作，必要时也可派人出国培训。

第二节　建设项目投资估算

投资估算是在项目的建设规模、产品方案、技术方案、场（厂）址方案和工程建设方案及项目进度计划等进行研究并基本确定的基础上，对建设项目投资数额（包括工程造价和流动资金）进行的估计。投资估算是进行建设项目技术经济评价和投资决策的基础，也是确定融资方案、筹措资金的重要依据。在项目建议书、预可行性研究、可行性研究、方案设计阶段（包括概念方案设计和报批方案设计）应编制投资估算。

一、建设项目投资估算概述

投资估算是指在项目投资决策过程中，依据现有的资料和特定的方法，对建设项目的投资数额进行估计，并在此基础上研究是否建设。投资估算要保证必要的准确性，如果误差太大，必将导致决策失误。它是项目建设前期编制项目建议书和可行性研究报告的重要组成部分，是项目决策的重要依据之一。投资估算的准确与否不仅影响到可行性研究工作的质量和经济评价效果，而且也直接关系到下一个阶段设计概算和施工图预算的编制，对建设项目资金筹措方案也有直接影响。因此，全面准确地估算建设项目的工程造价，是可行性研究乃至整个决策阶段造价管理的重要任务。

投资估算在项目开发过程中的作用有以下几点：

（1）项目建议书阶段的投资估算，是项目主管部门主要审批项目建议书的依据之一，并对项目的规划、规模起参考作用。

（2）项目可行性研究阶段的投资估算，是项目投资决策的重要依据，也是研究、分析、计算项目投资经济效果的重要条件。当可行性研究报告批准之后，其投资估算额就是作为设计任务书中下达的投资限额，即作为建设项目投资的最高限额，不得随意突破。

（3）项目投资估算对工程设计概算起控制作用，设计概算不得突破批准的投资估算额。

（4）项目投资估算可作为项目资金筹措及制定建设贷款计划的依据，建设单位可根据批准的项目建设估算额，进行资金筹措和向银行申请贷款。

（5）项目投资估算是核算建设项目固定资产投资需要额和编制固定资产投资计划的重要依据。

二、投资估算的阶段划分与精度要求

（一）国外项目投资估算的阶段划分和精度要求

在国外，如英国、美国等国家，对一个建设项目从开发设想直至施工图设计，这期间各个阶段的项目投资的预计额均称估算，只是各阶段设计的深度不同、技术条件不同，对投资估算的准确度要求不同。英国、美国等国把建设项目的投资估算分为以下五个阶段：

第一阶段，项目的投资设想时期。在尚无工艺流程图、平面布置图，也没有进行设备分析的情况下，即根据假想的条件比照同类型已投产项目的投资额，并考虑涨价因素来编制项目所需要的投资额，所以这一阶段称为毛估阶段，或称比照估算。这一阶段投资估算的意义是判断一个项目是否需要进行下一步工作，对投资估算精度的要求准确程度为允许误差大于±30%。

第二阶段：项目投资机会研究时期。此时应有初步的工艺流程图，主要生产设备的生产能力及项目建设的地理位置等条件，故可套用相近规模厂的单位生产能力建设费用来估算拟建项目所需要的投资额，据以初步判断项目是否可行，或据以审查项目引起投资兴趣的程度。这一阶段称为粗估阶段，或称因素估算，其对投资估算精度的要求为误差控制在±30%以内。

第三阶段：项目的初步可行性研究时期。此时已具有设备规格表、主要设备的生产能力、项目的总平面布置、各建筑物的大致尺寸、公用设施的初步位置等条件。此时期的投资估算额，可据以决定拟建项目是否可行，或据以列入投资计划。这一阶段称为初步估算阶段，或称认可估算，其对投资估算精度的要求为误差控制在±20%以内。

第四阶段：项目的详细可行性研究时期。此时项目的细节已经清楚，并已经进行了建筑材料、设备的询价，也已经进行了设计和施工的咨询，但工程图样和技术说明尚不完备。可根据此时期的投资估算额进行筹款。这一阶段称为确定估算，或称控制估算，其对投资估算精度的要求为误差控制在±10%以内。

第五阶段：项目的工程设计阶段。此时应具有工程的全部设计图样、详细的技术说明、材料清单、工程现场勘察资料等，故可以根据单价逐项计算而汇总出项目所需要的投资额。可据此投资估算控制项目的实际建设。这一阶段称为详细估算，或称投标估算，其对投资估算精度的要求为误差控制在±5%以内。

（二）我国项目投资估算的阶段划分与精度要求

在我国，项目投资估算是指在作初步设计之前各工作阶段均需进行的一项工作。在做工程初步设计之前，根据需要可邀请设计单位参加编制项目规划和项目建议书、并可委托设计单位承担项目的初步可行性研究、可行性研究及设计任务书的编制工作，同时应根据项目已明确的技术经济条件，编制和估算出精确度不同的投资估算额。我国建设项目的投资估算分为以下几个阶段：

（1）项目规划阶段的投资估算。建设项目规划阶段是指有关部门根据国民经济发展规划、地区发展规划和行业发展规划的要求，编制一个建设项目的建设规划。此阶段是按项目规划的要求和内容，粗略地估算建设项目所需要的投资额。其对投资估算精度的要求为允许误差大于±30%。

（2）项目建议书阶段的投资估算。在项目建议书阶段，是按项目建议书中的产品方案、项目建设规模、产品主要生产工艺、企业车间组成、初选建厂地点等，估算建设项目所需要的投资额。其对投资估算精度的要求为误差控制在±30%以内。此阶段项目投资估算的意义是可据此判断一个项目是否需要进行下一个阶段的工作。

（3）初步可行性研究阶段的投资估算。初步可行性研究阶段，是在掌握了更详细、更深入的资料的前提下，估算建设项目所需要的投资额。其对投资估算精度的要求为误差控制在±20%以内。此阶段项目投资估算的意义是据以确定是否进行详细可行性研究。

（4）详细可行性研究阶段的投资估算。详细可行性研究阶段的投资估算至关重要，因为这个阶段的投资估算经审查批准之后，便是工程设计任务书中规定的项目投资限额，并可据此列入项目年度基本建设计划。其对投资估算精度的要求为误差控制在±10%以内。

（三）国内外投资估算阶段划分与精度要求的比较（图 2-1 所示）

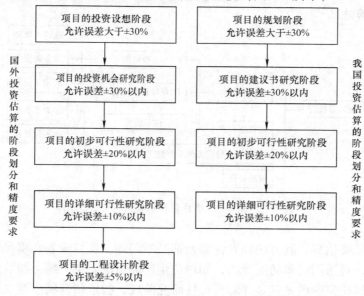

图 2-1　国内外投资估算阶段划分与精度要求的比较

三、投资估算的内容和方法

（一）投资估算的内容

投资估算服务于财务经济评价，所以投资构成本教材选用了《建设项目经济评价方法与参数》（三）及 07《估算规程》体系。

项目总投资由建设投资、建设期贷款利息、固定资产投资方向调节税和流动资金构成。

（1）建设投资是指在项目筹建与建设期间所花费的全部建设费用，按概算法分类包括工程费用、工程建设其他费用和预备费用，其中工程费用包括建筑工程费用、设备购置费用和安装工程费用，预备费用包括基本预备费和价差预备费用。

（2）建设期利息是债务资金在建设期内发生并应计入固定资产原值的利息，包括借款（或债券）利息及手续费、承诺费、管理费等。

（3）固定资产投资方向调节税是指国家为贯彻产业政策、引导投资方向、调整投资结构而征收的投资方向调节税。

（4）流动资金是项目运营期内长期占用并周转使用的营运资金。是指生产经营性项目投产后，用于购买原材料、燃料、支付工资及其他经营费用等所需要的周转资金。它是伴随着建设投资而发生的长期占用的，其值等于项目投资运营后所需全部流动资产扣除流动负债后的余额。

项目总投资的构成，即投资估算的具体内容如图 2-2 所示。

（二）投资估算的方法

1. 建设投资静态投资部分的估算

建设投资的估算方法有简单估算法和分类估算法。简单估算法分为单位生产能力估算法、生产能力指数法、系数估算法、比例估算法和指标估算法等。前四种估算方法准确性相对不高，主要适用于投资机会研究和初步可行性研究阶段。项目可行性研究阶段应采用指标估算法和分类估算法。

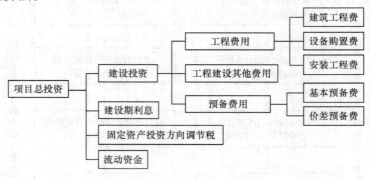

图2-2　项目总投资构成

不同阶段的投资估算，其方法和允许误差都是不同的。项目规划和项目建议书阶段，投资估算的精度低，可采用简单的匡算法，如单位生产能力法、生产能力指数法、系数法、比例法等。在可行性研究阶段尤其是详细可行性研究阶段，投资估算精度要求高，需采用相对详细的投资估算方法，即指标估算法。

（1）单位生产能力估算法。该方法依据调查的统计资料，利用已经建成的性质类似、规模相近的建设项目的单位生产能力投资（如元/t、元/kW）乘以拟建项目的生产能力，即得拟建项目投资额。其计算公式为：

$$C_2 = \left(\frac{C_1}{Q_1}\right)Q_2 f \tag{2-1}$$

式中　C_1——已建类似项目的投资额；

C_2——拟建项目的投资额；

Q_1——已建类似项目的生产能力；

Q_2——拟建项目的生产能力；

f——不同建设时期、不同建设地点产生的定额、单价、费用等差异的综合调整系数。

这种方法把项目建设投资与其生产能力的关系视为简单的线性关系，估算结果精确度较差。使用这种方法时要注意拟建项目的生产能力和类似项目的可比性，否则误差很大。由于在实际工作中不易找到与拟建项目完全类似的项目，通常是把项目按其下属的车间、设施和装置进行分解，分别套用类似车间、设施和装置的单位生产能力投资指标计算，然后加总求得项目建设投资。或根据拟建项目的规模和建设条件，将投资进行适当的调整后估算项目的投资额。这种方法主要用于新建项目和装置的估算，十分简便迅速，但要求估价人员掌握足够的典型工程的历史数据，而且这些数据均应与单位生产能力的造价有关，方可应用，而且必须是新建装置与所选取的历史资料相类似，仅存在规模大小和时间上的差异。

[**例2-1**]　某地拟建一座200套客房的豪华宾馆，另有一座豪华宾馆最近在该地竣工，且掌握了以下资料：有300套客房，有门庭、餐厅、会议室、游泳池、夜总会、网球场等设施，建设投资为1200万美元。试估算新建项目的建设投资额。（综合调整系数为0.9）

解： 根据以上资料，应用单位生产能力估算法进行建设投资的估算，计算公式为：

$$C_2 = \left(\frac{C_1}{Q_1}\right)Q_2f = \left(\frac{1200}{300}\right) \times 200 \times 0.9 = 720 \text{（万美元）}$$

（2）生产能力指数法。此方法是根据已建成的、性质相似的建设项目或生产装置的投资额和生产能力与拟建项目或生产装置的生产能力比较，估算拟建项目的投资额。其计算公式为：

$$C_2 = C_1\left(\frac{Q_2}{Q_1}\right)^x f \tag{2-2}$$

式中：x——生产能力指数；

其他符号含义同前。

式（2-2）表明造价与规模（或容量）呈非线性关系，且单位造价随着工程规模（或容量）的增大而减小。在正常情况下，$0 \leqslant x \leqslant 1$。若已建类似项目的规模和拟建项目的规模相差不大，$Q_1$ 与 Q_2 的比值在 0.5~2 之间，则指数 x 的取值近似为 1；一般认为 Q_1 与 Q_2 的比值在 2~50 之间，且拟建项目规模的扩大仅靠增大设备规模来达到时，则指数 x 的取值约在 0.6~0.7 之间；若靠增加相同规格设备的数量来达到时，则指数 x 的取值约在 0.8~0.9 之间。另外，不同生产率水平的国家和不同性质的项目中，x 的取值是不相同的。

采用生产能力指数法，计算简单、速度快；但要求类似项目的资料可靠，条件基本相同或相近，否则误差就会增大。主要应用于拟建装置或项目有可参考的已知装置或项目的规模不同的投资估算。对于建设内容复杂多变的项目，实践中往往应用于分项装置的工程费用估算。

[例 2-2] 2004 年已建成年产 10 万 t 的某化肥厂，其投资额为 40000 万元，2008 年拟建生产 50 万 t 的化肥厂项目，建设期 2 年。从 2004 年到 2008 年每年平均造价指数递增 4%，预计建设期 2 年平均造价指数递减 5%，估算拟建化肥厂的投资额为多少万元（生产能力指数 $x = 0.8$）。

解： 本题用生产能力指数法计算。其计算公式为：

$$C_2 = C_1\left(\frac{Q_2}{Q_1}\right)^x f$$

f 为不同时期、不同地点的定额、单价、费用变更等的综合调整系数，这里面特别注意 f 的含义。不同时期是指参考项目的完成到拟建项目的建设这段时间，不包括项目的建设期。因此，本题中的调整系数 $f = (1+4\%)^4$，给出建设期造价指数递减 5% 是个干扰项。

将数据代入，则拟建化肥厂的静态投资额为：

$$C_2 = C_1\left(\frac{Q_2}{Q_1}\right)^x f$$

$$= 40000 \times (50/10)^{0.8} \times (1+4\%)^4 = 169578 \text{（万元）}$$

[例 2-3] 按照生产能力指数法在 $x = 0.6$，$f = 1$ 的情况下，若将设计中的化工生产系统的生产能力提高三倍，投资额大约增加多少？

解： 本题是用生产能力指数法计算投资额的变形。

根据公式 $C_2 = C_1\left(\frac{Q_2}{Q_1}\right)^x f$ 有：

$$\frac{C_2}{C_1} = \left(\frac{Q_2}{Q_1}\right)^x f = \left(\frac{4}{1}\right)^{0.6} \times 1 = 2.3 \text{（倍）}$$

投资额约增加 1.3 倍。

生产能力指数法与单位生产能力指数法相比精确度略高，其误差可控制在 ±20% 以内，尽管估价误差仍较大，但有它独特的好处：即这种估价方法不需要详细的工程设计资料，只知道工艺流程及规模就可以，在总承包工程报价时，承包商大都采用这种方法估价。

（3）系数估算法。系数估算法是根据已知的拟建建设项目的主体工程费或主要生产工艺设备费为基数，以其他辅助或配套工程费占主体工程费或主要生产工艺设备的百分比为系数，进行估算拟建建设项目相关投资额的方法。本方法主要应用于设计深度不足，拟建建设项目与类似建设项目的主要生产工艺设备投资比重较大，行业内相关系数等基础资料完备的情况。

这种方法简单易行，但是精度较低，一般用于项目建议书阶段。系数估算法的种类很多，在国内常用的方法有设备及厂房系数法，世界银行项目投资估算常用的方法是朗格系数法。

1）设备系数法。以拟建建设项目的设备费为基数，根据已建成的同类项目的建筑安装费和其他工程费等与设备价值的百分比，求出拟建建设项目建筑安装工程费和其他工程费，进而求出建设项目投资额。其计算公式为：

$$C = E(1 + f_1 P_1 + f_2 P_2 + f_3 P_3 + \cdots) + I \tag{2-3}$$

式中　　　　C——拟建建设项目的投资额；

E——根据拟建建设项目或装置的设备清单按当时当地价格计算的设备费（包括运杂费）的总额；

I——根据具体情况计算的拟建建设项目其他各项基本建设费用（参考第一章第三节，工程其他费用的构成与计算）；

P_1、P_2、P_3……——已建建设项目中建筑工程费和安装工程费及其他工程费占设备购置费的百分比；

f_1、f_2、f_3……——由于建设时间地点而产生的定额水平、建筑安装材料价格、费用变更和调整等综合调整系数。

[例2-4]　某拟建项目设备购置费为 15000 万元，根据已建同类项目统计资料，建筑工程费占设备购置费的 23%，安装工程费占设备购置费的 9%，该拟建项目的其他有关费用估计为 2600 万元，调整系数 f_1、f_2 均为 1.1，试估算该项目的建设投资。

解： 根据式（2-3），该项目的建设投资为：

$$C = E(1 + f_1 P_1 + f_2 P_2) + I$$
$$= 15000 \times (1 + 23\% \times 1.1 + 9\% \times 1.1) + 2600 = 22880 \text{（万元）}$$

2）主体专业系数法。主体专业系数法是以拟建项目中投资比重较大，并与生产能力直接相关的工艺设备投资为基数，根据同类型的已建项目的有关统计资料，各专业工程（总图、土建、暖通、给水排水、管道、电气，电信及自控等）占工艺设备投资（包括运杂费和安装费）的百分比，据以求出拟建项目各专业工程的投资，然后把各部分投资（包括工艺设备投资）相加求和，再加上拟建项目的其他有关费用，即为拟建项目的建设投资。其计算公式为：

$$C = E(1 + f_1 P_1' + f_2 P_2' + f_3 P_3' + \cdots) + I \tag{2-4}$$

式中　　　　　E——拟建项目根据当时当地价格计算的工艺设备投资；

P_1'、P_2'、P_3'……——已建项目中各专业工程费用与工艺设备投资的百分比；

其他符号含义同前。

3）朗格系数法。这种方法是以设备费为基数，乘以适当系数来推算项目的建设投资。这种方法是世界银行项目投资估算常采用的方法。该方法的基本原理是将总成本费用中的直接成本和间接成本分别计算，再合为项目建设的总成本费用。其计算公式为：

$$C = E(1 + \sum K_i) K_c \tag{2-5}$$

式中　C——拟建建设项目的投资额；

　　　E——设备购置费；

　　　K_i——管线、仪表、建筑物等项费用的估算系数；

　　　K_c——管理费、合同费、应急费等间接费在内的总估算系数。

建设投资与设备购置费用之比为朗格系数 K_L。即：

$$K_L = (1 + \sum K_i) K_c$$

运用朗格系数法估算投资比较简单，但由于没有考虑项目（或装置）规模大小、设备材质的差异以及不同自然、地理条件差异的影响，所以估算的精度不高。

（4）比例估算法。比例估算法是根据已知的同类建设项目主要生产工艺设备投资占整个建设项目的投资比例，先逐项估算出拟建建设项目主要生产工艺设备投资，再按比例进行估算拟建建设项目相关投资额的方法。本方法主要应用于设计深度不足，拟建建设项目与类似建设项目的主要生产工艺设备投资比重较大，行业内相关系数等基础资料完备的情况。其计算公式为：

$$C = \frac{1}{K} \sum_{i=1}^{n} Q_i P_i \tag{2-6}$$

式中　C——拟建建设项目的投资额；

　　　K——主要生产工艺设备占拟建建设项目投资的比例；

　　　n——主要生产工艺设备的种类；

　　　Q_i——第 i 种主要生产工艺设备的数量；

　　　P_i——第 i 种主要生产工艺设备的购置费（到厂价格）。

$1/K$ 实质为建设投资对生产工艺设备费的倍数；$\sum_{i=1}^{n} Q_i P_i$ 即为生产工艺设备的总购置费。

（5）指标估算法。估算指标是比概算指标更为扩大的单项工程指标或单位工程指标，以单项工程或单位工程为对象，综合项目建设中的各类成本和费用，具有较强的综合性和概括性。

指标估算法是把建设项目分解为建筑工程、设备安装工程、设备及工器具购置费用及其他基本建设费等费用项目或单位工程，再根据各种具体的投资估算指标，进行各项费用项目或单位工程投资的估算，在此基础上，可汇总成每一单项工程的投资。然后再估算工程建设其他费用及预备费等（见第一章第三节），即求得建设投资和建设项目总投资。

投资估算指标的表示形式较多，单项工程指标一般以单项工程生产能力单位投资表示，如工业窑炉砌筑以元/m³ 表示；变配电站以元/（kV·A）表示；锅炉房以元/蒸汽吨表示。

单位工程指标一般以如下方式表示：房屋区别不同结构形式以元/m^2 表示；道路区别不同结构层、面层以元/m^2 表示；管道区别不同材质、管径以元/m 表示。

使用估算指标应根据不同地区、不同时期的实际情况进行适当调整，因为地区、时期不同，设备、材料人工的价格均有差异。

2. 价差预备费、建设期贷款利息、固定资产投资方向调节税

第一章已经介绍了价差预备费、建设期贷款利息的计算，固定资产投资方向调节税暂停征收，这里简要介绍一下汇率变化对涉外项目的影响。

汇率是两种不同货币之间的兑换比率，或者说是以一种货币表示的另一种货币的价格。汇率的变化意味着一种货币相对于另一种货币的升值或贬值。估计汇率变化对建设项目投资的影响，是通过预测汇率在项目建设期内的变动程度，以估计年份的投资额为基数，计算求得。

3. 流动资金估算方法

流动资金是指生产经营性项目投产后，为进行正常生产运营，用于购买原材料、燃料，支付工资及其他经营费用等所需的周转资金。流动资金估算一般采用分项详细估算法。个别情况或者小型项目可采用扩大指标法。

（1）分项详细估算法。流动资金的显著特点是在生产过程中不断周转，其周转额的大小与生产规模及周转速度直接相关。分项详细估算法是根据周转额与周转速度之间的关系，对构成流动资金的各项流动资产和流动负债分别进行估算。乎略预付账款、预收账款的影响，总结计算步骤与公式如下：

$$流动资金 = 流动资产 - 流动负债 \qquad (2-7)$$
$$流动资产 = 应收账款 + 存货 + 现金 + 预付账款 \qquad (2-8)$$

- 应收账款 = 年经营成本/应收账款年周转次数
- 存货 = 外购原材料 + 外购燃料 + 在产品 + 产成品

外购原材料 = 年外购原材料总成本/按种类分项周转次数

外购燃料 = 年外购燃料/按种类分项周转次数

在产品 =（年外购原材料、燃料、动力费 + 年工资及福利费 + 年修理费 + 年其他制造费用）/在产品年周转次数

产成品 =（年经营成本 - 年营业费用）/产成品年周转次数

- 现金 =（年工资及福利费 + 年其他费用）/现金年周转次数

年其他费用 = 制造费用 + 管理费用 + 营业费用 - 工资及福利费 - 折旧费 - 维简费 - 摊销费 - 修理费）

$$流动负债 = 应付账款 + 预收账款 \qquad (2-9)$$

- 应付账款 = 年外购原材料、燃料、动力和其他材料费用/应付账款年周转次数

（2）扩大指标估算法。扩大指标估算法是根据现有同类企业的实际资料，求得各种流动资金率指标，也可依据行业或部门给定的参考值或经验确定比率，将各类流动资金率乘以相对应的费用基数来估算流动资金。一般常用的基数由销售收入、经营成本、总成本费用和固定资产投资等。

$$年流动资金额 = 年费用基数 \times 各类流动资金率 \qquad (2-10)$$

虽然扩大指标估算法简便易行，但准确度不高，一般适用于项目建议书阶段的流动资金

估算。

（3）估算流动资金应注意的问题

1）在采用分项详细估算法时，应根据项目实际情况分别确定现金、应收账款、存货和应付账款的最低周转天数，并考虑一定的保险系数。因为最低周转天数减少，将增加周转次数，从而减少流动资金需用量，因此，必须切合实际地选用最低周转天数。对于存货中的外购原材料和燃料，要分品种和来源，考虑运输方式和运输距离，以及占用流动资金的比例大小等因素确定。

2）在不同生产负荷下的流动资金，应按不同生产负荷所需的各项费用金额，分别按照上述的计算公式进行估算，而不能直接按照 100% 生产负荷下的流动资金乘以生产负荷百分比求得。

3）流动资金属于长期性（永久性）流动资产，流动资金的筹措可通过长期负债和资本金（一般要求占 30%）的方式解决。流动资金一般要求在投产前一年开始筹措，为简化计算，可规定在投产的第一年开始按生产负荷安排流动资金需用量。其借款部分按全年计算利息，流动资金利息应计入生产期间财务费用，项目计算期末收回全部流动资金（不含利息）。

四、投资估算案例

[案例一]背景：某项目拟建年产 3000 万 t 铸钢厂，根据可行性研究报告提供的已建年产 2500 万 t 类似工程的主厂房工艺设备投资约 2400 万元。已建类似项目资料：与设备有关的其他各专业工程投资系数，见表 2-1。与主厂房投资有关的辅助工程及附属设施投资系数，见表 2-2。

表 2-1　与设备投资有关的其他各专业工程投资系数

加热炉	汽化冷却	余热锅炉	自动化仪表	起重设备	供电与传动	建安工程
0.12	0.01	0.04	0.02	0.09	0.18	0.40

表 2-2　与主厂房投资有关的辅助工程及附属设施投资系数

动力系统	机修系统	总图运输系统	行政及生活福利设施工程	工程建设其他费
0.30	0.12	0.20	0.30	0.20

本项目的资金来源为自有资金和贷款，贷款总额为 8000 万元，贷款利率 8%（按年计息）。建设期 3 年，第 1 年投入 30%，第 2 年投入 50%，第 3 年投入 20%，年贷款比例与之相同。预计建设期物价年平均上涨率 3%，基本预备费率 5%，投资方向调节税率为 0%。另投资估算时点到建设开工时间为半年。

问题：

1. 已知拟建项目建设期与类似项目建设期的综合价格差异系数为 1.25，试用生产能力指数估算法估算拟建工程的工艺设备投资额；用系数估算法估算该项目主厂房投资和项目建设的工程费与其他费投资。

2. 估算该项目的建设投资额，并编制建设投资估算表。

3. 若固定资产投资流动资金率为 6%，试用扩大指标估算法估算该项目的流动资金。确定该项目的总投资。

分析：

本案例内容涉及了建设项目投资估算类问题的主要内容。投资估算的方法有：单位生产能力估算法、生产能力指数估算法、比例估算法、系数估算法、指标估算法等。本案例是在可行性研究深度不够，尚未提出工艺设备清单的情况下，先运用生产能力指数估算法估算出拟建项目主厂房的工艺设备投资，再运用系数估算法，估算拟建项目投资的一种方法。即：首先，用设备系数估算法估算该项目与工艺设备有关的主厂房投资额，用主体专业系数估算法估算与主厂房有关的辅助工程、附属工程以及工程建设的其他投资。其次，估算拟建项目的基本预备费、价差预备费，合计可得财务评价中需要的建设投资额，计算固定资产投资方向调节税和建设期贷款利息，得到拟建项目的总投资。最后，用流动资金的扩大指标估算法，估算出项目的流动资金投资额。具体计算步骤如下：

问题1：

解：1. 估算主厂房工艺设备投资：用生产能力指数估算法。因为该拟建项目与已建项目生产规模相差较小，所以取 $x=1$。

$$主厂房工艺设备投资 \ C_2 = C_1 \left(\frac{Q_2}{Q_1} \right)^x f$$

$$= 2400 \times \left(\frac{3000}{2500} \right)^1 \times 1.25 = 3600（万元）$$

2. 估算主厂房设备投资：用设备系数估算法

$$拟建项目主厂房投资 = 工艺设备投资 \times \left(1 + \sum K_i \right)$$

$$= 3600 \times (1 + 12\% + 1\% + 4\% + 2\% + 9\% + 18\% + 40\%)$$

$$= 3600 \times (1 + 0.86) = 6696（万元）$$

其中，建安工程投资 $= 3600 \times 0.4 = 1440$（万元）

设备购置投资 $= 3600 \times 1.46 = 5256$（万元）

3. 项目建设的工程费与其他费投资：用主体专业系数法

$$拟建项目工程费与工程建设其他费 = 拟建项目主厂房投资 \times \left(1 + \sum K_j \right) + I$$

$$= 6696 \times (1 + 30\% + 12\% + 20\% + 30\%) + 6696 \times 20\%$$

$$= 12856.32 + 1339.2 = 14195.52（万元）$$

问题2：

解：1. 基本预备费计算：基本预备费 =（设备及工器具购置费 + 建筑安装工程费 + 工程建设其他费用）×基本预备费率

基本预备费 $= 14195.5 \times 5\% = 709.78$（万元）

由此得：静态投资 $= 14195.52 + 709.78 = 14905.30$（万元）

2. 价差预备费计算：拟建项目工程费用：12856.32 万元，按 30%、50%、20% 投入

第一年价差预备费 $= 12856.32 \times 30\% \times [(1+3\%)^{0.5}(1+3\%)^{0.5}(1+3\%)^0 - 1] = 115.71$ 万元

第二年价差预备费 $= 12856.32 \times 50\% \times [(1+3\%)^{0.5}(1+3\%)^{0.5}(1+3\%)^1 - 1] = 391.47$ 万元

第三年价差预备费 $= 12856.32 \times 20\% \times [(1+3\%)^{0.5}(1+3\%)^{0.5}(1+3\%)^2 - 1] = 238.43$ 万元

建设期价差预备费 $=115.71+391.47+238.43=745.61$（万元）

由此得：预备费 $=709.78+745.61=1455.39$（万元）

3. 投资方向调节税计算

投资方向调节税 $=$（静态投资 + 价差预备费）×投资方向调节税

$=(14905.30+745.61)\times0\%=0$（万元）

4. 建设期贷款利息计算

第1年贷款利息 $=(8000\times30\%/2)\times8\%=96$（万元）

第2年贷款利息 $=[(8000\times30\%+96)+(8000\times50\%/2)]\times8\%$

$=(2400+96+4000/2)\times8\%=359.68$（万元）

第3年贷款利息 $=[(2400+96+4000+359.68)+(8000\times20\%/2)]\times8\%$

$=(6855.68+1600/2)\times8\%=612.45$（万元）

建设期贷款利息 $=96+359.68+612.45=1068.13$（万元）

由此得：项目固定资产投资额 $=14195.52+1455.39+0+1068.13=16719.04$（万元）

5. 拟建项目固定资产投资估算表，见表2-3。

表2-3 拟建项目固定资产投资估算表 （单位：万元）

序号	工程费用名称	系数	建安工程费	设备购置费	其他费用	合计	占建设投资比例（%）
1	工程费		7600.32	5256.00		12856.32	82.14
1.1	主厂房		1440.00	5256.00		6696.00	
1.2	动力系统	0.30	2008.80			2008.80	
1.3	机修系统	0.12	803.52			803.52	
1.4	总图运输系统	0.20	1339.20			1339.20	
1.5	行政、生活福利设施	0.30	2008.80			2008.80	
2	工程建设其他费	0.20			1339.20	1339.20	8.56
3	预备费				1455.39	1455.39	9.30
3.1	基本预备费				709.78	709.78	
3.2	价差预备费				745.61	745.61	
	（1）+（2）+（3）					15650.91	100
4	投资方向调节税				0.00	0.00	
5	建设期贷款利息				1068.13	1068.13	
固定资产总投资（1）+（2）+…+（5）			7600.32	5256.00	3862.72	1679.04	

说明：表2-3中，建设投资 = 工程费 + 工程建设其他费 + 预备费 $=15650.91$（万元）

问题3：

解：（1）流动资金 $=16719.04\times6\%=1003.14$（万元）

（2）拟建项目总投资 $=16719.04+1003.14=17722.18$（万元）

第三节 决策阶段造价控制

对建设项目进行合理选择，是对国家经济资源进行优化配置的最直接、最重要的手段。

可行性研究是在建设项目的投资前期，对拟建项目进行全面、系统的技术经济分析和论证，从而对建设项目进行合理选择的一种重要方法。

一、建设项目可行性研究

（一）可行性研究的概念与作用

1. 可行性研究的概念

建设项目的可行性研究是在投资决策前，对与拟建项目有关的社会、经济、技术等各方面进行深入细致的调查研究，对各种可能拟定的技术方案和建设方案进行认真的技术经济分析和比较认证，对项目建成后的经济效益进行科学的预测和评价。在此基础上，对拟建项目的技术先进性和适用性、经济合理性和有效性，以及建设的必要性和可行性进行全面分析、系统论证、多方案比较和综合评价，由此得出该项目是否应该投资和如何投资等结论性意见，为项目投资决策提供可靠的科学依据。

一项好的可行性研究，应该向投资者推荐技术经济最优秀的方案，使投资者明确项目具有多大的财务获利能力，投资风险有多大，是否值得投资建设；可使主管部门领导明确，从国家角度看该项目是否值得支持和批准；使银行和其他资金供给者明确，该项目能否按期或者提前偿还他们提供的资金。

2. 可行性研究的作用

在建设项目的整个寿命周期中，前期工作具有决定性意义，起着极其重要的作用。而作为建设项目投资前期工作的核心和重点的可行性研究工作，一经批准，在整个项目周期中，就会发挥着极其重要的作用。具体体现在：

（1）作为建设项目投资决策的依据。可行性研究作为一种投资决策方法，从市场、技术、工程建设、经济及社会等多方面对建设项目进行全面综合的分析和论证，依其结论进行投资决策可大大提高投资决策和科学性。

（2）作为编制设计文件的依据。可行性研究报告一经审批通过，意味着该项目正式批准立项，可以进行初步设计。在可行性研究工作中，对项目选址、建设规模、主要生产流程、设备选型等方面进行了比较详细的论证和研究，设计文件的编制应以可行性研究报告为依据。

（3）作为向银行贷款的依据。在可行性研究工作中，详细预测了项目的财务效益、经济效益及贷款偿还能力。世界银行等国际金融组织，均把可行性研究报告作为申请工程项目贷款的先决条件。我国的金融机构在审批建设项目贷款时，也都以可行性研究报告为依据，对建设项目进行全面、细致地分析评估，确认项目的偿还能力及风险水平后，才作出是否贷款的决策。

（4）作为建设项目与各协作单位签订合同和有关协议的依据。在可行性研究工作中，对建设规模、主要生产流程及设备选型等都进行了充分的认证。建设单位在与有关协作单位签订原材料、燃料、动力、工程建筑、设备采购等方面的协议时，应以批准的可行性研究报告为基础，保证预定目标的实现。

（5）作为环保部门、地方政府和规划部门审批项目的依据。建设项目开工前，需地方政府批拨土地，规划部门审查项目建设是否符合城市规划，环保部门审查项目对环境的影响。这些审查都以可行性研究报告中总图布置、环境及生态保护方案等方面的论证为依据。

因此，可行性研究报告为建设项目申请建设执照提供了依据。

（6）作为施工组织、工程进度安排及竣工验收的依据。可行性研究报告对以上工作都有明确的要求，所以可行性研究又是检验施工进度及工程质量的依据。

（7）作为项目后评估的依据。建设项目后评估是在项目建成运营一段时间后，评价项目实际运营效果是否达到预期目标。建设项目的预期目标是在可行性研究报告中确定的，因此，后评估应以可行性研究报告为依据，评价项目目标实现程度。

（二）可行性研究的内容与编制

1. 可行性研究的内容

项目可行性研究是在对建设项目进行深入细致的技术经济论证的基础上做多方案的比较和优选，提出结论性意见和重大措施建议，为决策部门最终决策提供科学依据。因此，它的内容应能满足作为项目投资决策的基础和重要依据的要求。可行性研究的内容可以概括为市场、技术和经济三个方面。市场研究是可行性研究的前提；技术上可行是可行性研究的基础；经济上合理是评价和决策的重要依据。凡是影响到费用和收益的因素都可以是可行性研究的内容。可行性研究的基本内容和研究深度应符合国家规定。一般工业建设项目的可行性研究应包含以下几个方面的内容。

（1）总论。总论部分包括项目背景、项目概况和问题与建议三部分。

1）项目背景。包括项目名称、承办单位情况、可行性研究报告编制依据、项目提出的理由与过程等。

2）项目概况。包括项目拟建地点、拟建规模与目标、主要建设条件、项目投入总资金及效益情况和主要技术经济指标等。

3）问题与建议。主要指存在的可能对拟建项目造成影响的问题及相关解决建议。

（2）市场预测。市场预测是对项目的产出品和所需的主要投入品的市场容量、价格、竞争力和市场风险进行分析预测，为确定项目建设规模与产品方案提供依据。包括：产品市场供应预测、产品市场需求预测、产品目标市场分析、价格现状与预测、市场竞争力分析、市场风险。

（3）资源条件评价。只有资源开发项目的可行性研究报告才包含此项。资源条件评价包括资源可利用量、资源品质情况、资源赋存条件和资源开发价值。

（4）建设规模与产品方案。在市场预测和资源评价的基础上，论证拟建项目的建设规模和产品方案，为项目技术方案、设备方案、工程方案、原材料燃料供应方案及投资估算提供依据。

1）建设规模。包括建设规模方案比选及其结果——推荐方案及理由。

2）产品方案。包括产品方案构成、产品方案比选及其结果——推荐方案及理由。

（5）厂址选择。可行性研究阶段的厂址选择是在初步可行性研究（或项目建议书）规划的基础上，进行具体坐落位置选择，包括厂址所在位置现状、厂址建设条件及厂址条件比选三方面内容。

1）厂址所在位置现状。包括地点与地理位置、厂址土地权属及占地面积、土地利用现状。技术改造项目还包括现有场地利用情况。

2）厂址建设条件。包括地形、地貌、地震情况，工程地质与水文地质、气候条件、城镇规划及社会环境条件、交通运输条件、公用设施社会依托条件，防洪、防潮、排涝设施条件，环境保护条件、法律支持条件，征地、拆迁、移民安置条件和施工条件。

3）厂址条件比选。主要包括建设条件比选、建设投资比选、运营费用比选，并推荐厂址方案，给出厂址地理位置图。

（6）技术方案、设备方案和工程方案。技术、设备和工程方案构成项目的主体，体现了项目的技术和工艺水平，是项目经济合理性的重要基础。

1）技术方案。包括生产方法、工艺流程、工艺技术来源及推荐方案的主要工艺。

2）设备方案。包括主要设备选型、来源和推荐的设备清单。

3）工程方案。主要包括建筑物、构筑物的建筑特征、结构及面积方案，特殊基础工程方案、建筑安装工程量及"三材"用量估算和主要建筑物、构筑物一览表。

（7）主要原材料、燃料供应。原材料、燃料直接影响项目运营成本，为确保项目建成后正常运营，需对原材料、辅助材料和燃料的品种、规格、成分、数量、价格、来源及供应方式进行研究论证。

（8）总图布置、场内外运输与公用辅助工程。总图运输与公用辅助工程是在选定的厂址范围内，研究生产系统、公用工程辅助工程及运输设施的平面和竖向布置，以及工程方案。

1）总图布置。包括平面布置、竖向布置、总平面布置及指标表。技术改造项目包含原有建筑物、构筑物的利用情况。

2）场内外运输。包括场内外运输量和运输方式，场内运输设备及设施。

3）公用辅助工程。包括给水排水、供电、通信、供热、通风、维修、仓储等工程设施。

（9）能源和资源节约措施。在研究技术方案、设备方案和工程方案时，能源和资源消耗大的项目应提出能源和资源节约措施，并进行能源和资源消耗指标分析。

（10）环境影响评价。建设项目一般会对所在地的自然环境、社会环境和生态环境产生不同程度的影响。因此，在确定厂址和技术方案时，需要进行环境影响评价，研究环境条件，识别和分析拟建项目影响环境的因素，提出治理和保护环境措施，比选和优化环境保护方案。环境影响评价主要包括厂址环境条件、项目建设和生产对环境的影响、环境保护措施方案及投资和环境影响评价。

（11）劳动安全卫生与消防。在技术方案和工程方案确定的基础上，分析论证在建设和生产过程中存在的对劳动者和财产可能产生的不安全因素，并提出相应的防范措施，就是劳动安全卫生与消防研究。

（12）组织机构与人力资源配置。项目组织机构和人力资源配置是项目建设和生产运营顺利进行的重要条件，合理、科学地配置有利于提高劳动生产率。

1）组织机构。主要包括项目法人组建方案、管理机构组织方案和体系图及机构适应性分析。

2）人力资源配置。包括生产作业班次、劳动定员数量及技能素质要求、职工工资福利、劳动生产力水平分析、员工来源及招聘计划、员工培训计划等。

（13）项目实施进度。项目工程建设方案确定后，需要确定项目实施进度，包括建设工期、项目实施进度计划（横道图的进度表），科学组织施工和安排资金计划，保证项目按期完工。

（14）投资估算。投资估算是在项目建设规模、技术方案、设备方案、工程方案及项目进度计划基本确定的基础上，估算项目投入的总资金，包括投资估算依据、建设投资估算（建筑工程费、设备及工器具购置费、安装工程费、工程建设其他费用、基本预备费、价差预备费）、建设期利息、流动资金估算和投资估算表等方面的内容。

（15）融资方案。融资方案是在投资估算的基础上，研究拟建项目的资金渠道、融资形式、融资机构、融资成本和融资风险，包括资本金（新建项目法人资本金或既有项目法人资本金）筹措、债务资金筹措和融资方案分析等方面的内容。

（16）项目的经济评价。项目的经济评价包括财务评价和国民经济评价，并通过有关指标的计算，进行项目盈利能力、偿还能力等分析，得出经济评价结论。

（17）社会评价。社会评价是分析拟建项目对当地社会的影响和当地社会条件对项目的适应性和可接受程度，评价项目的社会可行性。评价的内容包括项目的社会影响分析，项目与所在地区的互适性分析和社会风险分析，并得出评价结论。

（18）风险分析。项目风险分析贯穿于项目建设和生产运营的全过程。首先，识别风险，揭示风险来源。识别拟建项目在建设和运营中的主要风险因素（比如市场风险、资源风险、技术风险、政策风险、社会风险等）；其次，进行风险评价，判别风险程度；再者，提出规避风险的对策，降低风险损失。

（19）研究结论与建议。在前面各项研究论证的基础上，从技术、经济、社会、财务等各个方面综合论述项目的可行性，推荐一个或几个方案供决策参考，指出项目存在的问题以及结论性意见和改进建议。

可以看出，建设项目可行性研究报告的内容可概括为三大部分。首先是市场研究，包括产品的市场调查和预测研究，这是项目可行性研究的前提和基础，其主要任务是要解决项目的"必要性"问题；第二是技术研究，即技术方案和建设条件研究，这是项目可行性研究的技术基础，它要解决项目在技术上的"可行性"问题；第三是效益研究，即经济效益的分析和评价，这是项目可行性研究的核心部分，主要解决项目在经济上的"合理性"问题。市场研究、技术研究和效益研究是构成项目可行性研究的三大支柱。

2. 可行性研究报告的编制

（1）编制程序。根据我国现行的工程项目建设程序和国家颁布的《关于建设项目进行可行性研究试行管理办法》，可行性研究报告的编制程序如下：

1）建设单位提出项目建议书和初步可行性研究报告。各投资单位根据国家经济发展的长远规划、经济建设的方针任务和技术经济政策，结合资源情况、建设布局等条件，在广泛调查研究、收集资料、踏勘建设地点、初步分析投资效果的基础上，提出需要进行可行性研究的项目建议书和初步可行性研究报告。

2）项目业主、承办单位委托有资格的单位进行可行性研究。当项目建议书经国家计划部门、贷款部门审定批准后，该项目即可立项。项目业主或承办单位就可以签订合同的方式委托有资格的工程咨询公司（或设计单位）着手编制拟建项目的可行性研究报告。

3）咨询或设计单位进行可行性研究工作，编制完整的可行性研究报告。

咨询或设计单位与委托单位签订合同后，即可开展可行性研究工作。一般按以下步骤开展工作：

①了解有关部门与委托单位对建设项目的意图，并组建工作小组，制定工作计划。

②调查研究与收集资料。调查研究主要从市场调查和资源调查两方面着手。通过分析论证，研究项目建设的必要性。

③方案设计和优选。建立几种可供选择的技术方案和建设方案，结合实际条件进行方案论证和比较，从中选出最优方案，研究论证项目在技术上的可行性。

④经济分析和评价。项目经济分析人员根据调查资料和领导机关有关规定，选定与本项目有关的经济评价基础数据和定额指标参数，对选定的最佳建设总体方案进行详细的财务预测、财务效益分析、国民经济评价和社会效益评价。

⑤编写可行性研究报告。项目可行性研究各专业方案，经过技术经济论证和优化后，由各专业组分工编写，经项目负责人衔接协调、综合汇总，提出可行性研究报告初稿。

⑥与委托单位交换意见。

（2）编制依据

1）项目建议书（初步可行性研究报告）及其批复文件。

2）国家和地方的经济和社会发展规则，行业部门发展规划。

3）国家有关法律、法规、政策。

4）对于大中型骨干项目，必须具有国家批准的资源报告、国土开发整治规划、区域规划、江河流域规划、工业基地规划等有关文件。

5）有关机构发布的工程建设方面的标准、规范、定额。

6）合资、合作项目各方签订的协议书或意向书。

7）委托单位的委托合同。

8）经国家统一颁布的有关项目评价的基本参数和指标。

9）有关的基础数据。

（3）编制要求

1）编制单位必须具备承担可行性研究的条件。编制单位必须具有经国家有关部门审批登记的资质等级证明。研究人员应具有所从事专业的中级以上专业职称，并具有相关的知识、技能和工作经历。

2）确保可行性研究报告的真实性和科学性。为保证可行性研究报告的质量，应切实做好编制前的准备工作，应有大量的、准确的、可用的信息资料，进行科学的分析比选论证。报告编制单位和人员应坚持独立、客观、公正、科学、可靠的原则，实事求是，对提供的可行性研究报告质量负完全责任。

3）可行性研究的深度要规范化和标准化。"报告"选用主要设备的规格、参数应能满足预定货的要求；重大技术、经济方案应有两个以上方案的比选；主要的工程技术数据应能满足项目初步设计的要求。"报告"应附有评估、决策（审批）所必须的合同、协议、政府批件等。

4）可行性研究报告必须经签证。可行性研究报告编制完成后，应由编制单位的行政、技术、经济方面的负责人签字，并对研究报告质量负责。

3. 可行性研究报告的审批

（1）政府对于投资项目的管理。根据《国务院关于投资体制改革的决定》，政府对于投资项目的管理分为审批、核准和备案三种方式。

1）对于政府投资项目，继续实行审批制。其中采用直接投资和资本金注入方式的，审批程序上与传统的投资项目审批制度基本一致，继续审批项目建议书、可行性研究报告等。采用投资补助、转贷和贷款贴息方式的，不再审批项目建议书和可行性研究报告，只审批资金申请报告。

2）对于企业不使用政府性资金投资建设的项目，一律不再实行审批制，区别不同情况实行核准制和备案制。其中，政府仅对重大项目和限制类项目从维护社会公共利益角度进行核准，其他项目无论规模大小，均改为备案制。《政府核准的投资项目目录》对于实行核准制的范围进行了明确的界定。

3）对于以投资补助、转贷或贷款贴息方式使用政府投资资金的企业投资项目，应在项目核准或备案后向政府有关部门提交资金申请报告；政府有关部门只对是否给予资金支持进行批复，不再对是否允许项目投资建设提出意见。以资本金注入方式使用政府投资资金的，实际上是政府、企业共同出资建设，项目单位应向政府有关部门报送项目建议书、可行性研究报告等。

由此可知，凡企业不使用政府性资金投资建设的项目，政府实行核准制或备案制，其中企业投资建设实行核准制的项目，仅需向政府提交项目申请报告，而无需报批项目建议书、可行性研究报告和开工报告；备案制无需提交项目申请报告，只要备案即可。因此，凡不使用政府性投资资金的项目，可行性研究报告无需经过任何部门审批。

对于外商投资项目和境外投资项目，除中央管理企业限额以下投资项目实行备案管理以外，其他均需政府核准。

（2）政府直接投资和资本金注入的项目审批。对于政府投资项目，只有直接投资和资本金注入方式的项目政府需要对可行性研究报告进行审批，其他项目无需审批可行性研究报告。

由国家发展和改革委员会审核报国务院审批的项目有：

1）使用中央预算内投资、中央专项建设基金、中央统还国外贷款5亿元及以上的项目。

2）使用中央预算内投资、中央专项建设基金、统借自还国外贷款的总投资50亿元及以上项目。

由国家发展和改革委员会审批地方政府投资的项目有：

1）各级地方政府采用直接投资（含通过各类投资机构）或以资本金注入方式安排地方各类财政性资金，建设《政府核准的投资项目目录》范围内应由国务院或国务院投资主管部门管理的固定资产投资项目，需由省级投资主管部门（通常指省级发展改革委员会和具有投资管理职能的经贸委）报国家发展和改革委会同有关部门审批或核报国务院审批。

2）需上报审批的地方政府投资项目，只需报批项目建议书。国家发改委主要从发展建设规划、产业政策以及经济安全等方面进行审查。

3）地方政府投资项目申请中央政府投资补助、贴息或转贷的，按照国家发改委发布的有关规定报批资金申请报告，也可在向国家发改委报批项目建议书时，一并提出申请。

4）其他地方政府投资项目，按照地方政府的有关规定审批。

可见，国家发展和改革委员会对地方政府投资项目只需审批项目建议书，无需审批可行性研究报告。

（3）使用国外援助性资金的项目审批。对于借用世界银行、亚洲开发银行、国际农业发展基金会等国际金融组织贷款和外国政府贷款及与贷款混合使用的赠款、联合融资等国际金融组织和外国政府贷款投资项目，有关规定如下：

1）由中央统借统还的项目，按照中央政府直接投资项目进行管理，其可行性研究报告由国务院发展改革部门审批或审核后报国务院审批。

2）由省级政府负责偿还或提供还款担保的项目，按照省级政府直接投资项目进行管理，其项目审批权限，按国务院及国务院发展改革部门的有关规定执行。除应当报国务院及国务院发展改革部门审批的项目外，其他项目的可行性研究报告均由省级发展改革部门审批，审批权限不得下放。

3）由项目用款单位自行偿还且不需政府担保的项目，参照《政府核准的投资项目目录》规定办理：凡《政府核准的投资项目目录》所列的项目，其项目申请报告分别由省级发展改革部门、国务院发展改革部门核准，或由国务院发展改革部门审核后报国务院核准；《政府核准的项目目录》之外的项目，报项目所在地省级发展改革部门备案，可行性研究报告无需审批。

二、建设项目财务评价

建设项目经济评价分财务评价和国民经济评价。本教材仅介绍财务评价。

财务评价是根据国家现行的财税制度和价格体系，分析、计算项目直接发生的财务效益和费用，编制财务报表，计算评价指标，考察项目的盈利能力、清偿能力以及外汇平衡等财务状况，据以判别项目的财务可行性。财务评价是建设项目经济评价中的微观层次，主要从微观投资主体的角度分析项目可以给投资主体带来的效益以及投资风险。作为市场经济外微观主体的企业进行投资时，一般都进行项目财务评价。财务评价是项目可行性研究的核心内容，其评价结论是决定项目取舍的重要依据。

（一）财务分析

1. 财务分析的概念

财务分析是项目经济评价的重要组成部分。财务分析是在财务效益与费用的估算以及编制财务辅助报表的基础上，编制财务报表，计算财务分析指标，考察和分析项目的盈利能力、偿债能力和财务生存能力，判断项目的财务可行性，明确项目对财务主体的价值以及对投资者的贡献，为投资决策、融资决策以及银行审贷提供依据。

2. 融资前分析与融资后分析的关系

项目决策可分为投资决策和融资决策两个层次。投资决策重在考察项目净现金流的价值是否大于其投资成本，融资决策重在考察资金筹措方案能否满足要求。严格分，投资决策在先，融资决策在后。根据不同决策的需要，财务分析可分为融资前分析和融资后分析。

财务分析一般应先进行融资前分析。融资前分析是指在考虑融资方案前就可以进行的财务分析，即不考虑债务融资条件下进行的财务分析。在融资前分析结论满足要求的情况下，初步设定融资方案，再进行融资后分析。融资后分析是指以设定的融资方案为基础进行的财务分析。

在项目的初期研究阶段，也可只进行融资前分析。

融资前分析只进行盈利能力分析，并以项目动态分析（折现现金流量分析）为主，计算项目投资内部收益率和净现值指标，也可以以静态分析（非折现现金流量分析）为辅，计算投资回收期指标。融资后分析主要是针对项目资本金折现现金流量和投资各方折现现金流量进行分析，既包括盈利能力分析，又包括偿债能力和财务生存能力分析等内容。

（二）财务评价指标体系

建设项目财务评价指标体系根据不同的标准，可作不同的分类形式。

根据指标的作用进行分类，可以分为盈利能力指标、偿债能力指标，如图2-3所示。

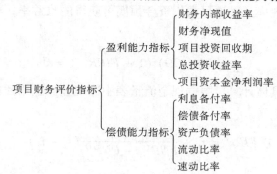

图2-3　根据指标作用分类的财务评价指标体系

（三）建设项目财务评价方法

1. 财务盈利能力分析的指标计算与评价

财务盈利能力评价主要考察投资项目投资的盈利水平。项目财务盈利能力主要通过财务净现值、财务内部收益率、投资回收期等评价指标进行计算。根据项目的特点及实际需要，也可以计算总投资收益率、资本金净利润率等指标。

（1）财务净现值（$FNPV$）。财务净现值是指把项目计算期内各年的财务净现金流量，按照一个给定的标准折现率（基准收益率）折算到建设期初（项目建设期第一年年初）的现值之和。财务净现值是考察项目在其计算期内盈利能力的主要动态评价指标。其表达式为：

$$FNPV = \sum_{t=0}^{n} (CI - CO)_t (1 + i_c)^{-t} \qquad (2-11)$$

式中　CI、CO——分别为现金流入、现金流出量；

$\quad\quad$（$CI - CO$）——第 t 年的净现金流量；

$\quad\quad\quad\quad n$——计算期；

$\quad\quad\quad\quad i_c$——基准收益率或设定的折现率。

判别准则是：在多方案比选中，$FNPV \geq 0$ 且财务净现值大者为优，$FNPV \geq 0$ 说明项目的获利能力达到或超过了基准收益率的要求，因而在财务上可以接受。

[**例2-5**]　某企业拟开发某种新产品的项目，该新产品的行销期为4年，各年的净现金流量见表2-4。设基准收益率为10%，试用净现值判断该项目是否可行？

表2-4　各年的净现金流量表

年份	0	1	2	3	4
净现金流量	−7000	1000	2000	6000	4000

解：根据 $FNPV = \sum_{t=0}^{n} (CI - CO)_t (1 + i_c)^{-t}$，有

$$FNPV = -7000 + 1000(P/F, 10\%, 1) + 2000(P/F, 10\%, 2)$$
$$+ 6000(P/F, 10\%, 3) + 4000(P/F, 10\%, 4) = 2801.93(万元)$$

因为 $FNPV \geqslant 0$，所以该项目可行。

（2）财务内部收益率（$FIRR$）。财务内部收益率是指项目在整个计算期内各年净现金流量现值累计等于零的折现率。是项目占用资金预期可获得的收益率，可以用来衡量投资的回报水平。其表达式为：

$$\sum_{t=0}^{n} (CI - CO)_t (1 + FIRR)^{-t} = 0 \tag{2-12}$$

财务内部收益率的具体计算可根据现金流量表中净现金流量用插值法计算。计算方法如下：

$$FIRR = i_1 + \frac{FNPV_1}{FNPV_1 - FNPV_2}(i_2 - i_1) \tag{2-13}$$

或：

$$FIRR = i_1 + \frac{|FNPV_1|}{|FNPV_1| + |FNPV_2|}(i_2 - i_1)$$

式中　i_1——较低的试算折现率，使 $FNPV_1 \geqslant 0$；

i_2——较高的试算折现率，使 $FNPV_2 \leqslant 0$。

$$FNPV_1 = \sum_{t=0}^{n} (CI - CO)_t (1 + i_1)^{-t}$$

$$FNPV_2 = \sum_{t=0}^{n} (CI - CO)_t (1 + i_2)^{-t}$$

由此计算出的财务内部收益率通常为一近似值。为控制误差，一般要求 $(i_2 - i_1) \leqslant 2\%$，否则，折现率 i_1、i_2 和净现值之间不一定呈线性关系，从而使求得的内部收益率失真。

财务内部收益率是反映项目实际收益率的一个动态指标，该指标越大说明项目的获利能力越强。一般情况下，将所求出的财务内部收益率与行业基准收益率 i_c 相比，当 $FIRR \geqslant i_c$ 时，项目的盈利能力已满足最低要求，在财务上可以被接受。

[**例 2-6**]　已知某项目 $i = 16\%$ 时，净现值为 20 万元，$i = 18\%$ 时，净现值为 -80 万元，试用试算内插法求该项目的财务内部收益率。

解：根据公式 $FIRR = i_1 + \dfrac{FNPV_1}{FNPV_1 - FNPV_2}(i_2 - i_1)$，有：

$$FIRR = 16\% + \frac{20}{20 - (-80)}(18\% - 16\%) = 16.4\%$$

（3）投资回收期。投资回收期按照是否考虑资金的时间价值可以分为静态投资回收期和动态投资回收期。

1）静态投资回收期（P_t）。静态投资回收期是指以项目每年的净收益回收项目全部投资所需要的时间，是考察项目财务上投资回收能力的重要指标。静态投资回收期的表达式如下：

$$\sum_{t=0}^{P_t} (CI - CO)_t = 0 \tag{2-14}$$

式中 P_t——静态投资回收期。

如果项目建成投产后各年的净收益不相同，则静态投资回收期可根据累计净现金流量用插值法求得。其计算公式为：

$$P_t = \text{累计净现金流量开始出现正值的年份} - 1 + \frac{\text{上一年累计现金流量的绝对值}}{\text{当年净现金流量}}$$

$$\tag{2-15}$$

当静态投资回收期小于等于基准投资回收期时，项目可行。

[**例2-7**] 某项目建设期为一年，建设投资800万元。第二年末净现金流量为320万元，第三年末为342万元，第四年末366万元，第五年末为393万元，该项目静态投资回收期为几年？

解：累计净现金流量的计算过程见表2-5。

表 2-5　累计净现金流量表　　　　　　　　　（单位：万元）

第 t 年末	0	1	2	3	4	5
净现金流量	−800	0	320	342	366	393
累计净现金流量	−800	−800	−480	−138	228	621

根据式（2-15）与表2-5，则 $P_t = 4 - 1 + \dfrac{|-138|}{366} = 3.38$ （年）

2）动态投资回收期（P'_t）。动态投资回收期是指在考虑资金时间价值的情况下，项目以净收益抵偿全部投资所需要的时间，是反映投资回收能力的重要指标。动态投资回收期以年表示，一般自建设开始年算起，累计净现金流量折现值等于零或者出现正值的年份即为投资回收期，其表达式为：

$$\sum_{t=0}^{P'_t} (CI - CO)_t (1 + i_c)^{-t} = 0 \tag{2-16}$$

式中 P'_t——动态投资回收期；

其他符号含义同前。

P'_t 也可以用插值法求出，其计算公式为：

$$P'_t = \text{累计折现值开始出现正值的年份} - 1 + \frac{\text{上一年累计现金流量现值的绝对值}}{\text{当年净现金流量现值}}$$

$$\tag{2-17}$$

式（2-17）中的计算结果小数部分可以折算成月数，以年和月表示。动态投资回收期是在考虑了项目合理收益的基础上收回投资的时间，只要在项目寿命期结束之前能够收回投资，就表示项目已经获得了合理的收益。因此，只要动态投资回收期不大于项目寿命期，项目就可行。

[**例2-8**] 基准利率为10%，[例2-7]资料中项目的动态投资回收期为几年？

解：累计净现值的计算过程见表2-6。

表 2-6 累计净现值表 （单位：万元）

第 t 年末	0	1	2	3	4	5
净现金流量	-800	0	320	342	366	393
折现系数	1	0.9091	0.8264	0.7513	0.6830	0.6209
净流量折现值	-800	0	264.45	256.94	249.98	244.01
累计净现值	-800	-800	-535.55	-278.61	-28.63	215.38

根据式（2-17）与表 2-6，则 $P'_t = 5 - 1 + \dfrac{|-28.63|}{244.01} = 4.12$ （年）

（4）总投资收益率（ROI）。表示总投资的盈利水平，是指使项目达到设计能力后正常年份的年息税前利润（EBIT）或运营期内年平均息税前利润与项目总投资的比率。其计算公式为：

$$总投资收益率 = \frac{年息税前利润}{项目总投资} \times 100\% \qquad (2-18)$$

$$息税前利润 = 营业收入 - 营业税金及附加 - 经营成本 - 折旧和摊销 \qquad (2-19)$$

总投资收益率高于同行业的收益率参考值，表明用总投资收益率表示的盈利能力满足要求。

（5）项目资本金净利润率。项目资本金净利润率表示项目资本金的盈利水平，是指项目达到设计能力后正常年份的年净利润或运营期内年平均净利润与项目资本金的比率。其计算公式为：

$$项目资本金净利润率 = \frac{年净利润}{项目资本金} \times 100\% \qquad (2-20)$$

项目资本金净利润率高于同行业的净利润率参考值，表明用项目资本金利润率表示的盈利能力满足要求。

2. 项目偿债能力分析的指标计算与评价

项目偿债能力分析主要通过计算利息备付率、偿债备付率、资产负债率、流动比率、速动比率等评价指标来进行。

（1）利息备付率。利息备付率是指在借款偿还期内的息税前利润与当年应付利息的比值，从付息资金来源的充裕性角度反映支付债务利息的能力。利息备付率的计算公式为：

$$利息备付率 = \frac{息税前利润}{应付利息额} \qquad (2-21)$$

利息备付率应按年计算，分别计算在债务偿还期内各年的利息备付率。若偿还前期的利息备付率数值偏低，为分析的需要，也可以补充计算债务偿还期内年平均利息备付率。

利息备付率表示利息支付的保证倍率，对于正常经营的企业，利息备付率至少应当大于1，一般不宜低于2，并结合债权人的要求确定。利息备付率高，说明利息支付的保证度大，偿债风险小；利息备付率低于1，表示没有足够的资金支付利息，偿债风险很大。

（2）偿债备付率。偿债备付率是指在债务偿还期内，可用于计算还本付息的资金与当年应还本付息额的比值。可用于计算还本付息的资金是指息税折旧摊销前的利润（即息税前利润加上折旧和摊销）减去所得税后的余额；当年应还本付息金额包括还本金额及计入总成本费用的全部利息。偿债备付率的计算公式为：

$$偿债备付率 = \frac{息税折旧摊销前利润 - 所得税}{应还本付息额} \qquad (2-22)$$

如果运营期间支出了维护运营的投资费用，应从分子中扣减。

偿债备付率应分年计算，分别计算在债务偿还期内各年的偿债备付率。若偿还前期的偿债备付率数值偏低，为分析所用，也可以补充计算债务偿还期内年平均偿债备付率。

偿债备付率表示债务本息的保证倍率，至少应大于1，一般不宜低于1.3，并结合债务人的要求确定。偿债备付率低，说明偿付债务本息的能力不足，偿债风险大。当这一指标小于1时，表示可用于计算还本付息的资金不足以偿付当年债务。

[例2-9]　某项目与备付率指标有关的数据见表2-7，试计算利息备付率和偿债备付率。

表 2-7　某项目与备付率指标有关的数据　（单位：万元）

项目 ＼ 年份	1	2	3	4	5
应还本付息额	97.8	97.8	97.8	97.8	97.8
应付利息额	24.7	20.3	15.7	10.8	5.5
息税前利润	43.0	219.9	219.9	219.9	219.9
折旧	172.4	172.4	172.4	172.4	172.4
所得税	6.0	65.9	67.4	69.0	70.8

解： 根据表2-7的数据计算的备付率指标见表2-8。

表 2-8　某项目利息备付率与偿债备付率指标

项目 ＼ 年份	1	2	3	4	5
利息备付率	1.74	10.83	14.00	20.36	39.98
偿债备付率	2.14	3.34	3.32	3.31	3.29

计算结果分析：由于投产后第1年负荷低，同时利息负担大，所以利息备付率、偿债备付率都较低，但这种状况投产后第2年起就得到了彻底的转变。

（3）资产负债率。资产负债率反映项目总体偿债能力。这一比率越低，则偿债能力越强。但是资产负债率的高低还反映了项目利用负债资金的程度，因此该指标水平应适当。

$$资产负债率 = 负债总额 / 资产总额 \qquad (2-23)$$

（4）流动比率。该指标反映企业偿还短期债务的能力。这一比率越高，单位流动负债将有更多的流动资产作保障，短期偿债能力就越强，但是可能会导致流动资产利用效率低下，影响项目效益。因此流动比率一般为2:1较好。

$$流动比率 = 流动资产总额 / 流动负债总额 \qquad (2-24)$$

（5）速动比率。该指标反映了企业在很短时间内偿还短期债务的能力。速动资产是流动资产中变现最快的部分，速动比率越高，短期偿债能力越强。同样，速动比率过高也会影响资产利用效率，进而影响企业经济效益。因此，速动比率一般为1左右较好。

$$速动比率 = 速动资产总额 / 流动负债总额 \qquad (2-25)$$

$$速动资产 = 流动资产 - 存货 \tag{2-26}$$

3. 财务生存能力分析

财务生存能力分析，应在财务分析辅助表和利润与利润分配表的基础上编制财务计划现金流量表，通过考察项目计算期内的投资、融资和经营活动所产生的各项现金流入和流出，计算净现金流量和累计盈余资金，分析项目是否有足够的净现金流量维持正常运营，以实现财务可持续性。

（1）财务生存能力分析的作用。财务生存能力分析旨在分析考察"有项目"时（企业）在整个计算期内的资金充裕程度，分析财务可持续性，判断在财务上的生存能力，应根据财务计划现金流量表进行。

（2）财务生存能力的分析方法。财务生存能力分析应结合偿债能力进行，项目的财务生存能力分析可通过以下相辅相成的两个方面进行。

一是分析是否有足够的净现金流量维持正常运营。

1）在项目运营期间，只有能够从项目经济活动中得到足够的净现金流量，项目才能持续生存。

2）拥有足够的经营净现金流量是财务上可持续的基本条件，特别是在运营初期。

3）通常因运营期前期的还本付息负担较重，故应特别注重运营期前期的财务生存能力分析。

二是各年累计盈余资金不出现负值是财务上可持续的必要条件。

在整个运营期间，允许个别年份的净现金流量出现负值，但不能容许任一年份的累计盈余资金出现负值，一旦出现负值时应适时进行短期融资。

（四）建设项目财务评价案例

[案例二]背景：

某企业拟建设一个生产性项目，生产国内某种急需的产品。该项目的建设期为2年，运营期为7年。预计建设期投资800万元（含建设期贷款利息20万元），并全部形成固定资产。固定资产使用年限10年，运营期末残值50万元，按照直线法折旧。

该企业于建设期第1年投入项目资本金为380万元，建设期第2年向当地建设银行贷款400万元（不含贷款利息），贷款年利率10%，项目第3年投产。投产当年又投入资本金200万元，作为流动资金。

运营期，正常年份每年的销售收入为700万元，经营成本300万元，产品销售税金及附加税率为6%，所得税税率为33%，年总成本400万元，行业基准收益率10%。

投产的第1年生产能力仅为设计能力的80%，为简化计算，这一年的销售收入、经营成本和总成本费用按正常年份的80%估算。投产的第2年及其以后的各年生产均达到设计生产能力。

问题：

1. 计算销售税金及附加税和所得税。

2. 编制项目投资现金流量表。

3. 计算项目的动态投资回收期和财务净现值。

4. 计算项目的财务内部收益率。

5. 从财务评价的角度，分析说明拟建项目的可行性。

分析要点：

本案例考核有关现金流量表的编制，并重点考核了建设项目财务评价中项目的内部收益率、投资回收期、财务净现值等动态盈利能力评价指标的计算和评价。

本案例主要解决以下四个概念性问题：

1. 财务盈利能力分析的项目投资现金流量表中，建设投资不包括建设期贷款利息。

2. 项目投资现金流量表中，回收固定资产余值的计算，可能出现两种情况：

营运期等于固定资产使用年限，则固定资产余值＝固定资产残值。营运期小于固定资产使用年限，要将剩余年限的折旧当成固定资产余值，则固定资产余值＝（使用年限－营运期）×年折旧费＋残值

3. 财务评价中，动态盈利能力评价指标的计算方法。

4. 财务内部收益率反映了项目所占用资金的盈利率，是考核项目盈利能力的主要动态指标。在财务评价中，将求出的项目投资或项目资本金的财务内部收益率 FIRR 与行业基准收益率 i_c 比较。当 FIRR $\geq i_c$ 时，可认为其盈利能力已满足要求，在财务上是可行的。

问题 1：

解： 计算销售税金及附加、所得税：

1. 营运期销售税金及附加：

销售税金及附加＝销售收入×销售税金及附加税率

第 3 年销售税金及附加＝700×80%×6%＝33.60（万元）

第 4~9 年销售税金及附加＝700×100%×6%＝42.00（万元）

2. 营运期所得税：

所得税＝（销售收入－销售税金及附加－总成本）×所得税率

第 3 年所得税＝（560－33.60－400×80%）×33%＝68.11（万元）

第 4~9 年所得税＝（700－42－400）×33%＝85.14（万元）

问题 2：

解： 根据已知条件计算数据，编制全部投资现金流量表 2-9。

1. 项目的使用年限 10 年，营运期 7 年。所以，固定资产余值按以下公式计算：

年折旧费＝（固定资产原值－残值）/折旧年限＝（800－50）/10＝75（万元）

固定资产余值＝年折旧费×（固定资产使用年限－营运期）＋残值

＝75×（10－7）＋50＝275（万元）

2. 建设期贷款利息计算：建设期第 1 年没有贷款，建设期第 2 年贷款 400 万元。

贷款利息＝（0＋400/2）×10%＝20（万元）

表 2-9 某拟建项目投资现金流量表　　　　　　　　（单位：万元）

序号	项目	建设期		投产期						
		1	2	3	4	5	6	7	8	9
	生产负荷			80%	100%	100%	100%	100%	100%	100%
1	现金流入			560.00	700.00	700.00	700.00	700.00	700.00	1175.00
1.1	销售收入			560.00	700.00	700.00	700.00	700.00	700.00	700.00
1.2	回收固定资产余值									275.00

（续）

序号	项目	建设期		投产期						
		1	2	3	4	5	6	7	8	9
1.3	回收流动资金									200.00
2	现金流出	380	400	541.71	427.14	427.14	427.14	427.14	427.14	427.14
2.1	建设投资	380	400							
2.2	流动资金投资			200.00						
2.3	经营成本			240.00	300.00	300.00	300.00	300.00	300.00	300.00
2.4	销售税金及附加税			33.60	42.00	42.00	42.00	42.00	42.00	42.00
2.5	所得税			68.11	85.14	85.14	85.14	85.14	85.14	85.14
3	净现金流量	−380	−400	18.29	272.86	272.86	272.86	272.86	272.86	747.86
4	折现系数($i_c = 10\%$)	0.9091	0.8264	0.7513	0.6830	0.6209	0.5645	0.5132	0.4665	0.4241
5	折现净现金流量	−345.46	−330.56	13.74	186.36	169.42	154.03	140.03	127.29	317.17
6	累计折现净现金流量	−345.46	−676.02	−662.28	−475.92	−306.5	−152.47	−12.44	114.85	432.02

问题 3:

解: 根据表 2-9 中的数据,按以下公式计算出项目的动态投资回收期和财务净现值。

动态投资回收期 =（累计折现净现金流量出现正值的年份 − 1）+（出现正值年份上年累计折现净现金流量绝对值/出现正值年份当年折现净现金流量）

= (8 − 1) + | − 12.44 | /127.29 = 7.10(年)

由表 2-9 可知:项目净现值 = 432.02(万元)

问题 4:

解: 编制现金流量延长表 2-10。采用试算法求出拟建项目的内部收益率。具体做法和计算过程如下:

表 2-10   某拟建项目投资现金流量延长表   （单位:万元）

序号	项目	建设期		投产期						
		1	2	3	4	5	6	7	8	9
7	折现系数 $i_1 = 21\%$	0.8264	0.6830	0.5645	0.4665	0.3855	0.3186	0.2633	0.2176	0.1799
8	折现净现金流量	−314.03	−273.20	10.32	127.29	105.19	86.93	71.84	59.37	135.54
9	累计折现净现金流量	−314.03	−587.23	−576.91	−449.62	−344.43	−257.50	−185.66	−126.29	9.25
10	折现系数 $i_2 = 22\%$	0.8197	0.6719	0.5507	0.4514	0.3700	0.3033	0.2486	0.2038	0.1670
11	折现净现金流量	−311.49	−268.76	10.07	123.17	100.96	82.76	67.83	55.61	124.89
12	累计折现净现金流量	−311.49	−580.25	−570.18	−447.01	−346.05	−263.29	−195.46	−139.85	−14.96

1. 首先设定 $i_1 = 21\%$,以 i_1 作为设定的折现率,计算出各年的折现系数。利用现金流量延长表,计算出各年的折现净现金流量和累计折现净现金流量,从而得到财务净现值 $FNPV_1$,见表 2-10。

2. 再设定 $i_2 = 22\%$,以 i_2 作为设定的折现率,计算出各年的折现系数。同样,利用现金流量延长表,计算出各年的折现净现金流量和累计折现净现金流量,从而得到财务净现值 $FNPV_2$,见表 2-10。

3. 如果试算结果满足：$FNPV_1 > 0$，$FNPV_2 < 0$，且满足精度要求，可采用插值法计算出拟建项目的财务内部收益率$FIRR$。

由表2-10可知：$i_1 = 21\%$时，$FNPV_1 = 9.25$

$$i_2 = 22\%\ 时，FNPV_2 = -14.96$$

可以采用插值法计算拟建项目的内部收益率$FIRR$。即：

$$FIRR = i_1 + \frac{|FNPV_1|}{|FNPV_1| + |FNPV_2|}(i_2 - i_1)$$

$$= 21\% + (22\% - 21\%) \times [9.25/(9.25 + |-14.96|)] = 21.38\%$$

问题5：

解： 从财务评价角度评价该项目的可行性：根据计算结果，项目净现值 = 432.02万元 > 0；内部收益率 = 21.38% > 行业基准收益率10%；超过行业基准收益水平，所以该项目是可行的。

本 章 小 结

项目投资决策是选择和决定投资行动方案的过程，是对拟建项目的必要性和可行性进行技术经济论证，是对不同建设方案进行技术经济比较及作出判断和决策的过程。项目决策的正确性是工程造价合理性的前提；项目决策的内容是决定工程造价的基础；造价高低、投资多少也影响项目决策；项目决策的深度影响投资估算的精确度，也影响工程造价的控制效果。项目决策阶段影响工程造价的主要因素是：项目建设规模（市场因素、技术因素、环境因素）；建设地区及建设地点（厂址）；技术方案；设备方案。

投资估算是指在项目投资决策过程中，依据现有的资料和特定的方法，对建设项目的投资数额进行估计，并在此基础上研究是否建设。对比掌握国内外投资估算的阶段划分和精度要求，熟悉投资估算的内容依据和步骤，并能够应用单位生产能力估算法、生产能力指数法、系数估算法、比例估算法、指标估算法五种静态投资估算法和流动资金估算中的分项详细估算法、扩大指标估算法进行建设项目的投资估算。

建设项目的可行性研究是在投资决策前，对与拟建项目有关的社会、经济、技术等各方面进行深入细致的调查研究，对各种可能拟定的技术方案和建设方案进行认真的技术经济分析和比较认证，对项目建成后的经济效益进行科学的预测和评价。可行性研究可以作为建设项目投资决策、编制设计文件、向银行贷款、签订合同、审批项目、施工组织及进度安排和竣工验收、项目后评价的依据；可行性研究报告的内容包括总论，市场预测，资源条件评价，建设规模与产品方案，厂址选择，技术方案、设备方案和工程方案，主要原材料、燃料供应，总图布置、场内外运输与公用辅助工程，能源和资源节约措施，环境影响评价，劳动安全卫生与消防，组织机构与人力资源配置，项目实施进度，投资估算，融资方案，项目的经济评价，社会评价，风险分析，研究结论与建议。政府对于投资项目的管理分为审批、核准和备案三种方式。

财务评价是根据国家现行的财税制度和价格体系，分析、计算项目直接发生的财务效益和费用，编制财务报表，计算评价指标，考察项目的盈利能力、清偿能力以及外汇平衡等财务状况，据以判别项目的财务可行性。财务分析是项目经济评价的重要组成部分。根据不同决策的需要，财务分析可分为融资前分析和融资后分析。

建设项目财务评价的指标体系按其作用可分为盈利能力的指标和债务清偿能力的指标。财务盈利能力评价的指标有财务内部收益率（*FIRR*）、财务净现值（*FNPV*）、项目投资回收期（静态投资回收期和动态投资回收期）、总投资收益率；项目资本金净利润率。偿债能力评价指标有：利息备付率、偿债备付率、资产负债率、流动比率、速动比率。

思考题与习题

[思考题]

1. 项目决策与工程造价有哪些关系？

2. 决策阶段影响工程造价的因素有哪些？

3. 试对国内外投资估算的阶段划分与深度要求进行对比。

4. 固定资产静态投资估算的方法有哪几种？试举例说明。

5. 什么是建设项目可行性研究？

6. 可行性研究包括哪些内容？

7. 什么是建设项目财务评价？

8. 财务评价包括哪些内容？

[单项选择题]

1. 正确的（　　）是合理控制工程造价的前提。

A. 控制　　　　　　B. 决策　　　　　　C. 监督　　　　　　D. 计划

2. 详细可行性研究阶段的投资估算至关重要，一般投资估算误差率在正负（　　）以内。

A. 30%　　　　　　B. 20%　　　　　　C. 10%　　　　　　D. 5%

3. 在国外对投资估算的阶段划分中，项目投资机会研究阶段的投资估算精度要求为误差控制在（　　）以内。

A. ±30%　　　　　　B. ±20%　　　　　　C. ±10%　　　　　　D. ±5%

4. 建设项目规模的合理选择关系到项目的成败，决定着项目工程造价的合理与否。影响项目规模合理化的制约因素主要包括（　　）。

A. 资金因素、技术因素和环境因素　　　　B. 资金因素、技术因素和市场因素

C. 市场因素、技术因素和环境因素　　　　D. 市场因素、环境因素和资金因素

5. 场区选址时一般要求地形力求平坦而略有坡度，这是为了（　　）。

A. 节约土地补偿费用

B. 使厂址的地下水位应尽可能低于地下建筑物的基准面

C. 减少平整土地的土方工程量、节约投资，又便于地面排水

D. 缩短运输距离，减少建设投资和未来的运营成本

6. 生产能力指数法是根据已建成的类似项目生产能力和投资额来粗略估算拟建项目投资额的方法。关于生产能力指数的说法，不正确的是（　　）。

A. 工程造价与规模呈线性关系，单位造价随工程规模的增大而增大

B. 在正常情况下，生产能力指数取值通常在 0 与 1 之间

C. 若已建类似项目的生产规模与拟建项目生产规模相差不大时，则指数 x 的取值近似为 1

D. 同一性质的项目在不同生产率水平的国家指数 x 的取值往往不同

7. 以下哪种方法是属于总承包商进行投标报价常用的方法(　　)。

A. 生产能力指数法　　B. 单位生产能力法　　C. 系数估算法　　D. 比例估算法

8. 已知2003年某项目生产能力为45万t,投资额为1200万元,若2007年在该地开工建设生产能力为60万t的项目,计划于2009年完工,则用生产能力指数法估算该项目的静态投资为(　　)万元。($x = 0.8$,2003~2007年每年平均工程造价环比指数为1.05,2007~2009年预计年平均工程造价环比指数为1.08)。

A. 1586.07　　　　B. 2712.71　　　　C. 3164.11　　　　D. 1836.07

9. 下列项目中,国家需要审批其可行性研究报告的是(　　)。

A 三峡工程　　　　　　　　　　　　B. 海尔集团海外扩建项目

C. 个人大型投资项目　　　　　　　　D. 集体大型投资项目

10. 下列对于建设项目可行性研究报告内容的阐述,正确的是(　　)。

A. 技术研究是项目可行性研究的前提和基础

B. 市场研究主要任务是要解决项目的"必要性"问题

C. 效益研究主要解决项目在技术上的"可行性"问题

D. 环境研究主要解决项目在经济上的"合理性"问题

11. 可行性研究报告中,建设项目风险分析过程是(　　)。

A. 风险评价→识别风险→风险规避或控制

B. 风险规避或控制→识别风险→风险评价

C. 识别风险→风险规避或控制→风险评价

D. 识别风险→风险评价→风险规避或控制

12. 项目可行性研究的核心部分是(　　)。

A 市场研究　　　　B. 技术研究　　　　C. 效益研究　　　　D. 结论与建议

13. 下列哪些项目需要政府相关部门审批可行性研究报告(　　)。

A. 政府采用贷款贴息方式投资建设的项目　　B. 政府直接投资的项目

C. 规模超过50亿元的企业投资项目　　　　　D. 规模超过5亿元的企业投资项目

14. 下列指标中,属于反映盈利能力的比率性指标的是(　　)。

A. 投资回收期　　　　B. 净现值　　　　C. 投资收益率　　　　D. 资产负债率

15. 流动比率越高,说明(　　)。

A. 企业偿付长期负债的能力越差　　　　B. 企业偿付长期负债的能力越强

C. 企业偿付短期负债的能力越差　　　　D. 企业偿付短期负债的能力越强

16. 某建设项目工期为两年,第一年投资400万元,第二年投资为600万元,第三年投产,投产后每年净现金流量为250万元,经营期18年,基准收益率为12%,则此项目的财务净现值为(　　)万元。

A. 509.13　　　　B. 568.34　　　　C. 425.92　　　　D. 634.52

17. 在项目财务评价指标中,属于反映项目盈利能力的动态评价指标的是(　　)。

A. 借款偿还期　　　　B. 总投资收益率　　　　C. 财务净现值　　　　D. 资本金利润率

18. 某项目建设期为一年,建设投资800万元。第二年末净现金流量为220万元,第三年末为242万元,第四年末266万元,第五年末为293万元,该项目静态投资回收期为(　　)年。

A. 4   B. 4.25   C. 4.67   D. 5

19. 已知当某项目 $i_1 = 20\%$ 时，$FNPV = 336$，当 $i_2 = 25\%$ 时，$FNPV = -197$，则该项目内部收益率约为( )。

A. 23.2%   B. 17.6%   C. 22.4%   D. 21.5%

20. 已知某项目评价时点的流动资产总额为3000万元，其中存货1000万元；流动负债总额1500万元。则该项目的流动比率为( )。

A. 0.50   B. 0.75   C. 1.33   D. 2.00

[多项选择题]

1. 项目决策阶段进行设备选用时，应处理好的问题包括( )。

A. 进口设备与国产设备费用的比例关系问题

B. 进口设备的备件供应与维修能力问题

C. 设备间的衔接配套问题

D. 设备与原有厂房之间的配套问题

E. 进口设备与原材料之间的配套问题

2. 以下属于建设标准主要内容的是( )。

A. 建设规模   B. 占地面积   C. 总平面布置   D. 劳动定员   E. 建筑标准

3. 下列对国外投资估算的阶段划分和精度要求阐述正确的是( )。

A. 阶段顺次为：项目规划阶段、项目建议书阶段、初步可行性研究阶段、详细可行性研究阶段

B. 项目的投资设想阶段的投资估算又称为投标估算

C. 项目的工程设计阶段属控制估算，误差控制在 ±10% 以内

D. 项目的投资机会研究阶段属因素估算，误差控制在 ±30% 以内

E. 项目的初步可行性研究阶段属认可估算，误差控制在 ±20% 以内

4. 根据基数的选择和系数计算方法的不同，投资估算的系数估算法包括( )。

A. 比例估算法   B. 设备系数法   C. 主体专业系数法

D. 生产能力系数法   E. 朗格系数法

5. 流动资金估算的主要方法有( )。

A. 定额估价法   B. 生产成本计算估价法   C. 分项详细估算法

D. 比例估算法   E. 扩大指标估算法

6. 项目可行性研究报告内容可概括为三大部分，包括( )。

A. 技术研究   B. 风险研究   C 市场研究

D. 效益研究   E. 环境研究

7. 对于可行性研究报告的审批，下列说法正确的是( )。

A. 对于使用政府资金的项目，其可行性研究报告应需政府相关部门审批

B. 对于不使用政府资金的项目，规模在政府规定以上的项目需要政府审批

C. 对于不使用政府资金的项目，一律不再实行审批

D. 政府采用资本金注入方式的投资项目，其可行性研究报告需政府部门审批

E. 政府采用贷款贴息方式的投资项目，只需审批项目建议书

8. 可行性研究的作用包括( )。

A. 编制投资估算的依据　　B. 项目投资决策的依据　　C. 编制设计文件的依据

D. 银行贷款的依据　　　　E. 有关部门项目审批的依据

[案例题]

[案例1] 拟建某工业建设项目，各项费用估计如下：

1. 主要生产项目4410万元（其中：建筑工程费2550万元，设备购置费1750万元，安装工程费110万元）。

2. 辅助生产项目3600万元（其中：建筑工程费1800万元，设备购置费1500万元，安装工程费300万元）。

3. 公用工程2000万元（其中：建筑工程费1200万元，设备购置费600万元，安装工程费200万元）。

4. 环境保护工程600万元（其中：建筑工程费300万元，设备购置费200万元，安装工程费100万元）。

5. 总图运输工程300万元（其中：建筑工程费200万元，设备购置费100万元）。

6. 服务性工程150万元。

7. 生活福利工程200万元。

8. 厂外工程100万元。

9. 工程建设其他费380万元。

10. 基本预备费为工程费用与其他工程费用合计的10%。

11. 建设期内年均投资价格上涨率估计为6%。

12. 建设期为2年，每年建设投资相等，贷款利率为11%（每半年计息一次）。

13. 流动资金300万元。

问题：

1. 试将以上数据填入投资估算表（表2-11）。

2. 列式计算基本预备费、价差预备费、投资方向调节税、实际年贷款利率和建设期贷款利息。

3. 完成建设项目投资估算表。

注：除贷款利率取两位小数外，其余均取整数计算。

表2-11　投资估算汇总表

序号	工程费用名称	估算价值/万元					技术经济指标			
		建筑工程费	设备及工器具购置费	安装工程费	其他费用	合计	单位	数量	单位价值	%
一	工程费用									
（一）	主要生产项目									
（二）	辅助生产项目									
（三）	公用工程									
（四）	环保工程									
（五）	总图运输工程									

（续）

| 序号 | 工程费用名称 | 估算价值/万元 | | | | | 技术经济指标 | | | |
		建筑工程费	设备及工器具购置费	安装工程费	其他费用	合计	单位	数量	单位价值	%
（六）	服务性工程									
（七）	生活福利工程									
（八）	场外工程									
小计										
二	工程建设其他费用									
小计	一~二项合计									
三	预备费									
（一）	基本预备费									
（二）	价差预备费									
小计	一~三项合计									
四	建设期贷款利息									
五	流动资金									
	投资估算合计									

编制人：　　　　　　　　　　　　审核人：　　　　　　　　　　　　审定人：

[**案例2**]　某拟建项目生产规模为年产钢铁产品500万件。根据统计资料，生产规模为年产400万件同类产品的项目投资额为3000万元，设备投资的综合调整系统数为1.08，生产能力指数为0.7。该项目年经营成本估算为14000万元，存货资金占用估算为4700万元，全部职工人数为1000人，每人每年工资及福利费估算为9600元，年其他费用估算为3500万元，年外购原材料、燃料及动力费为15000万元。各项资金的周转天数：应收账款为30天，现金为15天，应付账款为30天。

问题：

1. 估算该拟建项目的投资额。

2. 估算流动资金额。

[**案例3**]　某建设项目的工程费与建设其他费的估算额为52180万元，预备费为5000万元，建设期3年。3年的投资比例是：第1年20%，第2年55%，第3年25%，第4年投产。

该项目固定资产投资来源为自有资金和贷款。贷款的总额为40000万元，其中外汇贷款为2300万美元。外汇牌价为1美元兑换6.6元人民币。贷款的人民币部分从中国建设银行获得，年利率为6%（按季计息）。贷款的外汇部分从中国银行获得，年利率为8%（按年计息）。

建设项目达到设计生产能力后，全厂定员为1100人，工资和福利费按照每人每年7.20万元估算；每年其他费用为860万元（其中：其他制造费用为660万元）；年外购原材料、燃料、动力费估算为19200万元；年经营成本为21000万元，年销售收入33000万元，年修理费占年经营成本 10%；年预付账款为 800 万元；年预收账款为 1200 万元。各项流动资金最低周转天数分别为：应收账款为 30 天，现金为 40 天，应付账款为 30 天，存货为 40 天，预付账款为 30 天，预收账款为 30 天。

问题：

1. 估算建设期贷款利息。

2. 用分项详细估算法估算拟建项目的流动资金，编制流动资金估算表。

3. 估算拟建项目的总投资。

提示要点：

本案例所考核的内容涉及了建设期贷款利息计算中名义利率和实际利率的概念以及流动资金的分项详细估算法。

问题 1：由于本案例人民币贷款按季计息，计息期与利率和支付期的时间单位不一致，故所给年利率为名义利率。计算建设期贷款利息前，应先将名义利率换算为实际利率，才能计算。将名义利率换算为实际利率的公式如下：

实际利率 = (1 + 名义利率/年计息次数)^{年计息次数} − 1

问题 2：流动资金的估算采用分项详细估算法估算。

问题 3：要求根据建设项目总投资的构成内容，计算建设项目的建设投资、建设项目的总投资。

[案例 4] 拟建某星级宾馆，两年建成交付营业，资金来源为自有，营业期 10 年，出租率为 100%。基本数据如下：

(1) 固定资产投资 44165 万元，第一年投入 22083 万元，第二年投入 22082 万元。

(2) 第三年注入流动资金 7170 万元。

(3) 预测年营业收入 25900 万元。

(4) 预计年销售税金及附加 1813 万元。

(5) 预计年经营成本 13237 万元。

(6) 年所得税 2196 万元。

(7) 第十年实现转售收入 11000 万元。

问题： 试编制现金流量表，并计算该项目所得税后的投资回收期(计算投资回收期须列出计算式，计算结算保留两位小数)。若基准收益率为 15%，$P_t' = ?$

第三章 建设项目设计阶段工程造价的计价与控制

学习目标：

建设项目设计阶段工程造价的控制是造价控制的重点。通过本章的学习，了解工程设计、设计阶段及设计程序，了解工业项目和民用项目设计在设计阶段影响工程造价的因素，熟悉设计阶段工程造价控制的重要意义，掌握设计方案技术经济评价方法；了解设计概算的作用、内容，掌握设计概算的编制方法，熟悉设计概算的审查方法。

学习重点：

价值工程在工程设计方案优化中的应用、设计概算的编制方法、设计概算的审查。

学习建议：

学习时应结合实际工程案例理解设计阶段工程造价控制的基本理论和方法。

相关知识链接：

设计概算、施工图预算参见中国建设工程造价管理协会标准《建设项目设计概算编审规程》（CECA/GC 2—2007）、《建设项目施工图预算编审规程》（CECA/GC 5—2010）

第一节 概 述

一、工程设计、设计阶段及设计程序

工程设计是在工程开始施工之前，设计者根据已批准的设计任务书，为具体实现拟建项目的技术、经济要求，拟定建筑、安装及设备制造所需的规划、图样、数据等技术文件的工作。设计文件是建筑安装施工的依据。拟建工程在建设过程中能否保证进度、保证质量和节约投资，在很大程度上取决于设计质量的优劣。工程建成后，能否获得满意的经济效果，除了项目决策以外，工程设计工作起着决定性作用。设计工作的重要原则之一是保证设计的整体性，为此工程设计工作必须按一定的程序分阶段进行。

（一）工程设计阶段划分

为保证工程建设和设计工作有机的配合和衔接，将工程设计划分为几个阶段，一般工业与民用建设项目设计按初步设计和施工图设计两个阶段进行，称之为"两阶段设计"；对于技术上复杂而又缺乏设计经验的项目，可按初步设计、技术设计、施工图设计三个阶段进行，称之为"三阶段设计"。小型建设项目中技术简单的，在简化的初步设计确定后，就可做施工图设计。

1. 初步设计

初步设计是设计的第一个阶段，设计单位根据批准的可行性研究报告或设计承包合同和基础资料进行初步设计和编制初步设计文件。

2. 技术设计

对技术复杂而又无设计经验或特殊的建设工程，设计单位应根据初步设计文件进行技术设计和编制技术设计文件（含修正总概算）。

3. 施工图设计

设计单位根据批准的初步设计文件（或技术设计文件）和主要设备订货情况进行施工图设计，并编制施工图设计文件（含施工图预算）。

（二）工程设计程序及深度要求

1. 工业项目设计程序

（1）设计准备。了解并掌握有关的外部条件和客观情况，包括：地形、地质、自然环境等自然条件，城市规划对建筑物的要求，交通、水、电等基础设施情况，业主对工程的要求等。

（2）总体设计。设计者同使用者和规划部门充分交换意见，使设计符合规划的要求，取得规划部门的同意，与周围环境融为一体。对于不太复杂的工程，这一阶段的工作可以并入初步设计阶段。

（3）初步设计。进一步明确拟建工程在指定地点和规定期限内进行建设的技术可行性和经济合理性，并规定主要技术方案、工程总造价和主要技术经济指标。工业项目初步设计包括总平面图设计、工艺设计和建筑设计。在初步设计阶段应编制设计总概算。

（4）技术设计。技术设计阶段研究和决定的问题，与初步设计大致相同，但需要根据更详细的勘察资料和技术经济计算加以补充修正。技术设计的详细程度应能满足确定设计方案中重大技术问题和有关试验、设备选制等方面的要求。应能保证根据它编制施工图和提出设备订货明细表。技术设计阶段应编制修正概算书。

对于不太复杂的工程，技术设计阶段可以省略。

（5）施工图设计。通过图样，把设计者的意图和全部设计结果表达出来，作为施工的依据。施工图设计具体包括各分部工程的详图、零部件结构件明细表、验收标准及方法等。施工图设计的深度应能满足设备、材料的选择和确定、非标准设备的设计与加工制作、施工图预算的编制，以及建筑工程施工和安装的要求。

（6）设计交底和配合施工。施工图发出后，应进行技术交底，由设计单位、建设单位、施工单位共同会审施工图，介绍设计意图和技术要求，修改不符合实际和有错误的图样，参加试运转和竣工验收，解决试运转过程中的各种技术问题，并检验设计的正确和完善程度。

2. 民用项目设计程序

民用项目的设计准备工作和设计交底与配合施工工作与工业项目设计大致相同。其他阶段的设计内容较为简单。

（1）方案设计。方案设计阶段，主要的内容包括：

1）设计说明书：包括专业设计说明和投资估算等内容。

2）总平面图以及建筑设计图样。

3）设计委托或设计合同中规定的透视图、鸟瞰图、模型等。

方案设计深度，应满足编制初步设计文件的需要。

（2）初步设计。初步设计内容与工业项目设计大致相同，包括各专业的设计文件、专业设计图样、工程概算。同时，初步设计文件还应包括主要设备或材料表。初步设计深度应满足编制施工图设计文件的需要。对于要求简单的民用建筑工程该阶段可以省略。

（3）施工图设计。施工图设计阶段形成所有专业的设计图样（包括图样目录、说明及设备、材料表），并按要求编制工程预算书。施工图设计深度应满足设备材料采购、非标准设备制作和施工的需要。

（三）工程设计的基本原则

建设项目对资源利用是否经济合理，技术、工艺、流程是否科学，很大程度上取决于设计的水平和质量。工程设计不仅直接影响到建设项目的经济效果，也是贯彻国家方针政策的基本途径。在设计中应贯彻以下原则：

（1）严格执行国家现行的设计规范和国家批准的建设标准。

（2）尽量采用标准化设计，积极推广应用"可靠性设计方法"和"结构优化设计方法"等现代设计方法。

（3）注意因地制宜，就地取材，节约建设资金。在切实满足建筑物功能要求的同时，尽量节约投资，节约各种资源，缩短建设工期。

（4）积极利用技术上更加先进、经济上更加合理的新结构、新材料。

二、设计阶段影响工程造价的因素

（一）工业项目设计中影响工程造价的主要因素

工业项目设计由总平面设计、工艺设计及建筑设计三部分组成。各部分设计方案侧重点不同，评价内容也有差异。因此分别对各部分设计方案进行技术经济分析与评价，是保证总设计方案经济合理的前提。

1. 总平面设计中影响工程造价的因素

总平面设计是按照批准的设计任务书，对厂区内的建筑物、构筑物、堆场、运输路线、管线、绿化等作全面合理的布置，以便使整个项目形成布置紧凑、经济合理，方便使用的格局。在总平面设计中影响工程造价的因素有占地面积、功能分区、运输方式的选择。

（1）占地面积。占地面积的大小一方面会影响征地费用的高低，另一方面也会影响管线布置成本及项目建成运营的运输成本。

（2）功能分区。合理的功能分区既可以使建筑物的各项功能充分发挥，又可以使总平面布置紧凑、安全、避免深挖深填，减少土石方量和节约用地，降低工程造价，同时，合理的功能分区还可以使生产工艺流程顺畅，运输简便，降低项目建成后的运营成本。

（3）运输方式的选择。不同的运输方式运输效率及成本不同。有轨运输运输量大，运输安全，但需要一次性投入大量资金；无轨运输无需一次性大规模投资，但是运输量小，运输安全性较差。从降低工程造价的角度来看，应尽可能选择无轨运输，但若考虑项目运营的需要，如果运输量较大，则有轨运输往往比无轨运输成本低。

2. 工艺设计中影响工程造价的主要因素

工艺设计部分要确定企业的技术水平，主要包括建设规模、标准和产品方案；工艺流程和主要设备的选型；主要原材料、燃料供应；"三废"治理及环保措施，此外还包括生产组织及生产过程中劳动定员情况等。

工艺设计是工程设计的核心，工艺设计标准的高低，不仅直接影响工程建设投资的大小和建设进度，还决定着未来企业的产品质量、数量和经营费用。在工艺设计过程中影响工程造价的因素主要有：生产方法的合适性、工艺流程的合理性、设备选型。

（1）选择合适的生产方法。生产方法是否合适首先表现在是否先进适用。落后的生产方法不但会影响产品生产质量，而且在生产规程中也会造成维持费用较高，同时还需要追加投资改进生产方法；但是非常先进的生产方法往往需要较高的技术获取费，如果不能与企业的生产要求及生产环境相配套，将会带来不必要的浪费。

生产方法的合理性还表现在是否符合所采用的原料路线。选择生产方法时要考虑工艺路线对原料规格、型号、品质的要求，原料供应是否稳定可靠。

选择生产方法时还应符合清洁生产的要求，以满足环境保护的要求。

（2）合理布置工艺流程。工艺流程设计是工艺设计的核心，合理的工艺流程既能保证主要工序生产的稳定性，又能根据市场需要的变化，在产品生产的品种规格上保持一定的灵活性。

工艺流程是否合理主要表现在运输路线的组织是否合理，工艺流程的合理布置首先在于保证生产工艺流程无交叉和逆行现象，并使生产线路尽可能短，从而节约占地，减少技术管线的工程量，节约造价。

（3）合理的设备选型。在工业建筑中，设备工程投资占很大的比例，设备的选型不仅影响着工程造价，还对生产方法、产品质量有着决定性作用。

3. 建筑设计中影响工程造价的主要因素

建筑设计部分，主要确定工程的平面及空间设计和结构方案，在建筑设计中影响工程造价的因素：平面形状、流通空间、层高、层数、柱网布置、建筑物的体积和面积、建筑结构。

（1）平面形状。通常，建筑物平面形状越简单，其单位面积造价就越低。而不规则的建筑物将导致室外工程、排水工程、砌砖工程、屋面工程等复杂化，从而增加工程费用。

建筑物周长与建筑面积之比 K 值越低，设计越经济。K 值按圆形、矩形、T 形、L 形的次序依次增大。但是圆形建筑施工复杂，施工费用高，与矩形建筑相比，施工费用增加 20~30%；正方形建筑设计和施工均经济，但对于某些有较高自然采光和通风要求的建筑，方形建筑不易满足，而矩形建筑则能较好的满足各方面的要求。

平面形状的选择除考虑造价因素外，还应注意到美观、采光和使用要求方面的影响。

（2）流通空间。在满足建筑物使用要求的前提下，应将流通空间减少到最小，如门厅、过道等空间。

（3）层高。在建筑面积不变的情况下，层高增加会引起各项费用的增加；墙与隔墙及其有关粉刷、装饰费用的提高；供暖空间体积的增加；施工垂直运输量的增加等。

据有关资料分析，单层厂房层高每增加 1m，单位面积造价增加 1.8%~3.6%，年度采暖费用增加约 3%；多层厂房的层高每增加 0.6m，单位面积造价提高 8.3% 左右。

单层厂房的高度主要取决于车间内的运输方式，正确选择车间内的运输方式，对于降低高度、降低造价有很大影响。当起重量较小时，应考虑采用悬挂式运输设备来代替桥式起重机。

（4）层数。工程造价随着建筑物层数增加而提高，但当层数增加时，单位建筑面积所分摊的土地费用、外部流通空间费用将有所降低，从而使单位建筑面积造价发生变化。

如果增加一个楼层不影响建筑物的结构形式，单位建筑面积的造价可能会降低。但是当建筑物超过一定层数时，结构形式就要改变或者需要增设电梯，单位造价通常会增加。

工业厂房层数的选择主要是考虑生产性质和生产工艺的要求。对于需要跨度大和层数高，拥有重型生产设备，生产时有较大振动及大量热和气散发的重型工业，采用单层厂房是经济合理的；对于工艺过程紧凑，设备和产品重量不大，并要求恒温条件的轻型车间，可采用多层厂房，以充分利用土地，减少基础工程量，缩短交通路线，降低单方造价。

（5）柱网布置。柱网尺寸的选择与厂房中有无起重机、起重机的类型及吨位、屋顶的承重结构以及厂房的高度等因素有关。对于单跨厂房，当柱间距不变时，跨度越大单位面积造价越低，因为除屋架外，其他结构架分摊在单位面积上的平均造价随跨度的增大而减小；对于多跨厂房，当跨度不变时，中跨数目越多越经济，因为柱子和基础分摊在单位面积上的造价减少。

（6）建筑物的体积与面积。一般情况下，随着建筑物体积和面积的增加，工程总造价会提高。因此，在不影响生产能力的条件下，厂房、设备布置力求紧凑合理，尽量减少建筑物的体积和总面积。

（7）建筑结构。建筑结构是指建筑物中支撑各种荷载的构件（如梁、板、柱、墙、基础等）所组成的骨架。建筑结构按所用材料不同分为砌体结构、钢筋混凝土结构、钢结构等。

采用各种先进的结构形式和轻质高强度建筑材料，能减轻建筑物自重，简化基础工程，减少建筑材料和构配件的费用及运费，并能提高劳动生产率，缩短建设工期，取得较好的经济效果。

（二）民用项目设计中影响工程造价的主要因素

民用建筑设计是根据建筑物的使用功能要求，确定建筑标准、结构形式、建筑物空间与平面布置以及建筑群体的配置等。民用建筑设计包括住宅设计、公共建筑设计、住宅小区设计。

1. 住宅小区规划中影响工程造价的主要因素

住宅小区是人们日常生活相对完整、独立的居住单元。在进行住宅小区建设规划时，要根据小区的基本功能和要求，确定各构成部分的合理层次与关系，据此安排住宅建筑、公共建筑、管网、道路、绿地的布局，确定合理人口与建筑密度、房屋间距、建筑物层数等。小区规划的核心问题是提高土地利用率。

住宅小区规划设计中影响工程造价的主要因素有占地面积、建筑群体的布置形式。

（1）占地面积。居住小区的占地面积不仅直接决定征地费用的高低，还影响着小区内道路、工程管线长度、公共设备的多少，而这些费用约占小区建设投资的1/5。因而，占地面积指标在很大程度上影响小区建设的总造价。

（2）建筑群体的布置形式。可通过采取高低搭配、点条结合、前后错列以及局部东西向布置、斜向布置或拐角单元等手法节省用地。在保证小区居住功能的前提下，适当集中公共设施，合理布置道路，充分利用小区内的边角用地，有利于提高密度，降低小区的造价。

2. 民用住宅建筑设计中影响工程造价的主要因素

民用住宅建筑设计影响工程造价的因素有建筑物平面形状和周长系数；住宅的层高和净

高；住宅的层数；住宅单元组成、户型和住户面积；住宅建筑结构的选择。

（1）建筑物平面形状和周长系数。与工业项目建筑设计类似，民用住宅一般都建造矩形或正方形住宅，既有利于施工，又能降低造价和使用方便，在矩形住宅建筑中，又以长：宽=2:1 为佳。一般住宅单元以 3~4 个住宅单元、房屋长度 60~80m 较为经济。

（2）住宅的层高和净高。根据不同性质的工程综合测算：住宅层高每降低 10cm，可降低造价 1.2%~1.5%，层高降低还可提高住宅区的建筑密度，节约征地费、拆迁费及市政设施费。但是，考虑到层高过低不利于采光通风，因此民用住宅的层高一般在 2.5~2.8m 之间。

（3）住宅的层数。随着住宅层数的增加，单方造价系数逐渐降低，即层数越多越经济，但当住宅超过 7 层，就要增加电梯的费用，需要较多的交通面积（过道、走廊要加宽）和补充设备（供水设备和供电设备等），特别是高层住宅，要经受较强的风力荷载，需要提高结构强度，改变结构形式，使工程造价大幅度上升。因此，中小城市以建造多层住宅（4~6 层）较为经济，大城市可沿主要街道建设一部分高层住宅，以合理利用空间，对于土地特别昂贵的地区，为了降低土地费用，中、高层住宅是比较经济的选择。

（4）住宅单元组成、户型和住户面积。据统计，三居室住宅设计比两居室的设计降低 1.5% 左右的高层造价，四居室的设计比三居室的设计降低 3.5% 的高层造价。

衡量单元的组成、户型设计的指标是结构面积系数（住宅结构面积与建筑面积之比），这个系数越小则设计方案越经济。因为结构面积小，有效面积就增加，结构面积系数除了与房屋结构有关外，还与房屋外形及其长度和宽度有关，同时还与房间平均面积大小和户型组成有关。房屋平均面积越大，内墙与隔墙在建筑面积中所占的比重就越小。

（5）住宅建筑结构的选择。随着工业化水平的提高，住宅工业化建筑体系的结构形式多种多样，考虑工程造价时应根据实际情况，因地制宜、就地取材，采用适合本地区的经济合理的结构形式。

三、设计阶段工程造价控制的重要意义

1. 在设计阶段进行工程造价的计价分析可以使造价构成更合理，提高资金利用效率

设计阶段工程造价的计价形式是编制设计概预算，通过设计概预算了解工程造价的构成，分析资金分配的合理性，并可以利用价值工程理论分析项目各个组成部分功能与成本的匹配程度，调整项目功能与成本使其更趋于合理。

2. 在设计阶段进行工程造价的计价分析可以提高投资控制效率

编制设计概算并进行分析，可以了解工程各组成部分的投资比例，投资比例较大的部分可以作为投资控制的重点，提高投资控制效率。

3. 在设计阶段控制工程造价会使控制工作更主动

长期以来，人们把控制理解为目标值与实际值的比较，以及当实际值偏离目标值时分析产生差异的原因，确定下一步对策。这对于批量生产的制造业而言，是一种有效的管理方法。但是对于建筑业而言，由于建筑产品具有单件性的特点，这种管理方法只能发现差异，不能消除差异，也不能预防差异的发生，而且差异一旦发生，损失往往很大，因此是一种被动的控制方法。而如果在设计阶段控制工程造价，可以先按一定的标准，制定造价计划，然后当详细设计制定出来以后，对工程的每一部分或分项的估算造价，对照造价计划中所列的

指标进行审核，预先发现差异，主动采取一些控制方法消除差异，使设计更经济。

4. 在设计阶段控制工程造价便于技术与经济相结合

我国的工程设计工作在设计过程中往往更关注工程的使用功能，而对经济因素考虑较少。若从设计一开始就吸收造价工程师参与全过程设计，在作出重要决定时能充分认识其经济后果。另外投资限额一旦确定以后，设计只能在确定的限额内进行。从而确保设计方案能较好地体现技术与经济相结合。

5. 在设计阶段控制工程造价效果最显著

从图 3-1 中可以看出，初步设计阶段对投资的影响约为 20%，技术设计阶段对投资的影响约为 40%，施工图设计阶段对投资的影响约为 25%，整个设计阶段对投资的影响度约为 75%~95%。很显然，控制工程造价的关键是在设计阶段。在设计一开始就将控制投资的思想植根于设计人员的头脑中，以保证选择恰当的设计标准和合理的功能水平。投资方也可以通过设计的招标投标展开方案的竞选，以充分挖掘经济合理、项目利益最大化的设计方案。

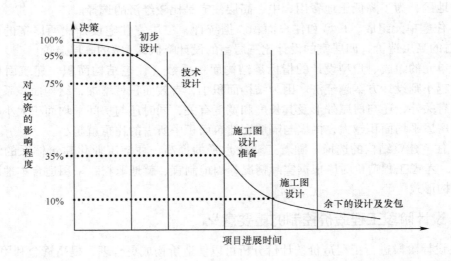

图 3-1 建设过程各阶段对投资的影响

另一方面，设计应当满足项目的总体要求。为此，设计人员应当尽早的与项目业主进行沟通，最好是在方案阶段、在施工图设计阶准备阶段充分了解使用人的要求。以减少日后的工程变更。

四、设计方案技术经济评价方法

设计方案技术经济评价方法有：多指标评价法、静态投资效益评价法、动态投资效益评价法。

（一）多指标评价法

通过反映建筑产品功能和耗费特点的若干技术经济指标的计算、分析、比较，评价设计方案的经济效果。又可分为多指标对比法和多指标综合评分法。

1. 多指标对比法

多指标对比法是目前采用比较多的一种方法，多指标对比法首先选用一组适用的指标体系，将对比方案的指标值列出，然后一一进行对比分析，根据指标值的高低分析判断方案优劣。

利用这种方法首先需要将指标体系中的指标，按其在评价中的重要性，分为主要指标和辅助指标。主要指标是能够比较充分地反映工程的技术经济特点的指标，是确定工程项目经济效果的主要依据。辅助指标在技术经济分析中处于次要地位，是主要指标的补充，当主要指标不足以说明方案的技术经济效果优劣时，辅助指标为进一步进行技术经济分析的依据。

通过对主要指标和辅助指标的分析，最后应给出如下结论：分析对象的主要技术经济特点和使用条件；现阶段实际达到的经济效果水平；提出提高经济效果的途径以及相应采取的主要技术措施；预期的经济效果等。

这种方法的优点是：指标全面、分析确切，可通过各种技术经济指标定性或定量直接反映方案技术经济性能的主要方面。其缺点是：容易出现不同指标的评价结果相悖的情况，这样就使分析工作复杂化。有时也会因方案的可比性而产生客观标准不统一的现象。因此在进行综合分析时，要特别注意检查对比方案在使用功能和工程质量方面的差异，并分析这些差异对各指标的影响，避免导致错误的结论。

2. 多指标综合评分法

多指标综合评分法首先对需要进行分析评价的设计方案设定若干个评价指标，并按其重要程度确定各指标的权重，然后确定评分标准，并就各设计方案对各指标的满足程度打分。最后计算各方案的加权得分，以加权得分高者为最优设计方案。计算公式为：

$$S = \sum_{i=1}^{n} w_i \cdot S_i \qquad (3-1)$$

式中　　S——设计方案总得分；

　　　　S_i——某方案在评价指标 i 上的得分；

　　　　w_i——评价指标 i 的权重；

　　　　n——评价指标数。

这种方法非常类似于价值工程中的加权评分法，区别在于：价值工程的加权评分法不将成本作为一个评价指标，而将其单独拿出来计算成本系数；多指标综合评分法则不将成本单独提出，如果需要，成本也是一个评价指标。

这种方法的优点在于避免了多指标对比法指标之间可能发生相互矛盾的现象，评价结果是唯一的，但是在确定权重及评分过程中存在主观臆断成分。同时，由于分值是相对的，因而不能直接判断各方案的各项功能实际水平。

[例3-1]　　某汽车制造厂选择厂址，对三个申报城市 A、B、C 的地理位置、自然条件、交通运输、经济环境等方面进行考察，综合专家评审意见，提出厂址选择的评价指标有：市政基础设施及辅助工业的配套能力、当地的劳动力文化素质和技术水平、当地经济发展水平、交通运输条件、自然条件。

经专家评审确定以上各指标的权重，并对该三个城市各项指标进行打分，其具体数值见表3-1。试作出厂址选择决策。

表 3-1　各选址方案评价指标得分

评价指标	权重	选址方案得分		
		A 市	B 市	C 市
配套能力	0.3	85	70	90
劳动力资源	0.2	85	70	95
经济水平	0.2	80	90	85
交通运输条件	0.2	90	90	80
自然条件	0.1	90	85	80
Z				

解：

各方案的综合得分等于各方案的各指标得分与该指标的权重的乘积之和，见表 3-2。

表 3-2　多方案综合评价计算

评价指标	权重	选址方案得分		
		A 市	B 市	C 市
配套能力	0.3	85×0.3=25.5	70×0.3=21.0	90×0.3=27.0
劳动力资源	0.2	85×0.2=17.0	70×0.2=14.0	95×0.2=19.0
经济水平	0.2	80×0.2=16.0	90×0.2=18.0	85×0.2=17.0
交通运输条件	0.2	90×0.2=18.0	90×0.2=18.0	80×0.2=16.0
自然条件	0.1	90×0.1=9.0	85×0.1=8.5	80×0.1=8.0
综合得分		85.5	79.5	87.0

根据计算结果可知，C 市的综合得分最高，因此，厂址应选择在 C 市。

（二）静态投资效益评价法

静态投资效益评价法包括投资回收期法和计算费用法。

1. 投资回收期法

不同设计方案的比选实际上是互斥方案的比选，首先要考虑到方案可比性问题。当相互比较的各设计方案能满足相同的需要时，就只需比较它们的投资和经营成本的大小，用差额投资回收期比较。

差额投资回收期是指在不考虑时间价值的情况下，由投资大的方案比投资小的方案所节约的经营成本，回收差额投资所需要的时间。其计算公式为：

$$\Delta P_t = \frac{K_2 - K_1}{C_1 - C_2} \tag{3-2}$$

式中　K_2——方案 2 的投资额；

　　　K_1——方案 1 的投资额，且 $K_2 > K_1$；

　　　C_2——方案 2 的经营成本；

　　　C_1——方案 1 的经营成本，且 $C_1 > C_2$；

　　　ΔP_t——差额投资回收期。

当 $\Delta P_t \leqslant P_c$（基准投资回收期）时，投资大的方案优；反之，投资小的方案优。

如果两个比较方案的年业务量不同，则需将投资和经营成本转化为单位业务量的投资和成本，即 K/Q 和 C/Q（其中 Q 为年业务量），然后再计算差额投资回收期，进行方案比选。差额投资回收期为：

$$\Delta P_t = \frac{\dfrac{K_2}{Q_2} - \dfrac{K_1}{Q_1}}{\dfrac{C_1}{Q_1} - \dfrac{C_2}{Q_2}} \tag{3-3}$$

式中　Q_1、Q_2——各设计方案的年业务量。

[例3-2]　某新建企业有两个设计方案，年产量均为800件，方案甲总投资1000万元，年经营成本400万元；方案乙总投资1500万元，年经营成本360万元，当行业的基准投资回收期（　　）12.5年时，甲方案优。

A. 大于　　　　　　B. 等于　　　　　　C. 小于　　　　　　D. 小于或等于

解：

甲方案优的基本条件是 $\dfrac{1500 - 1000}{400 - 360} > P_c$

即 $P_c < 12.5$ 年，则答案选择 C。

2. 计算费用法

房屋建筑物的全寿命费用包括初始建设费、使用维护费和拆除费。评价设计方案的优劣应考虑工程的全寿命费用。计算费用法分为总计算费用法和年计算费用法。

（1）总计算费用法。总计算费用法的计算公式为：

$$TC = K + P_C C \tag{3-4}$$

式中　TC——总计算费用；

　　　K——项目总投资；

　　　P_c——基准投资回收期；

　　　C——年经营成本。

总计算费用最小的方案最优。

（2）年计算费用法。年计算费用法公式为：

$$AC = C + R_C K \tag{3-5}$$

式中　AC——年计算费用；

　　　K——项目总投资；

　　　R_C——基准投资效果系数；

　　　C——年经营成本。

年计算费用最小的方案最优。

（三）动态投资效益评价法

动态投资效益评价法是考虑时间价值的指标。对于寿命期相同的设计方案，可以采用净现值法、净年值法、差额内部收益率法等。寿命期不同的设计方案比选，可采用净年值法进行比较。

第二节 工程设计的优化

在工程设计时不仅要追求工程设计各个部分的优化，而且还要注意各个部分的协调配合，从总体上优化设计方案。工程设计的优化常用的方法有：通过设计招标和设计方案竞选优化设计方案；运用价值工程优化设计方案；推广标准化设计，优化设计方案；实施限额设计，优化设计方案。具体内容如下：

一、设计招标和方案竞选

（一）设计招标

建设单位首先就拟建的设计任务，编制招标文件，并通过报刊、网络或其他媒体发布招标公告，对投标单位进行资格审查，并向合格的设计单位发售招标文件，组织投标单位勘察工程现场，解答投标单位提出的问题，投标单位编制并投送标书，经建设单位组织开标、评标活动，决定中标单位并发出中标通知书，双方签订合同。设计招标有利于设计方案的选择，可从中选择最优的设计方案，有利于控制项目建设投资，有利于缩短建设周期，降低设计费。

（二）方案竞选

设计方案竞选可采用公开竞选的方式，建设单位首先就拟建的设计任务，编制招标文件，并通过报刊、网络或其他媒体发布招标公告，吸引设计单位参加设计方案竞选；也可采用邀请竞选的方式，直接向有承担该工程设计能力的三个及以上设计单位发出设计方案竞选邀请书。然后组织专家评定小组，采用科学的方法，按照经济、实用、美观的原则，以及技术先进、功能全面、结构合理、安全使用、满足建筑节能及环境等要求，综合评定各设计方案优劣，从中选择最优的设计方案，或将各方案的可取之处重新组合，提出最佳方案。通过方案竞选，可有效的控制工程造价，使投资概算控制在投资者限定的投资范围内。

二、价值工程在工程设计方案优化中的应用

价值工程是通过各相关领域的协作，对所研究对象的功能与费用进行系统分析，不断创新，以提高研究对象价值的思想方法和管理技术。

价值工程的表达式为：

$$V = F/C \tag{3-6}$$

式中　V——产品价值；

　　　F——产品功能；

　　　C——产品成本。

（一）价值工程的特点

价值工程有以下特点：

（1）以提高价值为目标。提高产品价值就是以最小的资源消耗量获取最大的经济效果。

（2）以功能分析为核心。功能即产品的具体用途，通过功能分析，弄清哪些功能是必要的，哪些功能是不必要的，从而在改进方案时去掉不必要的功能，补充不足的功能，使得

产品的功能结构更加合理。

（3）以创新为支柱。价值工程强调创新，充分发挥主观能动性，发挥创造精神，在功能分析的基础上，创造更新的方案。

（4）技术分析与经济分析相结合。价值工程是一种技术经济分析方法，研究功能与成本的合理匹配，是技术与经济的有机结合。

（二）价值工程在新建项目设计方案优选中的应用

在产品形成的各个阶段都可以实施价值工程，但在不同阶段进行价值工程活动，其经济效果的提高幅度却是大不相同。对于建筑工程，应用价值工程的重点在设计阶段。因为一方面在设计过程中涉及许多专业工种，如建筑、结构、给水排水、电器、供暖等，通过价值工程可发挥集体智慧、群策群力，得到最佳设计方案；建筑产品具有单件性和一次性的特点，一旦图样设计完成后，产品的价值就基本决定了，若再进行价值工程分析就变得很复杂，而且效果也不好。

在设计阶段实施价值工程的步骤一般为：

（1）功能分析。建筑功能是指建筑产品满足社会需要的各种性能的总和。不同的建筑产品有不同的使用功能，例如住宅主要满足人们家居生活的需要，工业厂房能满足生产一定工业产品的要求。功能分析首先应明确项目各类功能具体有哪些，哪些是主要功能，并对功能进行定义和整理，绘制功能系统图。

（2）功能评价。功能评价主要是比较各项功能的重要程度，用 $0 \sim 1$ 评分法、$0 \sim 4$ 评分法、环比评分法等方法，计算各项功能的功能评价系数，作为该功能的重要度权数。

（3）方案创新。根据功能分析的结果，提出各种实现功能的方案。

（4）方案评价。方案创新中提出的各种方案对各项功能的满足程度打分，然后以功能评价系数为权数计算各方案的功能评价得分，最后再结合各方案的成本费用计算出的成本指数，计算出各方案的价值系数，以价值系数最大者为最优。

（三）价值工程在设计阶段工程造价控制中的应用

设计方案完成后，若发现造价超标，可运用价值工程降低工程造价，其步骤为：

（1）对象选择。应选择对造价影响较大的项目作为价值工程的研究对象，即成本比重大，品种数量少的项目作为实施价值工程的重点。

（2）功能分析。分析研究对象具有哪些功能，各项功能之间的关系如何。

（3）功能评价。评价各项功能，确定功能评价系数，并计算实现各项功能的现实成本是多少，从而计算各项功能的价值系数，价值系数小于1的，应该在功能水平不变的条件下降低成本，或在成本不变的条件下，提高功能水平；价值系数大于1的，如果是重要的功能，应该提高成本，保证重要功能的实现。如果该项功能不重要，可以不做改变。

（4）分配目标成本。根据限额设计的要求，确定研究对象的目标成本，并以功能评价系数为基础，将目标成本分摊到各项功能的上，与各项功能的现实成本进行对比，确定成本改进期望值，成本改进期望值大的，应首先重点改进。

（5）方案创新及评价。根据价值分析结果及目标成本分配结果的要求，提出各种方案，并用加权评分法选出最优方案，使设计方案更加合理。

[例3-3] 某设计院在建筑设计中应用价值工程进行住宅设计方案优选。

某市高新技术开发区一幢综合楼项目征集了 A、B、C 三个设计方案，其设计方案对比项目如下：

A 方案：结构方案为大柱网框架轻墙体系，采用预应力大跨度叠合楼板，墙体材料采用多孔砖及移动式可拆装式分室隔墙，窗户采用中空玻璃塑钢窗，面积利用系数为93%，单方造价为1438元/m²。

B 方案：结构方案同 A 方案，墙体采用内浇外砌，窗户采用单玻塑钢窗，面积利用系数为87%，单方造价为1108元/m²。

C 方案：结构方案采用砖混结构体系，采用多孔预应力板，墙体材料采用标准黏土砖，窗户采用双玻塑钢窗，面积利用系数为79%，单方造价为1082元/m²。

方案各功能的权重及各方案的功能得分见表3-3。

表3-3　方案各功能权重及各方案功能得分

方案功能	功能权重	方案功能得分		
		A	B	C
结构体系	0.25	10	10	8
模板类型	0.05	10	10	9
墙体材料	0.25	8	9	7
面积系数	0.35	9	8	7
窗户类型	0.10	9	7	8

问题：

1. 试应用价值工程方法选择最优设计方案。

2. 为控制工程造价和进一步降低费用，拟针对所选的最优设计方案的土建工程部分，以工程材料费为对象开展价值工程分析。将土建工程划分为四个功能项目，各功能项目评分值及其目前成本见表3-4。按限额设计要求，目标成本额应控制为12170万元。

表3-4　各功能项目评分值及目前成本

功能项目	功能评分	目前成本/万元
A. 桩基围护工程	10	1520
B. 地下室工程	11	1482
C. 主体结构工程	35	4705
D. 装饰工程	38	5105
合计	94	12812

试分析各功能项目的目标成本及其可能降低的额度，并确定功能改进顺序。

解：

问题1：

分别计算各方案的功能指数、成本指数和价值指数，并根据价值指数选择最优方案。

1. 各方案的功能指数见表3-5。

表3-5 功能指数计算

方案功能	功能权重	方案功能加权得分		
		A	B	C
结构体系	0.25	$10 \times 0.25 = 2.50$	$10 \times 0.25 = 2.50$	$8 \times 0.25 = 2.00$
模板类型	0.05	$10 \times 0.05 = 0.50$	$10 \times 0.05 = 0.50$	$9 \times 0.05 = 0.45$
墙体材料	0.25	$8 \times 0.25 = 2.00$	$9 \times 0.25 = 2.25$	$7 \times 0.25 = 1.75$
面积系数	0.35	$9 \times 0.35 = 3.15$	$8 \times 0.35 = 2.80$	$7 \times 0.35 = 2.45$
窗户类型	0.10	$9 \times 0.10 = 0.90$	$7 \times 0.10 = 0.70$	$8 \times 0.10 = 0.80$
合计		9.05	8.75	7.45
功能指数		9.05/25.25 = 0.358	8.75/25.25 = 0.347	7.45/25.25 = 0.295

注：表3-5中各方案功能加权得分之和为：9.05 + 8.75 + 7.45 = 25.25。

2. 各方案的成本指数见表3-6。

表3-6 成本指数计算

方案	A	B	C	合计
单方造价（元/m²）	1438	1108	1082	3628
成本指数	0.396	0.305	0.298	0.999

注：分别用每个方案的单方造价除以各方案单方造价合计（3628），求得每个方案的成本指数。

3. 各方案的价值指数见表3-7。

表3-7 价值指数计算

方案	A	B	C
功能指数	0.358	0.347	0.295
成本指数	0.396	0.305	0.298
价值指数	0.904	1.138	0.990

注：分别用每个方案的功能指数除以成本指数，求得每个方案的价值指数。

由表3-7的计算结果可知，B设计方案的价值指数最高，为最优方案。

问题2：

根据表3-4所列数据，对所选定的设计方案进一步分别计算桩基围护工程、地下室工程、主体结构工程和装饰工程的功能指数、成本指数和价值指数；再根据给定的总目标成本额，计算各工程内容的目标成本额，从而确定其成本降低额度。具体计算结果汇总见表3-8。

表3-8 计算结果汇总

功能项目	功能评分	功能指数	目前成本/万元	成本指数	价值指数	目标成本/万元	成本降低额/万元
桩基围护工程	10	0.1064	1520	0.1186	0.8971	1295	225
地下室工程	11	0.1170	1482	0.1157	1.0112	1424	58
主体结构工程	35	0.3723	4705	0.3672	1.0139	4531	174
装饰工程	38	0.4043	5105	0.3985	1.0146	4920	185
合计	94	1.0000	12812	1.0000		12170	642

注：1. 每个功能项目的功能指数为其功能评分除以功能评分合计"94"的商。

2. 每个功能项目的成本指数为其目前成本除以目前成本合计"12812"的商。

3. 每个功能项目的价值指数为其功能指数与成本指数相除的商。

4. 每个功能项目的目标成本是将总目标成本按每个功能项目的功能指数分摊的数值。

5. 每个功能项目的成本降低额为其目前成本与目标成本的差值。

由表 3-8 的计算结果可知，桩基围护工程、地下室工程、主体结构工程和装饰工程均应通过适当方式降低成本。根据成本降低额的大小，功能改进顺序依此为：桩基围护工程、装饰工程、主体结构工程、地下室工程。

三、标准化设计与限额设计

（一）标准化设计

标准化设计又称通用设计、定型设计，是建筑工业化的组成部分。各类工程建设的构配件、通用的建筑物、构筑物、公用设施等，只要有条件的，都应实施标准化设计。设计标准规范是重要的技术规范，是进行工程建设、勘察设计施工及验收的重要依据。而且随着工程建设和科学技术的发展，设计规范和标准设计必须经常补充，及时修订，不断更新。

推广标准化设计，可以提高设计质量，加快实现建筑工业化，因为标准设计是将大量成熟的、行之有效的设计经验和科技成果按照统一简化、协调选优的原则，上升为设计规范和标准设计的，所以设计质量比一般工程设计质量要高。

推广标准化设计可以提高劳动生产率，加快工程建设进度。设计过程中，采用标准设计，可以节省设计力量，加快出图进度，缩短设计时间。

推广标准化设计，还可以节约建筑材料，降低过程造价，由于标准构配件的生产是在工厂内批量生产，便于预制厂统一安排，合理配置资源，发挥规模经济的作用，节约建筑材料。

（二）限额设计

1. 限额设计的概念

限额设计是按照设计任务书批准的投资估算额进行初步设计，按照初步设计概算造价限额进行施工图设计，按施工图预算造价对施工图设计的各个专业设计文件做出分配决策。整个设计过程中，设计人员与经济管理人员密切配合，做到技术与经济的统一。

限额设计目标是在初步设计开始前，根据批准的可行性研究报告及其投资估算确定的。限额设计指标经项目经理或总设计师提出，经主管院长审批下达，其总额度一般只下达工程费用的 90%，以便项目经理或总设计师留有一定的调节指标，限额指标用完后，必须经批准才能调整。

限额设计目标值的提出是对整个建设项目进行投资分解后，对各个单项工程、单位工程的各个技术经济指标提出科学、合理、可行的控制额度。

2. 限额设计的全过程

限额设计的全过程即建设项目投资目标管理的过程，即目标分解与计划、目标实施、目标实施检查、信息反馈的控制循环过程。

（1）投资分配。设计任务书被批准后，设计单位在设计之前应将投资先分解到专业，然后再分配到单项和单位工程，作为初步设计的造价控制目标。

（2）限额进行初步设计。初步设计应严格按分配的造价控制目标进行设计。设计出既能达到工程要求，又不超过投资限额的方案，作为初步设计方案若发现重大设计方案或某项费用指标超出投资限额，应及时反映，并提出解决问题的方法。

（3）施工图设计的造价控制。已批准的初步设计及初步设计概算是施工图设计的依据，在施工图设计中，不应该超过初步设计概算造价。设计单位按照造价控制目标确定施工图设计的构造、选用材料和设备。

（4）设计变更。初步设计阶段若发生设计变更将引起已经确认的概算价值发生变化，这种变化在一定范围内是允许的，但必须经过核算和调整。如果其变化涉及建设规模、产品方案、工艺流程等的重大变更，使原初步设计失去指导施工图设计的意义时，必须重新编制或修改初步设计文件，并重新报原审查单位审批。

3. 限额设计的控制过程

限额设计的控制可以从两个角度入手，一种是按照限额设计过程从前往后依次进行控制，称为纵向控制；另一种途径是对设计单位及其内部各专业、科室及设计人员进行考核，实施奖惩，进而保证设计质量的一种控制方法，称为横向控制。

横向控制首先必须明确各设计单位以及设计单位内部各专业科室对限额设计所负的责任，将投资按专业进行分配，下段指标不能突破上段指标，责任落实到个人；其次要建立健全奖惩制度，根据节约投资额的大小，对设计单位给予奖励。

四、运用寿命周期成本优化设计与优化设备选型

设计方案比选就是通过对工程设计方案的经济分析，从若干设计方案中选出最佳方案的过程。

由于设计方案的经济效果不仅取决于技术条件，而且还受不同地区的自然条件和社会条件的影响，设计方案选择时，须综合考虑各方面因素，对方案进行全方位技术经济分析与比较，须结合当时当地的实际条件，选择功能完善、技术先进、经济合理的设计方案。工程造价、使用成本与项目功能水平之间的关系如图 3-2 所示。

建设项目具有一次性投资大、使用周期长的特点，在项目的长期运营中，每年支出的项目维持费与大额的建设投资相比，也许数量不多，但是，长期的积累也会产生巨额的支出。传统的设计方案评价对这部分费用重视不够，如果过分的强调节约投资，可能会造成项目功能水平不合理而导致项目维持费迅速增加的情况。

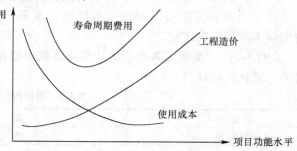

图 3-2　工程造价、使用成本与项目功能水平之间的关系

因此，设计方案评价应从寿命周期成本的角度进行评价。

（一）在设计阶段应用寿命周期成本理论的意义

建设项目的使用功能在决策和设计阶段就已基本确定，项目的寿命周期成本也已基本确定，因此，决策和设计阶段是寿命周期成本控制潜力最大的阶段，在决策和设计阶段进行寿命周期成本评价有着重要的意义。

1. 寿命周期成本评价能够真正实现技术与经济的有机结合

设计阶段控制成本的一个重要原则是技术与经济的有机结合，寿命周期成本评价将寿命周期作为一个设计参数，与其他功能设计参数一同考虑进行方案设计，真正实现了技术与经济的有机结合。

2. 寿命周期成本为确定项目合理的功能水平提供了依据

较高的功能水平需要高额的建设成本，而节约建设成本又会导致项目功能水平降低，寿命周期成本评价为设计阶段确定项目的合理功能水平提供了依据，即费用效率尽可能大，并且寿命周期成本尽可能小的功能水平是比较合理的功能水平。

3. 寿命周期成本评价有助于增强项目的抗风险能力

寿命周期成本评价在设计阶段即对未来的资源需求进行预测，并根据预测结果合理确定项目功能水平及设备选择，并且鉴别潜在的问题，使项目对未来的适应性增强，有助于提高项目的经济效益。

4. 寿命周期成本评价可以使设备选择更科学

在建设项目运行中，需要对项目不断更新以适应技术进步和外界经济环境的变化，项目运营中功能的更新主要是通过设备更新来实现的。因此，在建设项目的设计阶段就综合考虑技术进步、项目寿命及设备投资等因素，可以使设备选择更科学。

（二）寿命周期成本理论在设计阶段设备选型的应用

寿命周期成本评价是一种技术与经济有机结合的方案评价方法，它要考虑项目的功能水平与实现功能的寿命周期费用之间的关系。这种方法在设备选型中应用广泛，对于设备的功能水平的评价一般可用生产效率、使用寿命、技术寿命、能耗水平、可靠性、操作性、环保性和安全性等指标，在设备选型中应用寿命周期成本评价方法的步骤是：

（1）提出各项备选方案，并确定系统效率评价指标。

（2）明确费用构成项目，并预测各项费用水平。

（3）计算各方案的经济寿命，作为分析的计算期。

（4）计算各方案在经济寿命期内的寿命周期成本。

（5）计算各方案可以实现的系统效率水平，然后与寿命周期成本相除计算费用效率，费用效率较大的方案较优。

[例3-4]　某集装箱码头需购置一套装卸设备，表3-9的四个方案中，不考虑时间价值因素，应优先选择（　　）。

表3-9　寿命周期参数表

方案	甲	乙	丙	丁
寿命周期/年	8	10	7	8
寿命周期成本/万元	2420	4250	1600	1200
工作量/万 t	256	408	90	110

解：

费用效率 = 工作量/寿命周期成本，根据表中数据，甲为 0.106，乙为 0.096，丙为 0.056，丁为 0.092，则甲方案的费用效率值最高，应选择方案甲。

第三节　设 计 概 算

一、设计概算的概述

（一）设计概算的概念

设计概算是设计阶段对工程项目投资额度的概略计算，设计概算投资应包括建设项目从立项、可行性研究、设计、施工、试运行到竣工验收等的全部建设资金。

设计概算是设计文件的重要组成部分，由设计单位根据初步设计或扩大初步设计的图样和说明，根据国家或地区颁发的概算指标、概算定额或综合指标预算定额、设备材料预算价格等资料，按照设计要求，概略地计算建筑物、构筑物造价的经济文件。

设计概算投资一般应控制在立项批准的投资控制额以内；如果设计概算值超过控制额，必须修改设计或重新立项审批；设计概算批准后不得任意修改和调整；如需修改或调整时，须经原批准部门重新审批。

（二）设计概算的作用

1. 设计概算是编制投资计划、确定和控制投资的依据

经批准的建设项目设计总概算的投资额，是该工程建设投资的最高限额。国家规定编制年度固定资产投资计划，确定计划投资总额及其构成数额，要以批准的初步设计概算为依据，没有批准的初步设计及其概算的建设工程，不能列入年度固定资产投资计划。

2. 设计概算是签订建设工程合同和贷款合同的依据

在工程建设过程中，年度固定资产投资计划安排、银行拨款或贷款、施工图设计及其预算、竣工决算等，都不能突破设计概算的限额。若投资额突破设计概算，必须查明原因后，由建设单位报请上级主管部门调整和追加设计概算总投资额。

3. 设计概算是控制施工图设计和施工图预算的依据

经批准的设计概算是建设项目的最高限额，设计单位必须按照批准的初步设计及其总概算进行施工图设计，施工图预算不得突破设计概算。如确需突破总概算时，应按规定程序报经审批。

4. 设计概算是衡量设计方案经济合理性和选择最佳设计方案的依据

设计概算是设计方案技术经济合理性的综合反映，据此可以用来对不同的设计方案进行技术经济合理性的比较，以便选择最佳的设计方案。

5. 设计概算是考核建设项目投资效果的依据

通过设计概算与竣工决算对比，可以分析和考核投资效果的好坏，同时还可以验证设计概算的准确性，有利于加强设计概算管理和建设项目的造价管理。

（三）设计概算的内容

设计概算可分为单位工程概算、单项工程综合概算和建设项目总概算三级（图3-3）。

1. 单位工程概算

单位工程概算是确定各单位工程建设费用的文件，是编制单项工程综合概算的依据，是单项工程综合概算的组成部分。单位工程概算按其工程性质分为建筑工程概算和设备及安装工程概算两大类。建筑工程概算包括土建工程概算，给水排水、采暖工程概算，通风、空调工程概算，电气、照明工程概算，弱电工程概算，特殊构筑物工程概

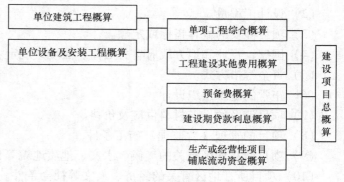

图3-3 三级设计概算关系图

算等；设备及安装工程概算包括机械设备及安装工程概算，电气设备及安装工程概算，热力设备及安装工程概算，工具、器具及生产家具购置费概算等。

2. 单项工程综合概算

单项工程综合概算是确定一个单项工程所需建设费用的文件，它是由单项工程中的各单位工程概算汇总编制而成的，是建设项目总概算的组成部分。

3. 建设项目总概算

建设项目总概算是确定整个建设项目从筹建到竣工验收所需全部费用的文件，它是由各单项工程综合概算、工程建设其他费用概算、预备费、建设期贷款利息和固定资产投资方向调节税概算汇总编制而成的。

若干个单位工程概算汇总成为单项工程概算，若干个单项工程概算和其他工程费用、预备费、建设期利息等概算文件汇总成为建设项目总概算。单项工程概算和建设项目总概算仅是一种归纳、汇总性文件，因此，最基本的概算文件是单位工程概算书，建设项目若为一个独立的单项工程，则建设项目概算书与单项工程综合概算书可合并编制。

二、设计概算的编制方法

（一）设计概算的编制原则

（1）严格执行国家的建设方针和经济政策的原则。设计概算是一项重要的技术经济工作，要严格按照国家和地方政府有关方针、政策办事，严格执行规定的设计标准。

（2）完整、准确地反映设计内容的原则。编制设计概算时，要认真了解设计意图，根据设计文件、图样准确计算工程量，避免重算和漏算。设计修改后，要及时修正概算。

（3）坚持结合拟建工程的实际，反映工程所在地当时价格水平的原则。为提高设计概算的准确性，要实事求是地对工程所在地的建设条件，可能影响造价的各种因素进行认真的调查研究。在此基础上正确使用定额、指标、费率和价格等各项编制依据，按照现行工程造价的构成，根据有关部门发布的价格信息及价格调整指数，考虑建设期的价格变化因素，使概算尽可能反映设计内容、施工条件和实际价格。

（二）设计概算的编制依据

概算编制依据涉及面广，一般指编制项目概算所需要的一切基础性资料。对于不同的项目，其编制依据不尽相同，概算编制依据如下：

（1）批准的可行性研究报告。

（2）设计工程量。

（3）项目涉及的概算指标或定额。

（4）国家、行业和地方政府有关法律、法规或规定。

（5）资金筹措方式。

（6）正常的施工组织设计。

（7）项目涉及的设备材料供应及价格。

（8）项目的管理（含监理）施工条件。

（9）项目所在地区有关的气候、水文、地质地貌等自然条件。

（10）项目所在地区有关的经济、人文等社会条件。

（11）项目的技术复杂程度，以及新技术、专利使用情况等。

（12）有关文件、合同、协议等。

（三）设计概算的编制方法

按照图 3-3，建设项目总概算构成中，工程建设其他费用的概算、预备费概算、建设期贷款利息概算可以参考第一章相应内容，流动资金概算可以参考第二章相应内容。这里需要详述是的工程费用。工程费用的概算是由单位工程概算、单项工程综合概算逐级汇总而得。

1. 单位工程概算的编制方法

单位工程概算是确定单位工程建设费用的文件，是单项工程综合概算的组成部分，是计算一个独立建筑物或构筑物（即单项工程）中每个专业工程所需工程费用的文件，分建筑工程概算书和设备安装工程概算书。

建筑工程概算的编制方法有概算定额法和概算指标法、类似工程预算法等。设备安装工程概算的编制方法有预算单价法、扩大单价法、设备价值百分比法和综合吨位指标法等。单位工程概算由直接费、间接费、利润和税金组成。

（1）单位建筑工程概算的编制方法和实例

1）概算定额法。概算定额法又称扩大单价法或扩大结构定额法，是采用概算定额编制建筑工程概算的方法，类似用预算定额编制建筑工程预算。它是根据初步设计图样资料和概算定额的项目划分计算出工程量，然后套用概算定额单价（基价），计算汇总后，再计取有关费用，便可得出单位工程概算造价。

概算定额法要求初步设计达到一定深度，建筑结构比较明确，能按照初步设计的平面图、立面图、剖面图计算出楼地面、屋面、门窗、墙体等分部工程项目的工程量的时候才可采用。

概算定额法编制设计概算的步骤如下：

①列出单位工程中分项工程或扩大分项工程的项目名称，并计算工程量。

②确定各分部分项工程项目的概算定额单价。

③计算分部分项工程的直接工程费，合计得到单位工程直接工程费总和。

④按照有关固定标准计算措施费，合计得到单位工程工程直接费。

⑤按照一定的取费标准计算间接费和利润、税金。

⑥计算单位工程概算造价。

[例 3-5] 某教学楼，建筑面积为 $8560m^2$，其扩大单价和工程量见表 3-10，已知措施费为 556000 元，间接费费率为 5%，利润率为 7%，综合税率为 3.413%（以直接费为计算基数），试编制该教学楼土建工程设计概算造价和单方造价。

表 3-10 某教学楼土建工程量和扩大单价

分项工程名称	单位	数量	扩大单价/元
基础工程	$10m^3$	200	3500
混凝土及钢筋混凝土	$10m^3$	180	7800
砌筑工程	$10m^3$	320	3500
楼地面工程	$100m^2$	50	1400
屋面工程	$100m^2$	110	2000
门窗工程	$100m^2$	45	5500
顶棚墙面装饰	$100m^2$	200	6200

解：

根据已知条件和表 3-10 数据及扩大单价，可得该教学楼土建工程造价见表 3-11。

表 3-11 某教学楼土建工程概算造价计算

序号	分项工程名称	单位	数量	扩大单价/元	合价/元
1	基础工程	10m³	200	3500	700000
2	混凝土及钢筋混凝土	10m³	180	7800	1404000
3	砌筑工程	10m³	320	3500	1120000
4	楼地面工程	100m²	50	1400	70000
5	屋面工程	100m²	110	2000	220000
6	门窗工程	100m²	45	5500	247500
7	顶棚墙面装饰	100m²	200	6200	1240000
A	直接工程费小计		以上 7 项之和		5001500
B	措施费				556000
C	直接费小计		A + B		5557500
D	间接费		C×5%		277875
E	利润		(C + D) ×7%		408476
F	税金		(C + D + E) ×3.413%		213103
	概算造价/元		C + D + E + F		6456954
	单方造价（元/m²）		6456954/8560		754.32

2）概算指标法。概算指标法是采用直接费指标。概算指标法是用拟建的厂房、住宅的建筑面积（或体积）乘以技术条件相同或基本相同的概算指标得出直接费，然后按规定计算出其他直接费、现场经费、间接费、利润和税金等，编制出单位工程概算的方法。

概算指标法的使用范围是设计深度不够，不能准确地计算工程量，但工程设计技术比较成熟而又有类似工程概算指标可以利用。

由于拟建工程（设计对象）往往与类似工程的概算指标的技术条件不尽相同，而且概算指标编制年份的设备、材料、人工等价格与拟建工程当时当地的价格也不会一样。因此，必须对其进行调整。

其调整内容有：

①拟建工程与类似工程的时间与地点造成的价差调整

$$拟建工程时间地点的概算造价指标 D = A \cdot K \qquad (3-7)$$

$$K = a\%K_1 + b\%K_2 + c\%K_3 + d\%K_4 + e\%K_5 + f\%K_6$$

式中　　　　　　　　　D——拟建工程时间地点的概算指标；

　　　　　　　　　　　A——类似工程概算指标；

　　　　　　　　　　　K——综合调整系数；

$a\%$、$b\%$、$c\%$、$d\%$、$e\%$、$f\%$——类似工程预算的人工费、材料费、机械台班费、其他直接费、现场经费、间接费占预算造价的比重，如，$a\%$ =类似工程人工费（或工资标准）/类似工程预算造价 ×100%，$b\%$、$c\%$、$d\%$、$e\%$、$f\%$ 类同；

K_1、K_2、K_3、K_4、K_5、K_6——拟建工程地区与类似工程预算造价在人工费、材料费、机械台班费、其他直接费、现场经费和间接费之间的差异系数，如，K_1 = 拟建工程概算的人工费（或工资标准）/类似工程预算人工费（或地区工资标准），K_2、K_3、K_4、K_5、K_6类同。

②设计对象的结构特征与概算指标有局部差异时的调整。

$$拟建工程结构变化修正概算指标（元/m^2）= D + q_1p_1 - q_2p_2 \tag{3-8}$$

式中　D——原概算指标；

　　　q_1——换入新结构的含量；

　　　q_2——换出旧结构的含量；

　　　p_1——换入新结构的单价；

　　　p_2——换出旧结构的单价。

[例3-6]　某市一栋普通办公楼为框架结构5500m²，建筑工程直接工程费为525元/m²，其中：毛石基础为48元/m²，而今拟建一栋办公楼8000m²，是采用钢筋混凝土条形基础为76元/m²，其他结构相同。求该拟建新办公楼建筑工程直接工程费造价（　　　）万元。

A. 288.75　　　　　B. 304.15　　　　　C. 420.00　　　　　D. 442.40

解：

调整后的概算指标（元/m²）= 525 - 48 + 76 = 553（元/m²），拟建新办公楼建筑工程直接费 = 8000m² × 553元/m² = 4424000（元），然后按上述概算定额法同样计算程序和方法，计算出措施费、规费、企业管理费、利润和税金，便可求出新建办公楼的建筑工程造价。则答案为D。

③设备、人工、材料、机械台班费用的调整。

设备、人工、材料、机械修正概算费用 = 原概算指标的设备、人工、材料、机械费用 + $\sum$（换入设备、人工、材料、机械数量 × 拟建地区相应单价）- $\sum$（换出设备、人工、材料、机械数量 × 原概算指标设备、人工、材料、机械单价） $\tag{3-9}$

3）类似工程预算法。在选取造价信息时，没有可以参考的造价指标，但可以找到类似工程的预算造价。此时用类似工程预算法。

类似工程预算法是利用技术条件与设计对象相类似的已完工程或在建工程的工程造价资料来编制拟建工程设计概算的方法，类似工程造价的价差调整常用的两种方法是：

①直接法。类似工程造价资料有具体的人工、材料、机械台班的用量时，可按类似工程预算造价资料中单方的主要材料用量、工日数量、机械台班用量乘以拟建工程所在地的主要材料预算价格、人工单价、机械台班单价，计算出直接费，再乘以当地的综合费率，即可直接得出所需的拟建工程造价指标。再与拟建工程建筑面程相乘得到拟建工程概算造价。

②修正法。选择了类似工程的预算，即需要对拟建工程与类似工程之间的时间、地点差异导致的价差以及工程结构差异进行修正。方法与概算指标法相同。

（2）设备及安装单位工程概算的编制方法。设备及安装工程概算包括设备购置费概算和设备安装工程费概算两大部分。

1）设备购置费概算。设备购置费概算是根据初步设计的设备清单计算出设备原价，并汇总求出设备总原价，然后按有关规定的设备运杂费率乘以设备总原价，两项相加即为设备购置费概算。其公式为：

$$设备购置费概算 = \sum（设备清单中的设备数量 \times 设备原价）\times（1 + 运杂费率）$$

(3-10)

$$或：设备购置费概算 = \sum（设备清单中的设备数量 \times 设备预算价格）$$ (3-11)

国产标准设备原价可根据设备型号、规格、性能、材质、数量及附带的配件，向制造厂家询价或向设备、材料信息部门查询或按主管部规定的现行价格逐项计算。非主要标准设备和工器具、生产家具的原价可按主要标准设备原价的百分比计算，百分比指标按主管部门或地区有关规定执行。

国产非标准设备原价在设计概算时可按下列两种方法确定：

①非标准设备台（件）估价指标法。即：

$$非标准设备原价 = 设备台数 \times 每台设备估价指标（元／台）$$ (3-12)

②非标准设备吨重估价指标法。即：

$$非标准设备原价 = 设备吨重 \times 每吨重设备估价指标（元/t）$$ (3-13)

2）设备安装工程费概算的编制方法。设备安装工程费概算的编制方法是根据初步设计深度要求明确的程度来确定。其主要编制方法有：

①预算单价法。当初步设计较深，有详细的设备清单时，可以直接采用工程预算定额单价法编制安装工程费概算。其编制程序基本同安装工程施工图预算。

②扩大单价法。当初步设计深度不够，设备清单不完备，只有主体设备或仅有成套设备重量时，采用主体设备、成套设备的综合扩大安装单价来编制概算。其编制程序基本同安装工程施工图预算。

③设备价值百分比法。又称安装设备百分比法。当设计深度不够，只有设备出厂价，而无详细的规格、重量时，安装费可按占设备费的百分比计算。其百分比值（即安装费率）由主管部门制定或由设计单位根据已完类似工程确定，该法常用于价格波动不大的定型产品和通用设备产品，其表达式为：

$$设备安装费 = 设备原价 \times 安装费率（\%）$$ (3-14)

④综合吨位指标法。当设计文件提供的设备清单有规格和设备重量时，可采用综合吨位指标编制概算，其中综合吨位指标由主管部门或由设计单位根据已完类似工程确定，该法常用于设备价格波动较大的安装工程概算，其表达式为：

$$设备安装费 = 设备吨重 \times 每吨设备安装费指标（元/t）$$ (3-15)

[例3-7] 现有一通用设备，设备无详细规格，原价5万元，重约12t，每吨设备安装费指标为3000元/t，安装费率12%，此设备的安装费为（　　　）万元。

A. 0.1　　　　　B. 0.6　　　　　C. 0.77　　　　　D. 3.6

解：当初步设计深度不够，只有设备出厂价而无详细规格时，安装费可按设备费的百分比计算。安装费 = 设备原价 × 安装费率 = 5 × 12% = 0.6万元。当初步设计提供设备清单，有规格的设备重量时，安装费可要用综合吨位指标编制概算，即安装费 = 设备吨重 × 每吨设备安装费指标。则答案为B。

2. 建设项目总概算及单项工程综合概算的编制

概算文件的编制形式，视项目的功能、规模、独立性程度等因素来决定采用三级编制

（总概算、综合概算、单位工程概算）还是二级编制（总概算、单位工程概算）形式。

对于采用三级编制（总概算、综合概算、单位工程概算）形式的设计概算文件，一般由封面、签署页及目录、编制说明、总概算表、其他费用表、综合概算表、单位工程概算表、补充单位估价表组成。

对于采用二级编制（总概算、单位工程概算）形式的设计概算文件，一般由封面、签署页及目录、编制说明、总概算表、其他费用表、单位工程概算表、补充单位估价表组成。

概算编制说明应包括以下主要内容：项目概况、主要技术经济指标、资金来源、编制依据、其他需要说明的问题、附表（包括建筑安装工程费用计算程序表、引进设备材料清单及从属费用计算表、具体建设项目概算要求的其他附表及附件）。

概算总投资由工程费用、其他费用、预备费及应列入项目总投资的几项费用（包括建设期利息、固定资产投资方向调节税、铺底流动资金）组成。

工程费用：按单项工程综合概算组成编制。采用二级编制的按单位工程概算组成编制。市政民用建设项目一般排列顺序为：主体建（构）筑物、辅助建（构）筑物、配套系统。工业建设项目一般排列顺序为：主要工艺生产装置、辅助工艺生产装置、公用工程、总图运输、生产管理服务性工程、生活福利工程、场外工程。

其他费用：包括建设用地费、建设管理费、勘察设计费、可行性研究费、环境影响评价费、劳动安全卫生评价费、场地准备及临时设施费、工程保险费、联合试运转费、生产准备及开办费、特殊设备安全监督检验费、市政公用设施建设及绿化补偿费、引进技术和引进设备材料其他费、专利及专有技术使用费、研究试验费。

基本预备费和价差预备费、建设期利息、铺底流动资金、固定资产投资方向调节税的计算参照第一章计算方法进行计算。

三、设计概算的审查

（一）审查设计概算的意义

（1）有利于合理分配投资资金、加强投资计划管理，有助于合理确定和有效控制工程造价。

（2）有利于促进概算编制单位严格执行国家有关概算的编制规定和费用标准。

（3）有利于促进设计的技术先进性与经济合理性。

（4）有利于核定建设项目的投资规模。

（5）有利于为建设项目投资的落实提供可靠的依据。

（二）设计概算的编审程序及质量

根据《建设项目设计概算编审规程》（CECA/GC 2—2007），设计概算的编审程序及质量要求如下：

（1）设计概算文件编制的有关单位应当一起制定编制原则、方法，以及确定合理的概算投资水平，对设计概算的编制质量、投资水平负责。

（2）项目设计负责人和概算负责人对全部设计概算的质量负责；概算文件编制人员应参与设计方案的讨论；设计人员要树立以经济效益为中心的观念，严格按照批准的工程内容及投资额度设计，提出满足概算文件编制深度的技术资料；概算文件编制人员对投资的合理性负责。

（3）概算文件需经编制单位自审，建设单位（项目业主）复审，工程造价主管部门审批（根据行政许可法，此处应为备案）。

（4）概算文件的编制与审查人员必须具有国家注册造价工程师资格，或者具有省市（行业）颁发的造价员资格证，并根据工程项目大小按持证专业承担相应的编审工作。

（5）各造价协会（或者行业）、造价主管部门可根据所主管的工程特点制定概算编制质量的管理办法，并对编制人员采取相应的措施进行考核。

（三）设计概算的审查内容

1. 审查设计概算的编制依据

（1）审查编制依据的合法性。采用的各种编制依据必须经过国家和授权机关的批准，符合国家有关编制规定。

（2）审查编制依据的时效性。各种依据，如定额、指标、价格、取费标准等，都应根据国家有关部门的现行规定执行。

（3）审查编制依据的适用范围。各主管部门规定的各种专业定额及其取费标准，只适用于该部门的专业工程；各地区规定的各种定额及其取费标准，只适用于该地区范围内，特别是地区的材料预算价格应该按照所在地的规定执行。

2. 审查概算编制深度

（1）审查编制说明。审查编制说明可以检查概算的编制方法、深度、编制依据等重大原则问题，若编制说明有差错，具体概算肯定也有错。

（2）审查概算编制深度。一般大中型项目的设计概算，应有完整的编制说明和"三级概算"，并按有关规定的深度进行编制。审查是否有符合规定的"三级概算"，各级概算的编制、核对、审核是否按规定签署。

（3）审查概算的编制范围。审查概算的编制范围及具体内容是否与主管部门批准的建设项目范围及具体工程内容一致。

3. 审查工程概算的内容

（1）审查概算的编制是否符合党的方针、政策，是否根据工程所在地的自然条件编制。

（2）审查建设规模（投资规模、生产能力等）、建设标准（用地指标、建筑标准等）、配套工程、设计定员等是否符合原批准的可行性研究报告或立项批文的标准。

（3）审查编制方法、计价依据和程序是否符合现行规定。包括定额或指标的使用范围和调整方法是否正确；补充定额或指标的项目划分、内容组成、编制原则等是否与现行的定额精神一致等。

（4）审查工程量是否正确。工程量的计算是否根据初步设计图样、概算定额、工程量计算规则和施工组织设计的要求进行，尤其是对工程量大、造价高的项目重点审查。

（5）审查材料用量和价格。审查主要材料的用量数据是否正确，材料预算价格是否符合工程所在地的价格水平，材料价差调整是否符合现行规定及其计算是否正确等。

（6）审查设备规格、数量和配置是否符合设计要求，是否与设备清单相一致，设备预算价格是否真实，设备原价和运杂费的计算是否正确，非标准设备原价的计价方法是否符合规定，进口设备的各项费用的组成及其计算程序、方法是否符合国家主管部门的规定。

（7）审查建筑安装工程的各项费用的计取是否符合国家或地方有关部门的现行规定，计算程序和取费标准是否正确。

（8）审查综合概算、总概算的编制内容、方法是否符合现行规定和设计文件的要求，有无设计文件外项目，有无将非生产性项目以生产性项目列入。

（9）审查总概算文件的组成内容，是否完整地包括了建设项目从筹建到竣工投产为止的全部费用组成。

（10）审查工程建设其他各项费用。要按国家和地区规定逐项审查，不属于总概算范围的费用项目不能列入概算，具体费率或计取标准是否按国家、行业有关部门规定计算。

（11）审查项目的"三废"治理。拟建项目必须同时安排"三废"（废水、废气、废渣）的治理方案和投资，对于未作安排或漏项或多算、重算的项目，要按国家有关规定核实投资，以满足"三废"排放达到国家标准。

（12）审查技术经济指标。技术经济指标计算方法和程序是否正确，综合指标和单项指标与同类工程指标相比，是偏高还是偏低，其原因是什么并予以纠正。

（13）审查投资经济效果。设计概算是初步设计经济效果的反映，要按照生产规模、工艺流程、产品品种和质量，从企业的投资效益和投产后的运营效益全面分析，是否达到了先进、可靠、经济、合理的要求。

（四）审查设计概算的方法

1. 对比分析法

对比分析法主要是通过建设规模、标准与立项批文对比；工程数量与设计图样对比；综合范围、内容与编制方法、规定对比；各项取费与规定标准对比；材料、人工单价与统一信息对比；引进设备、技术投资与报价要求对比；技术经济指标与同类工程对比。

2. 查询核实法

查询核实法是对一些关键设备、重要装置、引进工程图样不全、难以核算的较大投资进行多方查询核对，逐项落实的方法。

3. 联合会审法

组成由业主、审批单位、专家等参加的联合审查组，组织召开联合审查会。审查可先采取多种形式分头审查，包括业主预审、工程造价咨询公司评审、邀请同行专家预审等。在会审大会上，各有关单位、专家汇报初审预审意见。然后进行认真分析、讨论，结合对各专业技术方案的审查意见所产生的投资增减，逐一核实原概算投资增减额。

整理审查中发现的问题和偏差，汇总核增或核减的项目及其投资额，最后将具体的审核数据列表，依次汇总审核后的总投资及其增减投资额。对于差错较多、问题较大的或不能满足要求的，责成编制单位按审查意见修改后，重新报批。

施工图设计单位应编制施工图预算，以确保工程投资控制在概算范围内。由于定额与预算课程有专门的学习，本章不再详述。

第四节　施工图预算

传统的施工图预算，从设计阶段管到交易阶段、施工阶段、竣工阶段。本节施工图预算是依据《建设项目施工图预算编审规程》（CECA/GC 5—2010）（以下简称《预算规程》），做一全新的阐述。

一、施工图预算概述

（一）施工图预算的概念

施工图预算根据建设项目实际情况可采用三级预算编制或二级预算编制形式。当建设项目有多个单项工程时，应采用三级预算编制形式，三级预算编制形式由建设项目施工图总预算、单项工程综合预算、单位工程施工图预算组成。当建设项目只有一个单项工程时，应采用二级预算编制形式，二级预算编制形式由建设项目施工图总预算和单位工程施工图预算组成。

总预算是反映施工图设计阶段建设项目投资总额的造价文件，是施工图预算文件的主要组成部分。由组成该建设项目的各个单项工程综合预算和相关费用组成。

综合预算是反映施工图设计阶段一个单项工程（设计单元）造价的文件，是总预算的组成部分，由构成该单项工程的各个单位工程施工图预算组成。

单位工程预算是依据单位工程施工图设计文件、现行预算定额以及人工、材料和施工机械台班价格等，按照规定的计价方法编制的工程造价文件。

建筑工程预算是建筑工程各专业单位工程施工图预算的总称，建筑工程施工图预算按其工程性质分为一般土建预算、建筑安装工程预算、构筑物工程预算等。

安装工程预算是安装工程各专业单位工程预算的总称，安装工程预算按其工程性质分为机械设备安装工程预算、电气设备安装工程预算、工业管道安装工程预算和热力设备安装工程预算等。

传统的施工图预算只相当于《预算规程》中的单位工程施工图预算。《预算规程》中的施工图预算与投资估算、设计概算总投资费用在构成内涵上取得了一致。

《预算规程》服务于设计阶段施工图预算的编审（见《预算规程》1.0.1）。

（二）施工图预算的作用

建设项目施工预算是施工图设计阶段合理确定和有效控制工程造价的重要依据。

二、施工图预算的编制方法

建设项目施工图预算由总预算、综合预算和单位工程预算组成，建设项目总预算由综合预算汇总而成。综合预算由组成本单项工程的各单位工程预算汇总而成。单位工程预算包括建筑工程预算和设备及安装工程预算。

（一）单位工程预算的编制方法

单位工程预算应根据施工图设计文件、预算定额（或综合单价）以及人工、材料及施工机械台班等价格资料进行编制。主要编制方法有单价法和实物量法；其中单价法分为定额单价法和工程量清单单价法。

（1）定额单价法是用事先编制好的分项工程的单位估价表来编制施工图预算的方法。

（2）工程量清单单价法是指根据招标人按照国家统一的工程量计算规则提供工程数量，采用综合单价的形式计算工程造价的方法。

（3）实物量法是依据施工图样和预算定额的项目划分及工程量计算规则，先计算出分部分项工程量，然后套用预算定额（实物量定额）来编制施工图预算的方法。

（二）综合预算和总预算编制

综合预算造价由组成该单项工程的各个单位工程预算造价汇总而成。

总预算造价由组成该建设项目的各个单项工程综合预算以及经计算的工程建设其他费、预备费、建设期贷款利息、固定资产投资方向调节税汇总而成。

三、施工图预算的审查

施工图预算文件的审查，应当委托具有相应资质的工程造价咨询机构进行。

从事建设工程施工图预算审查的人员，应具备相应的执业（从业）资格，需在施工图预算审查文件上签署注册造价工程师执业资格专用章或造价员从业资格专用章，并出具施工图预算审查意见报告，报告要加盖工程造价咨询企业的公章和资质专用章。

施工图预算审查的主要内容包括：

（1）审查施工图预算的编制是否符合现行国家、行业、地方政府有关法律、法规和规定要求。

（2）审查工程量计算的准确性、工程量计算规则与计价规范规则或定额规则的一致性。

（3）审查在施工图预算的编制过程中，各种计价依据使用是否恰当，各项费率计取是否正确；审查依据主要有施工图设计资料、有关定额、施工组织设计、有关造价文件规定和技术规范、规程等。

（4）审查各种要素市场价格选用是否合理。

（5）审查施工图预算是否超过概算以及进行偏差分析。

施工图预算的审查可采用全面审查法、标准预算审查法、分组计算审查法、对比审查法、筛选审查法、重点审查法、分解对比审查法等。

本 章 小 结

建设项目设计阶段工程造价的控制是造价控制的关键。设计阶段适时运用相应的控制手段可以实现全寿命造价控制，提高设计质量，减少实施阶段的设计变更。

工程设计阶段划分：一般工业与民用建设项目设计按初步设计和施工图设计两个阶段进行，称之为"两阶段设计"；对于技术上复杂而又缺乏设计经验的项目，可按初步设计、技术设计、施工图设计三个阶段进行，称之为"三阶段设计"。

工程设计应按照其程序及深度要求设计。

设计方案技术经济评价方法有：多指标评价法、静态投资效益评价法、动态投资效益评价法。

工程设计的优化方法有：设计招标、方案竞选、价值工程、标准化设计与限额设计、运用寿命周期成本优化设计与优化设备选型。

设计概算投资应包括建设项目从立项、可行性研究、设计、施工、试运行到竣工验收等的全部建设资金。设计概算分为三级概算：单位工程概算、单项工程综合概算、建设项目总概算。

设计概算的编制与审查应遵守行业规程。目前建设项目概算依据的规程为：中国建设工程造价管理协会标准《建设项目设计概算编审规程》（CECA/GC 2—2007）。

施工图预算总投资是反映施工图设计阶段建设项目投资总额的造价文件，包括建设项目从立项、可行性研究、设计、施工、试运行到竣工验收等的全部建设资金。施工图预算也分为三级预算：单位工程预算、单项工程综合预算、建设项目总预算。

　　施工图预算的编制与审查应遵守行业规程。目前建设项目施工图预算编制审核依据的规程为：中国建设工程造价管理协会标准《建设项目施工图预算编审规程》（CECA/GC 6—2010）。

思考题与习题

[思考题]

1. 简述工程设计阶段划分。
2. 简述民用项目设计程序。
3. 民用住宅建筑设计中影响工程造价的主要因素有哪些？
4. 简述设计阶段工程造价控制的重要意义。
5. 设计方案技术经济评价方法有哪些？
6. 简述工程设计的优化方法有哪些？
7. 简述设计概算的作用。
8. 设计概算包含哪些内容？
9. 简述设计概算的编制原则。
10. 设计概算的编制依据是什么？
11. 审查设计概算有哪些方法？

[单项选择题]

1. 对于技术上复杂，在设计阶段有一定难度的工程一般采用（　　）。

A. 一阶段设计　　　　B. 两阶段设计　　　　C. 三阶段设计　　　　D. 四阶段设计

2. 在工业项目的工艺设计过程中，影响工程造价的主要因素包括（　　）。

A. 生产方法、工艺流程、功能分区　　　　B. 工艺流程、功能分区、运输方式

C. 生产方法、工艺流程、设备选型　　　　D. 工艺流程、设备选型、运输方式

3. 设计概算可分单位工程概算、（　　）和建设项目总概算三级。

A. 单项工程概算　　　　　　　　　　　　B. 单项工程预算

C. 单项工程综合概算　　　　　　　　　　D. 工程建设其他费用概算

4. 设计概算中的单项工程综合概算有（　　）。

A. 土建单位工程概算和设计安装单位工程概算

B. 建筑工程概算和工程建设其他费用概算

C. 一般土建工程概算和设备及安装单位工程概算、工程建设其他费用概算（不编总概算时列入）

D. 建筑单位工程概算和设备及安装单位工程概算、工程建设其他费用概算（不编总概算时列入）

5. 设备及安装工程概算的编制方法主要有（　　）。

A. 扩大单价法、概算指标法、类似工程预算法

B. 扩大单价法、综合指标法、类似工程预算法

C. 预算单价法、概算指标法、设备价值百分比法

D. 预算单价法、扩大单价法、设备价值百分比法

6. 现有一台通用设备，原价3万元，重约8t，每吨安装费指标为100元/t，安装费率为

2%，此设备安装费为（　　）元。

 A. 500   B. 600   C. 700   D. 800

7. 设计方案评价应该从（　　）的角度进行评价。

 A 功能和成本最佳匹配状态   B. 寿命周期成本

 C. 功能过剩   D. 功能不足

8. 某企业新建一条生产线，有两个设计方案，A 方案总投资 3000 万元，年经营成本 700 万元，年产量 1500 件；B 方案总投资 2600 万元，年经营成本 500 万元，年产量 1200 件。行业标准回收期 5 年，哪一个设计方案优（　　）。

 A. B 方案   B. A 方案   C. A 和 B 一样   D. 无法确定

9. 下列方法中，属于设计概算审查方法的是（　　）。

 A. 重点审查法   B. 分阶段审核法

 C. 利用手册审查法   D. 联合会审法

10. 在审查设计概算的编制依据时，主要审查内容是（　　）。

 A. 合法性、合理性、经济性   B. 合法性、时效性、经济性

 C. 合法性、时效性、适用范围   D. 合法性、合理性、适用范围

[多项选择题]

1. 设计方案技术经济评价的静态投资效益评价法包括（　　）。

 A. 投资回收期法 B. 多指标对比法 C. 工期比较法 D. 净年值法

 E. 计算费用法

2. 建筑单位工程概算的编制方法有（　　）。

 A. 扩大单价法 B. 类似工程预算法 C. 预算单价法

 D. 概算系数法 E. 概算指标法

3. 在设计阶段，实施价值工程的步骤有（　　）。

 A. 功能分析 B. 功能评价   C. 方案创新   D. 方案评价

 E. 方案实施与检查

4. 下列有关设计概算的阐述正确的是（　　）。

 A. 设计概算一经批准，将作为控制建设项目投资的最高限额

 B. 设计概算是签订建设工程合同和贷款合同的依据

 C. 施工图预算是控制施工图设计和设计概算的依据

 D. 设计概算可分单位工程概算、单项工程综合概算、建设项目总概算三级

 E. 设计概算是考核建设项目投资效果的依据

5. 设备及安装单位工程概算的编制方法有（　　）。

 A. 概算定额法 B. 预算单价法   C. 概算指标法

 D. 扩大单价法 E. 设备价值百分比法

6. 下列选项中，属于工业项目总平面设计评价指标的有（　　）。

 A. 建筑密度   B. 厂房展开面积

 C. 厂房有效面积与建筑面积比   D. 土地利用系数

 E. 工程量指标

7. 在设计阶段应用寿命周期成本理论的意义是（　　）。

A. 寿命周期成本评价可以消除项目风险

B. 寿命周期成本评价能够真正实现技术与经济的有机结合

C. 寿命周期成本为确定项目合理的功能水平提供了依据

D. 寿命周期成本评价可以使设备选择更科学

E. 寿命周期成本理论不适用于设备选择

8. 设计方案评价应遵循的原则是（   ）。

A. 处理好合理性与先进性关系   B. 考虑全寿命费用

C. 技术先进性原则   D. 经济性原则

E. 兼顾近期与远期的要求

9. 工程设计优化途径包括（   ）。

A. 设计招标和方案竞选   B. 运用价值工程

C. 运用创新设计   D. 推广标准化设计

E. 实施限额设计

10. 有甲、乙、丙、丁、戊五个零部件，其有关数据见下表，根据价值工程原理，下列零件中成本过大，有改进潜力，是重点改进对象的有（   ）。

零部件	功能重要性系数	现实成本/元
A	0.27	7.00
B	0.18	4.00
C	0.18	2.00
D	0.35	1.80
E	0.02	0.50

A. 甲零件   B. 乙零件   C. 丙零件

D. 丁零件   E. 戊零件

[案例题]

[案例1] 某房地产公司对某公寓项目的开发征集到若干设计方案，经筛选后对其中较为出色的四个设计方案作进一步的技术经济评价。有关专家决定从五个方面（分别以 F1～F5 表示）对不同方案的功能进行评价，并对各功能的重要性达成以下共识：F2 和 F3 同样重要，F4 和 F5 同样重要，F1 相对于 F4 很重要，F1 相对于 F2 较重要；此后，各专家对该四个方案的功能满足程度分别打分，其结果见表 3-12。

根据造价工程师估算，A、B、C、D 四个方案的单方造价分别为 1420 元/m^2、1230 元/m^2、1150 元/m^2、1360 元/m^2。

表 3-12   方案功能得分

功能	方案功能得分			
	A	B	C	D
F1	9	10	9	8
F2	10	10	8	9
F3	9	9	10	9
F4	8	8	8	7
F5	9	7	9	6

问题:

1. 计算各功能的权重。

2. 用价值指数法选择最佳设计方案。

[**案例2**] 承包商 B 在某高层住宅楼的现浇楼板施工中，拟采用钢木组合模板体系或小钢模体系施工方案。经有关专家讨论，决定从模板总摊销费用（F1）、楼板浇筑质量（F2）、模板人工费（F3）、模板周转时间（F4）、模板装拆便利性（F5）等五个技术经济指标对该两个方案进行评价，并采用 0~1 评分法对各技术经济指标的重要程度进行评分，其部分结果见表 3-13，两方案各技术经济指标的得分见表 3-14。

经造价工程师估算，钢木组合模板在该工程的总摊销费用为 40 万元，每平方米楼板的模板人工费为 8.5 元；小钢模在该工程的总摊销费用为 50 万元，每平方米楼板的模板人工费为 6.8 元。该住宅楼的楼板工程量为 2.5 万 m^2。

表 3-13　指标重要程度评分

	F1	F2	F3	F4	F5
F1	X	0	1	1	1
F2		X	1	1	1
F3			X	0	1
F4				X	1
F5					X

表 3-14　指标得分

	F1	F2
模板总摊销费用	10	8
楼板浇筑质量	8	10
模板人工费	8	10
模板周转时间	10	7
模板装拆便利性	10	9

问题:

1. 试确定各技术经济指标的权重（计算结果保留三位小数）。

2. 若以楼板工程的单方模板费用作为成本比较对象，试用价值指数法选择较经济的模板体系（功能指数、成本指数、价值指数的计算结果均保留三位小数）。

3. 若该承包商准备参加另一幢高层办公楼的投标；为提高竞争能力，公司决定模板总摊销费用仍按本住宅楼考虑，其他有关条件均不变。该办公楼的现浇楼板工程量至少要达到多少平方米才应采用小钢模体系（计算结果保留两位小数）？

提示要点:

本案例主要考核 0~1 评分法的运用和成本指数的确定。

问题 1：需要根据 0~1 评分法的评分办法将表 2-13 中的空缺部分补齐后再计算各技术经济指标的得分，进而确定其权重。0~1 评分法的特点是：两指标（或功能）相比较时，不论两者的重要程度相差多大，较重要的得1分，较不重要的得0分。在运用0~1评分法时还需注意，采用0~1评分法确定指标重要程度得分时，会出现合计得分为0的指标（或功能），需要将各指标合计得分分别加1进行修正后再计算其权重。

问题2：需要根据背景资料所给出的数据计算两方案楼板工程量的单方模板费用，再计算其成本指数。

问题3：应从建立单方模板费用函数入手，再令两模板体系的单方模板费用之比与其功能指数之比相等，然后求解该方程。

[案例3] 拟建砖混结构住宅工程3420m²，结构形式与已建成的某工程相同，只有外墙保温贴面不同，其他部分均较为接近。类似工程外墙为珍珠岩板保温、水泥砂浆抹面，每平方米建筑面积消耗量分别为：0.044m³、0.842m²，珍珠岩板153.1元/m³、水泥砂浆8.95元/m²；拟建工程外墙为加气混凝土保温；外贴釉面砖，每平方米建筑面积消耗量分别为：0.12m³、0.95m²，加气混凝土现行价格185.48元/m³，贴釉面砖现行价格49.75元/m²。类似工程单方造价589元/m²，其中，人工费、材料费、机械费、措施费和间接费等费用占单方造价比例分别为：11%、62%、6%、9%和12%，拟建工程与类似工程预算造价在这几方面的差异系数分别为：2.50、1.25、2.10、1.15和1.05，拟建工程除直接工程费以外的综合取费为20%。

问题：

1. 确定拟建工程的土建单位工程概算造价。

2. 若类似工程预算中，每平方米建筑面积主要资源消耗为：人工消耗5.08工日，钢材23.8kg，水泥205kg，原木0.05m³，铝合金门窗0.24m²；其他材料费为主材费45%，机械费占直接工程费8%。拟建工程主要资源的现行市场价分别为：人工40元/工日，钢材3.1元/kg，水泥0.35元/kg，原木1400元/m³，铝合金门窗350元/m²。试应用概算指标法，确定拟建工程的土建单位工程概算造价。

3. 若类似工程预算中，其他专业单位工程预算造价占单项工程造价比例见表3-15。试用问题2的结果计算该住宅工程的单项工程造价，编制单项工程综合概算书。

表3-15 各专业单位工程预算造价占单项工程造价比例

专业名称	土建	电气照明	给水排水	采暖
占比例（%）	85	6	4	5

第四章　建设项目招标投标阶段工程造价的控制

学习目标：

熟悉建设项目招标投标的范围、种类与方式；掌握建设项目施工招标投标的程序；熟知建设项目施工项目投标报价的方式、种类；能够进行综合评分法定标等招标投标相关案例分析。

学习重点：

施工招标投标的程序，综合评分法定标案例，有关招标投标程序的案例。

学习建议：

通过对建设项目招标投标阶段工程造价控制的基本知识学习，理解建设项目招标投标的基本内容和程序；并通过招标投标相关案例的分析，掌握综合评分法，掌握施工项目投标、评标、定标的方法。

相关知识链接：

招标投标活动相关规定参见《中华人民共和国招标投标法》《中华人民共和国招标投标法实施条例》和《评标委员会和评标办法暂行规定》等；招标文件范本参见《施工招标文件示范文本》（2013）、《中华人民共和国标准简明施工招标文件》（2012）、《中华人民共和国标准设计施工总承包招标文件》（2012）；招标控制价参见《建设工程招标控制价编审规程》（CECA/GC 6—2011）、《建设工程工程量清单计价规范》（GB 50500—2013）。

第一节　建设项目招标投标概述

一、招标投标的概念和性质

（一）招标投标的概念

招标投标是在市场经济条件下进行工程建设、货物买卖、财产出租、中介服务等经济活动的一种竞争形式和交易方式，是引入竞争机制订立合同（契约）的一种法律形式。它是指招标人对工程建设、货物买卖、劳务承担等交易业务，事先公布选择采购的条件和要求，招引他人承接，若干或众多投标人作出愿意参加业务承接竞争的意思表示，招标人按照规定的程序和办法择优选定中标人的活动。

建设项目招标是指招标人在发包建设项目之前，公开招标或邀请投标人，根据招标人的意图和要求提出报价，择日当场开标，以便从中择优选定中标人的一种经济活动。

建设项目投标是工程招标的对称概念，是指具有合法资格和能力的投标人根据招标条件，经过初步研究和估算，在指定期限内填写标书，提出报价，并等候开标，决定能否中标的经济活动。

从法律意义上讲，建设项目招标一般是建设单位（或业主）就拟建的工程发布通告，用法定方式吸引建设项目的承包单位参加竞争，进而通过法定程序从中选择条件优越者来完成工程建设任务的法律行为。建设项目投标一般是经过特定审查而获得投标资格的建设项目承包单位，按照招标文件的要求，在规定的时间内向招标单位填报投标书，并争取中标的法律行为。

（二）招标投标的性质

我国法学界认为，建设项目招标是要约邀请，而投标是要约，中标通知书是承诺。也就是说，招标实际上是邀请投标人对其招标文件响应并提出要约（含报价），招标属于要约邀请，所以招标文件中应列示足以使合同成立的主要合同条件，使投标人明确自己承担的风险以及合同主要条件；投标是要约，一旦中标，投标人将受投标书的约束，投标书的内容应实质性的响应招标文件，使之报价成为招标文件条件下，价的回应；中标是承诺，招标人向中标的投标人发出的中标通知书，则是招标人同意接受中标的投标人的报价，即同意接受该投标人在满足邀请要约条件下要约的意思表示，应属于承诺。

招标投标是一种引入竞争的市场交易方式，其交易过程形成了合同和合同价格。

二、建设项目招标的范围、种类和方式

（一）建设项目招标的范围

（1）我国《招标投标法》指出，凡在中华人民共和国境内进行下列工程建设项目，包括项目的勘察、设计、施工、监理以及与工程建设有关的重要设备、材料等的采购，必须进行招标。此类工程包括：

1）大型基础设施、公用事业等关系社会公共利益、公共安全的项目。

2）全部或者部分使用国有资金投资或国家融资的项目。

3）使用国际组织或者外国政府贷款、援助资金的项目。

（2）原国家计委对上述工程建设项目招标范围和规模标准又做出了具体规定。

1）关系社会公共利益、公众安全的基础设施项目的范围包括：煤炭、石油、天然气、电力、新能源等能源项目；铁路、公路、管道、水运、航空以及其他交通运输业等交通运输项目；邮政、电信枢纽、通信、信息网络等邮电通信项目；防洪、灌溉、排涝、引（供）水、滩涂治理、水土保持、水利枢纽等水利项目；道路、桥梁、地铁和轻轨交通、污水排放及处理、垃圾处理、地下管道、公共停车场等城市设施项目；生态环境保护项目；其他基础设施项目。

2）关系社会公共利益、公众安全的公用事业项目的范围包括：供水、供电、供气、供热等市政工程项目；科技、教育、文化等项目；体育、旅游等项目；卫生、社会福利等项目；商品住宅，包括经济适用住房；其他公用事业项目。

3）使用国有资金投资项目的范围包括：使用各级财政预算资金的项目；使用纳人财政管理的各种政府性专项建设基金的项目；使用国有企业事业单位自有资金，并且国有资产投资者实际拥有控制权的项目。

4）国家融资项目的范围包括：使用国家发行债券所筹资金的项目；使用国家对外借款或者担保所筹资金的项目；使用国家政策性贷款的项目；国家授权投资主体融资的项目；国

家特许的融资项目。

5）使用国际组织或者外国政府资金的项目的范围包括：使用世界银行、亚洲开发银行等国际组织贷款资金的项目；使用外国政府及其机构贷款资金的项目；使用国际组织或者外国政府援助资金的项目。

6）以上第1）条至第5）条规定范围内的各类工程建设项目，包括项目的勘察、设计、施工、监理以及与工程建设有关的重要设备、材料等的采购，达到下列标准之一的，必须进行招标：

①施工单项合同估算价在200万元人民币以上的。

②重要设备、材料等货物的采购，单项合同估算价在100万元人民币以上的。

③勘察、设计、监理等服务的采购，单项合同估算价在50万元人民币以上的。

④单项合同估算价低于第①、②、③项规定的标准，但项目总投资额在3000万元人民币以上的。

7）建设项目的勘察、设计，采用特定专利或者专有技术的，或者其建筑艺术造型有特殊要求的，经项目主管部门批准，可以不进行招标。

8）依法必须进行招标的项目，全部使用国有资金投资或者国有资金投资占控股或者主导地位的，应当公开招标。

（3）其他规定。建设部第89号令《房屋建筑和市政基础设施工程施工招标投标管理办法》及七部委30号令《工程建设项目施工招标投标办法》中的规定对于涉及国家安全、国家秘密、抢险救灾或者属于利用扶贫资金实行以工代赈、需要使用农民工等特殊情况，不适宜进行招标的项目，按照国家有关规定可以不进行招标。凡按照规定应该招标的工程不进行招标，应该公开招标的工程不公开招标的，招标单位所确定的承包单位一律无效。建设行政主管部门按照我国《建筑法》第八条的规定，不予颁发施工许可证；对于违反规定擅自施工的，依据我国《建筑法》第六十四条的规定，追究其法律责任。

（二）建设项目招标的种类

建设项目招标投标多种多样，按照不同的标准可以进行不同的分类。

1. 按照工程建设程序分类

按照工程建设程序，可以将建设项目招标投标分为：

（1）建设项目前期咨询招标投标。

（2）勘察设计招标。

（3）材料设备采购招标。

（4）工程施工招标。

（5）建设项目全过程工程造价跟踪审计招标。

（6）工程项目监理招标。

本教材主要以工程施工招标为重点介绍招标投标阶段的工程造价控制。

2. 按工程项目承包的范围分类

按工程承包的范围可将工程招标划分为：项目总承包招标、项目阶段性招标、设计施工招标、工程分承包招标及专项工程承包招标。

（1）项目全过程总承包招标。项目全过程总承包招标，即选择项目全过程总承包人招标，其又可分为两种类型，其一是指工程项目实施阶段的全过程招标；其二是指工程项目建设全过程的招标。前者是在设计任务书完成后，从项目勘察、设计到施工交付使用进行一次性招标；后者则是从项目的可行性研究到交付使用进行一次性招标，业主只需提供项目投资和使用要求及竣工、交付使用期限，其可行性研究、勘察设计、材料和设备采购、土建施工设备安装及调试、生产准备和试运行、交付使用，均由一个总承包商负责承包，即所谓"交钥匙工程"。承揽"交钥匙工程"的承包商被称为总承包商，绝大多数情况下，总承包商要将工程部分阶段的实施任务分包出去。

无论是项目实施的全过程还是某一阶段或程序，按照工程建设项目的构成，可以将建设项目招标投标分为全部工程招标投标、单项工程招标投标、单位工程招标投标、分部工程招标投标、分项工程招标投标。全部工程招标投标，是指对一个建设项目（如一所学校）的全部工程进行的招标。单项工程招标，是指对一个工程建设项目中所包含的单项工程（如一所学校的教学楼、图书馆、食堂等）进行的招标。单位工程招标是指对一个单项工程所包含的若干单位工程（实验楼的土建工程）进行招标。分部工程招标是指对一项单位工包含的分部工程（如土石方工程、深基坑工程、楼地面工程、装饰工程）进行招标。

应当强调指出的是，为了防止将工程肢解后进行发包，我国一般不允许对分部工程招标，允许特殊专业工程招标，如深基础施工、大型土石方工程施工等。但是，国内工程招标中的所谓项目总承包招标往往是指对一个项目施工过程全部单项工程或单位工程进行的总招标，与国际惯例所指的总承包尚有相当大的差距，为与国际接轨，提高我国建筑企业在国际建筑市场的竞争能力，深化施工管理体制的改革，造就一批具有真正总承包能力的智力密集型的龙头企业，是我国建筑业发展的重要战略目标。

（2）工程分包招标。工程分包招标是指中标的工程总承包人作为其中标范围内的工程任务的招标人，将其中标范围内的工程任务，通过招标投标的方式，分包给具有相应资质的分承包人，中标的分承包人只对招标的总承包人负责。

（3）专项工程承包招标。专项工程承包招标是指在工程承包招标中，对其中某项比较复杂或专业性强、施工和制作要求特殊的单项工程进行单独招标。

3. 按工程承发包模式分类

随着建筑市场运作模式与国际接轨进程的深入，我国承发包模式也逐渐呈多样化，主要包括工程咨询承包、交钥匙工程承包模式、设计施工承包模式、设计管理承包模式、BOT工程模式、CM模式。

（三）建设项目招标的方式

工程项目招标的方式在国际上通行的为公开招标、邀请招标和议标，但《中华人民共和国招投标法》未将议标作为法定的招标方式，即法律所规定的强制招标项目不允许采用议标方式。这主要因为我国国情与建筑市场的现状条件，不宜采用议标方式。但法律并不排除议标方式。

1. 公开招标

（1）定义。公开招标又称为无限竞争招标，是由招标单位通过报刊、广播、电视等方式发布招标广告，有投标意向的承包商均可参加投标资格审查，审查合格的承包商可购买或领取招标文件，参加投标的招标方式。

（2）公开招标的特点。公开招标方式的优点是：投标的承包商多、竞争范围大，业主有较大的选择余地，有利于降低工程造价，提高工程质量和缩短工期。其缺点是：由于投标的承包商多，招标工作最大，组织工作复杂，需投人较多的人力、物力，招标过程所需时间较长，因而此类招标方式主要适用于投资额度大，工艺、结构复杂的较大型工程建设项目。公开招标的特点一般表现为以下几个方面：

1）公开招标是最具竞争性的招标方式。它参与竞争的投标人数量最多，且只要符合相应的资质条件便不受限制，只要承包商愿意便可参加投标，常常少则十几家，多则几十家，甚至上百家，因而竞争程度最为激烈。它可以最大限度地为一切有实力的承包商提供一个平等竞争的机会，招标人也有最大容量的选择范围，可在为数众多的投标人之间择优选择一个报价合理、工期较短、信誉良好的承包商。

2）公开招标是程序最完整、最规范、最典型的招标方式。它形式严密，步骤完整，运作环节环环相扣。公开招标是适用范围最为广阔、最有发展前景的招标方式。在国际上，谈到招标通常都是指公开招标。在某种程度上，公开招标已成为招标的代名词，因为公开招标是工程招标通常适用的方式。在我国，通常也要求招标必须采用公开招标的方式进行。凡属招标范围的工程项目，一般首先必须要采用公开招标的方式。

3）公开招标也是所需费用最高、花费时间最长的招标方式。由于竞争激烈，程序复杂，组织招标和参加投标需要做的准备工作和需要处理的实际事务比较多，特别是编制、审查有关招标投标文件的工作量十分繁杂。

综上所述，不难看出，公开招标有利有弊，但优越性十分明显。

2. 邀请招标

（1）定义。邀请招标又称有限竞争性招标。这种方式不发布广告，业主根据自己的经验和所掌握的各种信息资料，向有承担该项工程施工能力的三个以上（含三个）承包商发出投标邀请书，收到邀请书的单位有权利选择是否参加投标。邀请招标与公开招标一样都必须按规定的招标程序进行，要制订统一的招标文件，投标人都必须按招标文件的规定进行投标。

（2）邀请招标的特点。邀请招标方式的优点是：参加竞争的投标商数目可由招标单位控制，目标集中，招标的组织工作较容易，工作量比较小。其缺点是：由于参加的投标单位相对较少，竞争性范围较小，使招标单位对投标单位的选择余地较少，如果招标单位在选择被邀请的承包商前所掌握信息资料不足，则会失去发现最适合承担该项目的承包商的机会。

邀请招标和公开招标是有区别的。主要是：

1）邀请招标的程序上比公开招标简化，如无招标公告及投标人资格审查的环节。

2）邀请招标在竞争程度上不如公开招标强。邀请招标参加人数是经过选择限定的，被邀请的承包商数目在 3～10 个，不能少于 3 个，也不宜多于 10 个。由于参加人数相对较少，易于控制，因此其竞争范围没有公开招标大，竞争程度也明显不如公开招标激烈。

3）邀请招标在时间和费用上都比公开招标节省。邀请招标不可以省去发布招标公告费用、资格审查费用和可能发生的更多的评标费用。

但是，邀请招标也存在明显缺陷，它限制了竞争范围，由于经验和信息资料的局限性，会把许多可能的竞争者排除在外，不能充分展示自由竞争、机会均等的原则。

三、建设项目施工招标投标的程序

在建设项目实施阶段，标的最大的就是建设工程的施工任务，现行法律法规对工程项目招标程序有严格的规定，可以用图 4-1 招标投标程序流程图表示（共有 15 个工作阶段）。

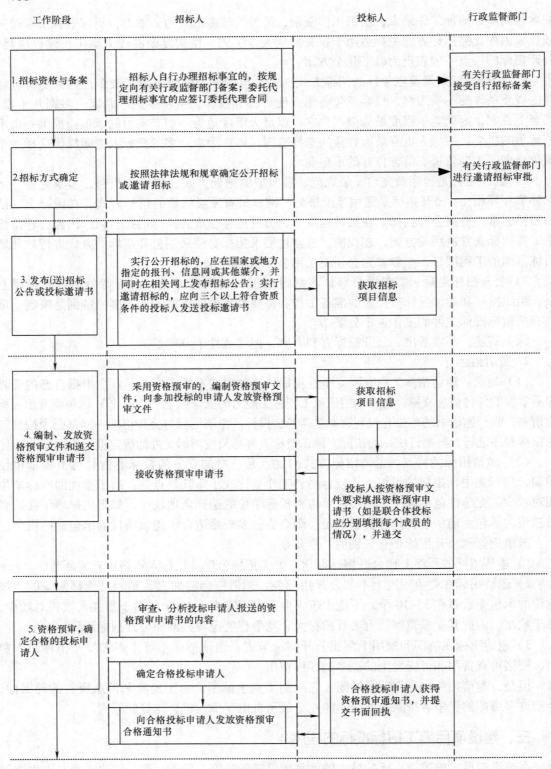

图 4-1 招标投标程序流程图（一）

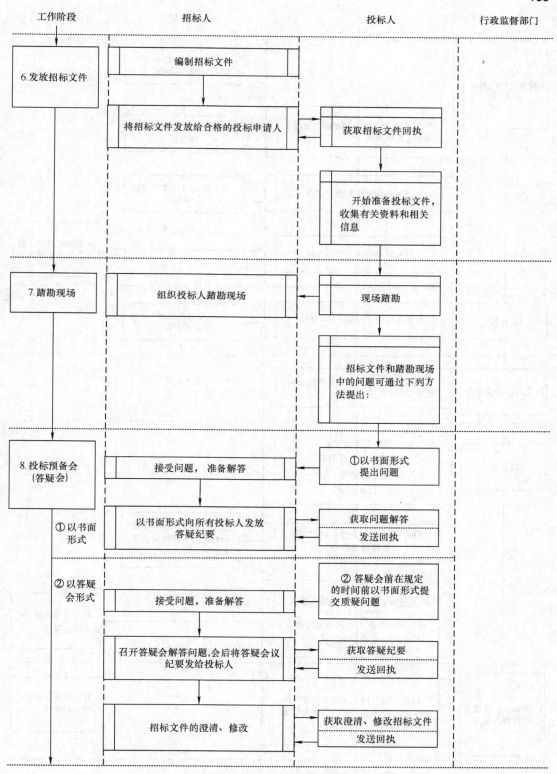

图 4-1 招标投标程序流程图（二）

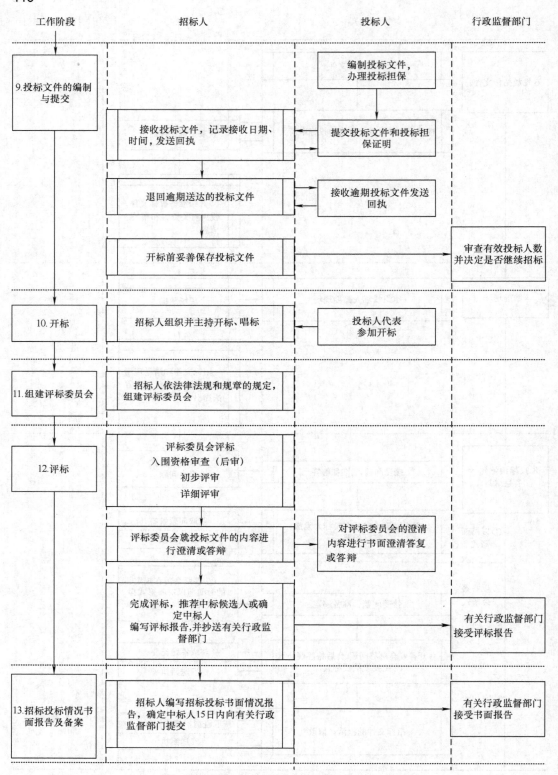

图 4-1　招标投标程序流程图（三）

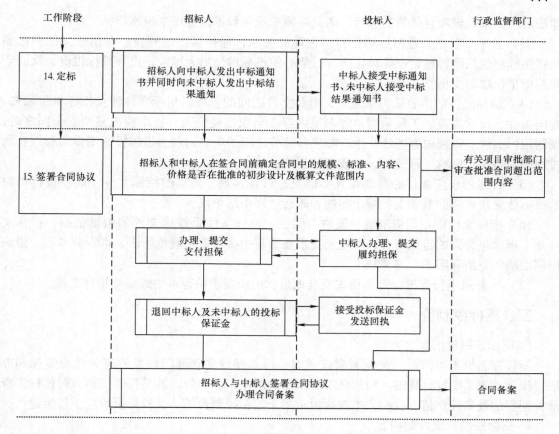

图 4-1　招标投标程序流程图（四）

第二节　建设项目招标与招标控制价

一、建设工程招标文件的编制原则

　　招标文件是招标单位向投标单位介绍招标工程情况和招标的具体要求的综合性文件。因此，招标文件的编制必须做到系统、完整、准确、明晰，即目标明确，能够使投标单位一目了然。建设单位也可以根据具体情况，委托具有相应资质的咨询、监理单位代理招标。编制招标文件一般应遵循以下原则。

　　（1）招标单位、招标代理机构及建设项目应具备招标条件。2003 年，七部委颁发了《工程建设项目施工招标投标办法》，对建设单位、投标代理机构及建设项目的招标条件作了明确的规定，其目的在于规范招标单位的行为，确保招标工作有条不紊地进行，稳定招标投标市场秩序。

　　（2）必须遵守国家的法律、法规及贷款组织的要求。招标文件是中标人签订合同的基础，也是进行施工进度控制、质量控制、成本控制及合同管理的基本依据。按《中华人民共和国合同法》规定，凡违反法律、法规和国家有关规定的合同均属于无效合同。因此，招标文件必须遵守《中华人民共和国合同法》和《中华人民共和国招标投标法》等有关法律法规。如果建设项目是贷款项目，则其必须按规定和审批程序来编制招标文件。

（3）公平、公正处理招标单位和承包商的关系，保护双方的利益。在招标文件中过多地将招标单位风险转移给投标单位一方，势必使投标单位加大风险，提高投标报价，反而会使招标单位增加支出。

（4）招标文件的内容要力求统一，避免文件之间的矛盾。招标文件涉及投标单位须知、合同条件、技术规范、工程量清单等多项内容。当项目规模大、技术构成复杂、合同多时，编制招标文件应重视内容的统一性。如果各部分之间矛盾多，就会增加投标工作和履行合同过程中的争议，影响工程施工，造成经济损失。

（5）详尽地反应项目的客观和真实情况。只有客观、真实的招标文件才能使投标单位的投标建立在可靠的基础上，减少签约和履行过程中的争议。

（6）招标文件的用词应准确、简洁、明了。招标文件是投标文件的编辑依据，投标文件是工程承包合同的组成部分，客观上要求在编写中必须使用规范用语、本专业术语，做到用词准确、简洁和明了，避免歧义。

（7）尽量采用行业招标范本格式或其他贷款组织要求的范本格式编制招标文件。

二、招标控制价

1. 招标控制价的概念

招标控制价是指招标人根据国家或省级、行业建设主管部门颁发的有关计价依据和办法，按设计施工图样计算的，对招标工程限定的最高工程造价。其是反映招标人对招标工程造价期望的最高控制值，投标人的投标报价高于招标控制价的，其投标报价应予以拒绝。

2. 招标控制价文件的内容

按照 2013 版《建设工程工程量清单计价规范》要求，一份完整的招标控制价文件是由封面、编制说明、工程招标控制价汇总、单位工程招标控制价、分部分项工程量清单与计价表、工程量清单综合单价分析表等多项内容汇总而成的。同时，表格的内容还要结合工程实际进行取舍，如在有的单位工程项目中不考虑计日工，则相应的表格可省略等。详细的成果文件有如下内容：

（1）招标控制价封面。

（2）总说明。

（3）工程项目招标控制价。

（4）单项工程招标控制价。

（5）单位工程招标控制价。

（6）分部分项工程量清单与计价表。

（7）工程量清单综合单价分析表。

（8）措施项目清单与计价表（一）。

（9）措施项目清单与计价表（二）。

（10）其他项目清单与计价汇总表。

（11）暂列金额明细表。

（12）材料暂估价表。

（13）专业工程暂估价表。

（14）计日工表。

（15）总承包服务费计价表。

（16）规费、税金项目清单及计价表。

3. 招标控制价价格编制方法

目前，招标控制价价格编制方法主要有定额计价法和工程量清单计价法两种。

（1）定额计价法编制招标控制价

1）单位估价法：先算出工程量，然后套（概）预算定额，用工程量乘以定额单价（定额基价）得出直接工程费，再加措施费得出直接费后，再以直接费或人工费为基础计算出间接费，最后求出利润、税金和价差并汇总即得工程建安费用。然后，在此基础上综合考虑工期、质量、自然地理及工程风险等因素所增加的费用就是招标控制价价格。

2）实物计价法：首先算出工程量，然后套消费量定额计算出工程所需的人工、材料、机械台班数量，然后再分别乘以工程所在地相对应的人工、材料、机械单价、建筑工程造价整理相加得出的直接工程费、措施费，进而算出直接费、间接费、利润、税金，汇总后即是工程建安费，在此基础上综合考虑工程质量、自然地理及工程风险等因素所增加的费用就是招标控制价价格。

（2）工程量清单计价法编制招标控制价。工程量清单计价法编制招标控制价就是根据统一项目设置的划分，按照统一的工程量计算规则先计算出分项工程的清单工程量和措施项目清单工程量（并注明项目编码、项目名称及计量单位），然后再分别计算出对应的综合单价，两者相乘就得到合价，即分部分项工程的清单费用和部分措施费用，再按相关规定算出其他措施费、其他费用和税金后即得的招标控制价价格。

第三节　建设项目投标报价与策略

一、施工投标报价的编制

1. 工程投标报价的编制原则

（1）必须贯彻执行国家的有关政策和方针，符合国家的法律、法规和公共利益。

（2）认真贯彻等价有偿的原则，投标人应依据招标文件及其招标工程量清单自主确定报价成本，投标报价不得低于工程成本。

（3）工程投标报价的编制必须建立在科学分析和合理计算的基础之上，要较准确地反映工程价格。投标人应按招标工程量清单填报价格。项目编码、项目名称、项目特征、计量单位、工程量必须与招标工程量清单一致。

（4）投标价应由投标人或受其委托具有相应资质的工程造价咨询人编制。

（5）以施工方案、技术措施等作为投标报价计算的基本条件，投标人可根据工程实际情况结合施工组织设计，对招标人所列的措施项目进行增补。

（6）以反映企业技术和管理水平的企业定额作为计算人工、材料和机械台班消耗量的基本依据。

2. 工程投标报价的编制依据

（1）计价规范。

（2）国家或省级、行业建设主管部门颁发的计价办法。

（3）企业定额，国家或省级、行业建设主管部门颁发的计价定额。

（4）招标文件、工程量清单及其补充通知、答疑纪要。

（5）建设工程设计文件及相关资料。

（6）施工现场情况、工程特点及拟定的投标施工组织设计或施工方案。

（7）与建设项目相关的标准、规范等技术资料。

（8）市场价格信息或工程造价管理机构发布的工程造价信息。

（9）其他的相关资料。

3. 工程投标报价的编制方法

与招标控制价编制方法类似，投标报价的编制方法也分为定额计价法与工程量清单计价法。

（1）定额计价法。通常采用的是单位估价法：先算出工程量，然后套（概）预算定额，用工程量乘以定额单价（定额基价）得出直接工程费，再加措施费得出直接费，以直接费或是人工费为基础计算出间接费，最后求出利润、税金和价差即得工程建安费用。然后，在此基础上综合考虑工期、质量、自然地理及工程风险等因素所增加的费用就是投标报价。

（2）工程量清单计价法。目前，在我国基本上都采用工程量清单计价模式进行招标，其具体做法如下：

1）清单工程量审核与调整。投标单位要根据招标文件的规定，确定其中所列的工程量清单是否可以调整。如果可以调整，就要详细审核工程量清单所列的各项工程量，对其中误差大的，要在招标单位答疑会上提出调整意见，取得招标单位同意后进行调整；如果不允许调整，则不需要对工程量进行详细的审核，只对主要项目或是工程量大的项目进行审核，发现有较大的误差时可以通过调整这些项目的综合单价进行解决。

2）综合单价计算。投标单位根据施工现场实际情况及拟定的施工方案或是施工组织设计、企业定额和市场价格信息对招标文件中所列工程量清单项目进行综合单价计算，综合单价包括人工费、材料费、机械台班费、管理费及利润，并适当考虑风险因素等费用。

3）分部分项工程费和部分措施费计算。清单工程量乘以其对应综合单价就可以得到分部分项工程的合价和部分措施项目费，再按费率或其他计算规则算出另一部分措施费。

4）计算规费、其他项目费用、税金，汇总即得该工程投标书的报价。

二、工程投标报价策略与技巧

投标报价策略是投标人在投标竞争中的系统工作部署及参与投标竞争的方式和手段。对投标单位而言，投标报价策略是投标取胜的重要方式、手段和艺术。投标报价策略可分为基本策略和报价技巧两个层面。

为了在竞争中取胜，决策者应当对报价计算的准确度，期望利润是否合适，报价风险及本公司的承受能力，当地的报价水平，以及对竞争对手优势的分析评估等进行综合考虑，才能决定最后的报价金额。

1. 基本策略

投标报价的基本策略主要是指投标单位应根据招标项目的不同特点，并考虑自身的优势和劣势，选择不同报价。在选择基本策略时应注意以下问题：

（1）决策的主要资料依据应当是本公司算标人员的计算书和分析指标。报价决策不是由算标人员的具体计算决定，而是由决策人员同算标人员一起，对各种影响报价的因素进行分析，并作出果断和正确的决策。

（2）各公司算标人员获得的基础价格资料是相近的，因此从理论上分析，各投标人报价同标底价格都应当相差不远。之所以出现差异，主要是由于以下原因：①各公司期望盈余（计划利润和风险费）不同；②各自拥有不同优势；③选择的施工方案不同；④管理费用有差别等。鉴于以上情况，在进行投标决策研讨时，应当正确分析本公司和竞争对手情况，并进行实事求是的对比评估。

（3）报价决策也应考虑招标项目的特点，一般来说对于下列情况报价可高一点：①施工条件差、工程量小的工程；②专业水平要求高的技术密集型工程，而本公司在这方面有专长、声望高；③支付条件不理想的工程等。如果与上述情况相反且投标对手多的工程，报价应低一些。

2. 报价技巧

报价技巧是指投标中具体采用的对策和方法。报价的技巧研究，其实是在保证工程质量与工期条件下，为了中标并获得期望的效益，投标程序全过程几乎都要研究的问题。

（1）不平衡报价。不平衡报价，是指在总价基本确定的前提下，如何调整内部各个子项的报价，以期既不影响总报价，又在中标后投标人可尽早收回垫支于工程中的资金和获取较好的经济效益。但要注意避免畸高畸低现象，避免失去中标机会。通常采用的不平衡报价有下列几种情况：

1）对能早期结账收回工程款的项目（如土方、基础等）单价可报以较高价，以利于资金周转；对后期项目（如装饰、电气设备安装等）单价可适当降低。

2）估计今后工程量可能增加的项目，其单价可提高，而工程量可能减少的项目，其单价可降低。

但上述两点要统筹考虑。对于工程量数量有错误的早期工程，如不可能完成工程量表中的数量，则不能盲目抬高单价，需要具体分析后再确定。

3）图样内容不明确或有错误，估计修改后工程量要增加的，其单价可提高；而工程内容不明确的，其单价可降低。

4）没有工程量只填报单价的项目（如疏浚工程中的开挖淤泥工作等），其单价宜高。这样，既不影响总的投标报价，又可多获利。

5）对于暂定项目，其实施的可能性大的项目，价格可提高；估计该工程不一定实施的可定低价。

（2）多方案报价法。多方案报价法是利用工程说明书或合同条款不够明确之处，以争取达到修改工程说明书和合同为目的的一种报价方法。当工程说明书或合同条款有些不够明确之处时，往往使投标人承担较大风险。为了减少风险就必须扩大工程单价，增加"不可预见费"，但这样做又会因报价过高而增加被淘汰的可能性，多方案报价法就是为应付这种两难局面而出现的。

其具体做法是在标书上报两个价目单价，一是按原工程说明书合同条款报一个价，二是加以注解，如工程说明书或合同条款可作某些改变时，则可降低多少的费用，使报价成为最低，以吸引业主修改说明书和合同条款。

还有一种方法是对工程中一部分没有把握的工作，注明按成本加若干酬金结算的办法。

但是，如有规定，政府工程合同的方案是不容许改动的，这个方法就不能使用。

（3）增加建议方案。有时招标文件中规定，可以提一个建议方案，即是可以修改原设计方案，提出投标者的方案。

投标人这时应抓住机会，组织一批有经验的设计和施工工程师，对原招标文件的设计和施工方案仔细研究，提出更合理的方案以吸引业主，促成自己的方案中标。这种新的建议方案可以降低总造价或提前竣工或使工程运用更合理，但要注意的是对原招标方案一定也要报价，以供业主比较。

增加建议方案时，不要将方案写得太具体，保留方案的技术关键，防止业主将此方案交给其他承包商，同时要强调的是，建议方案一定要比较成熟，或过去有实践经验，因为投标时间不长，如果仅为中标而匆忙提出一些没有把握的方案，可能引起后患。

（4）突然降价法。报价是一件保密的工作，但是对手往往通过各种渠道、手段来刺探情况，所以在报价时可以采取迷惑对方的手法。即先按一般情况报价或表现出自己对该工程兴趣不大，到快投标截止时，再突然降价。如鲁布革水电站引水系统工程招标时，日本大成公司知道它的主要竞争对手是前田公司，因而在临近开标前把总报价突然降低 8.04%，取得最低标，为以后中标打下基础。

采用这种方法时，一定要在准备投标报价的过程中考虑好降价的幅度，在临近投标截止日期前，根据情报信息与分析判断，再做最后决策。

如果由于采用突然降价法而中标，因为开标只降总价，在签订合同后可采用不平衡报价的思想调整工程量表内的各项单价或价格，以期取得更高的效益。

（5）先亏后盈法。有的承包商，为了打进某一地区，依靠国家、某财团或自身的雄厚资本实力，而采取一种不惜代价、只求中标的低价投标方案。应用这种手法的承包商必须有较好的资信条件，并且提出的施工方案也是先进可行的，同时要加强对公司情况的宣传，否则即使低标价，也不一定被业主选中。

（6）开口升级法。将工程中的一些风险大、花钱多的分项工程或工作抛开，仅在报价单中注明，由双方再度商讨决定。这样大大降低了报价，用最低价吸引业主，取得与业主商谈的机会，而在议价谈判和合同谈判中逐渐提高报价。

（7）无利润算标。缺乏竞争优势的承包商，在不得已的情况下，只好在算标中根本不考虑利润去夺标。这种办法一般在处于以下条件时采用：①有可能在得标后，将大部分工程分包给索价较低的一些分包商；②对于分期建设的项目，先以低价获得首期工程，而后赢得机会创造第二期工程中的竞争优势，并在以后的实施中赚得利润；③较长时间内，承包商没有在建的工程项目，如果再不得标，就难以维持生存，因此，虽然本工程无利可图，只要能有一定的管理费维持公司的日常运转，就可设法度过暂时困难。

（8）计日工单价的报价。如果是单纯报计日工单价，且不计入总报价中，则可报高些，以便在建设单位额外用工或使用施工机械时多盈利。但如果计日工单价要计入总报价时，则要具体分析是否报高价，以免抬高总报价。总之，要分析建设单位在开工后可能使用的计日工数量，再来确定报价策略。

投标报价的技巧还可以再举出一些。聪明的承包商在多次投标和施工中还会摸索总结出应付各种情况的经验，并不断丰富完善。国际上知名的大牌工程公司，都有自己的投标策略和编标技巧，属于其商业机密，一般不会见诸于公开刊物。承包商只有通过自己的实践，积累总结，才能不断提高自己的编标报价水平。

三、工程投标文件的内容

建设工程投标文件是建设工程投标单位单方面阐述自己响应招标文件要求，旨在向招标单位提出意愿订立合同的意思表示，是投标单位确定、修改和解释有关投标事项的各种书面表达形式的统称。建设工程投标文件作为一种要约，必须符合一定的条件才能产生约束力。这些条件主要包括必须明确向招标单位表示愿意按招标文件的内容订立合同的意思、必须对招标文件提出的实质性要求和条件作出响应且不得以低于成本的报价竞标、必须由有资格的投标单位编制、必须按照规定的时间和地点递交给招标单位等。凡不符合的投标文件将被拒绝。

建设工程投标文件是由一系列有关投标方面的书面资料组成的。《标准设计施工总承包招标文件》示范文本第七章给出了投标文件的格式，包括封面、目录和内容，主要内容有投标函及投标函附录、法定代表人身份证明、授权委托书、联合体协议书、投标保证金、已标价工程量清单、施工组织设计、项目管理机构、拟分包项目情况表、资格审查资料、其他材料等，参见《标准设计施工总承包招标文件》2012 版。需要指出的是投标单位必须使用招标文件提供的投标文件表格格式，但表格可以按同样格式扩展。

第四节 建设工程合同

一、建设工程施工合同文本概述

（一）施工合同的概念及法律背景

建设工程施工合同即建筑安装工程承包合同，是发包人与承包人之间为完成商定的建设工程项目，明确双方权利和义务的协议。依据施工合同，承包人应完成一定的建筑、安装工程任务，发包人应提供必要的施工条件并支付工程价款。

（二）现行合同范本简介

我国现行的《建设工程施工合同（示范文本）》（GF—2013—0201）（以下简称《13 示范文本》），是在《建设工程施工合同》（GF—1999—0201）基础上进行修订的版本，是一种建设施工合同。世界银行组织贷款项目使用 FIDIC 合同条件，对应建筑安装工程有《FIDIC 土木工程施工合同条件》，目前最新版本为 2013 版。以下以我国《13 示范文本》为例介绍合同文本的构成。

《13 示范文本》由合同协议书、通用合同条款和专用合同条款三部分组成。

合同协议书是施工合同文本中总纲性的文件。虽然其文字量并不大，但它集中约定了合同当事人基本的合同权利义务，规定了组成合同的文件及合同当事人对履行合同义务的承诺，并且合同当事人在这份文件上签字盖章，因此具有很高的法律效力。合同协议书共计 13 条，包括工程概况、合同工期、质量标准、签约合同价和合同价格形式、项目经理、合同文件构成、承诺以及合同生效条件等重要内容。

通用合同条款是根据《中华人民共和国合同法》《中华人民共和国建筑法》、《建设工程施工合同管理办法》等法律、法规对承发包双方的权利义务作出的规定，除双方协商一致对其中的某些条款进行修改、补充或取消，双方都必须履行。它是将建设工程施工合同中共性的一些内容抽象出来编写的一份完整的合同文件。通用合同条款具有很强的通用性，基本适用于各类建设工程。通用合同条款由 20 部分 117 条组成。这 20 部分内容是：

（1）一般约定。

（2）发包人。

（3）承包人。

（4）监理人。

（5）工程质量。

（6）安全文明施工与环境保护。

（7）工期与进度。

（8）材料与设备。

（9）试验与检验。

（10）变更。

（11）价格调整。

（12）合同价格、计量与支付。

（13）验收与工程试车。

（14）竣工结算。

（15）缺陷责任与保修。

（16）违约。

（17）不可抗力。

（18）保险。

（19）索赔。

（20）争议解决。

前述条款安排既考虑了现行法律法规对工程建设的有关要求，也考虑了建设工程施工管理的特殊需要。

专用合同条款是对通用合同条款原则性约定的细化、完善、补充、修改或另行约定的条款。是考虑到建设工程的内容各不相同，工期、造价也随之变动，承包人、发包人各自的能力、施工现场的环境和条件也各不相同，通用合同条款不能完全适用于各个具体工程，因此配之以专用合同条款对其作必要的修改和补充，使通用合同条款和专用合同条款成为双方统一意愿的体现。专用合同条款的条款号与通用合同条款相一致，但主要是对应通用条件内容，需完善内容的空格，由当事人根据工程的具体情况予以明确或者对通用合同条款进行修改、完善和补充。在使用专用合同条款时，应注意以下事项：

（1）专用合同条款的编号应与相应的通用合同条款的编号一致。

（2）合同当事人可以通过对专用合同条款的修改，满足具体建设工程的特殊要求，避免直接修改通用合同条款。

（3）在专用合同条款中有横道线的地方，合同当事人可针对相应的通用合同条款进行细化、完善、补充、修改或另行约定；如无细化、完善、补充、修改或另行约定，则填写"无"或划"／"。

此外，该示范文本还附有 11 个附件，分别是协议书附件：①承包人承揽工程项目一览表、专用合同条款附件；②发包人供应材料设备一览表；③工程质量保修书；④主要建设工程文件目录；⑤承包人用于本工程施工的机械设备表；⑥承包人主要施工管理人员表；⑦分包人主要施工管理人员表；⑧履约担保格式；⑨预付款担保格式；⑩支付担保格式；⑪暂估价一览。附件是对施工合同当事人的权利义务的进一步明确，并且使得施工合同当事人的有关工作一目了然，便于执行和管理。

（三）施工合同文件的组成及解释顺序

《13 示范文本》中合同协议书第六条和通用合同条款第 1.5 款规定了施工合同文件的组成及解释顺序。组成建设工程施工合同的文件包括：

（1）合同协议书。

（2）中标通知书（如果有）。

（3）投标函及其附录（如果有）。

（4）专用合同条款及其附件。

（5）通用合同条款。

（6）技术标准和要求。

（7）图样。

（8）已标价工程量清单或预算书。

（9）其他合同文件。

在合同订立及履行过程中形成的与合同有关的文件均构成合同文件组成部分，如双方有关工程的洽商、变更等书面协议或文件可视为施工合同的组成部分。上述各项合同文件包括合同当事人就该项合同文件所作出的补充和修改，属于同一类内容的文件，应以最新签署的为准。专用合同条款及其附件须经合同当事人签字或盖章。

建设工程合同的所有合同文件，应能互相解释、互为说明、保持一致。当事人对合同条款的理解有争议的，应按照合同所使用的词句、合同的有关条款、合同的目的、交易习惯以及诚实信用原则，确定该条款的真实意思。合同文本采用两种以上的文字订立并约定具有同等效力的，对各文本使用的词句推定具有相同含义。各文本使用的词句不一致的，应当根据合同的目的予以解释。

在工程实践中，当发现合同文件出现含糊不清或不相一致的情形时，通常按合同文件的优先顺序进行解释。合同文件的优先顺序，除双方另有约定的外，应按合同文件中的规定确定，即排在前面的合同文件比排在后面的更具有权威性。因此，在订立建设工程合同时对合同文件最好按其优先顺序排列。

二、建设工程施工合同文本中有关工程造价的主要条款

招标文件确定工程采用的合同范本形式，以及对其主要条款的进一步规定，只有在招标文件中明示招标人对合同主要条款的要求，投标人才可以谈到响应招标文件，填报合同价格。经过评标，中标人的中标价，也只有在之后签定合同时主要合同条件不变的情况下，才理当形成合同价。但如果中标后再来谈与工程造价有关的主要条款，就可能重新产生加（减）价因素，使合同签订困难。即便是合同签订下来，施工单位可能也是不情愿的，则所签订的合同不完全是双方的意思表示，致使合同存在纠纷隐患。

《13 示范文本》中有关工程造价的主要条款包括：①预付工程款的数额、支付时间及抵扣方式；②安全文明施工措施的支付计划，使用要求等；③工程计量与支付工程进度款的方式、数额及时间；④工程价款的调整因素、方法、程序、支付及时间；⑤施工索赔与现场签证的程序、金额确认与支付时间；⑥承担计价风险的内容、范围以及超出约定内容、范围的调整办法；⑦工程竣工价款结算编制与核对、支付及时间；⑧工程质量保证（保修）金的数额、预扣方式及时间；⑨违约责任以及发生工程价款争议的解决方法及时间；⑩与履行合同、支付价款有关的其他事项等。有关内容在第五章介绍。

三、两种计价方式与两种施工招标投标方式

项目进入招标投标阶段，对于建筑安装施工任务，一般将项目分解成单项工程通过招标投标发包给施工单位，其建筑安装工程费用有两种计价方式：定额计价和清单计价，两种计价方式对应两种招标投标方式，即：施工图预算（定额计价）招标投标方式、工程量清单计价招标投标方式。拟建工程采用何种招标投标方式，在招标文件中规定。计价方式一经确定，其采用的合同文本、施工过程中的计价、工程结算都应与计价方式相匹配。目前适合定额计价的合同文本为《13 示范文本》；适合清单计价的合同文本，是 2007《标准施工招标文件》中第五章的合同条款及格式。

（一）施工图预算招标投标方式

一般是采用概预算定额来编制，即按照定额规定的分部分项工程子目逐项计算工程量，套用相应定额基价或当时当地的市场价格确定直接费，然后再套用费用定额计取各项费用，最后汇总形成初步的标价。由于定额计价招标投标中编制施工图预算本身存在的量差，至使报价不能真实反映企业的竞争能力，高比重的商务标分值是以接近浮动标底的程度定分的，这样企业更重视标底数值，而不是自己的报价的竞争能力。这种方式不利于竞争，也不利于提高造价人员编制预算的水平。定额计价的投标报价的造价构成见第一章。定额计价的方法在相应课程中讲解，这里不再重复。

（二）工程量清单招标投标方式

根据 2013 年 7 月 1 日起实施的《建设工程工程量清单计价规范》（GB 50500—2013）规定，使用国有资金投资的建设工程施工发承包，必须采用工程量清单计价；非国有资金投资的建设工程，宜采用工程量清单计价。在招标投标中选用清单计价模式，则为工程量清单招标投标方式。它是由建设单位在招标文件中，给出招标工程量清单，投标人根据招标文件中的招标工程量清单，以及企业的技术水平、成本控制能力、成本信息等，进行投标报价，形成已标价工程量清单。清单计价招标投标，在招标文件中即给出工程量清单，投标人自主报价，由于工程量是相同的，竞投者报价不同的就是所报清单项的综合单价。这样竞争的就是价格，无需去探听标底是多少。清单计价招标投标方式有利于公平竞争，有利于企业进行工程成本管理、价格信息管理，也有利于造价员、造价师水平的提高。

1. 工程量清单计价的投标报价的构成

按照 2013 年 7 月 1 日施行的《建筑安装工程费用项目组成》［建标（2013）44 号］中建筑安装工程计价程序的规定，工程量清单计价的投标报价中应包括按招标文件规定完成工程量清单所列项目的全部费用，包括分部分项工程费、措施项目费、其他项目费、规费和税金。

工程报价 = 分部分项工程费 + 措施项目费 + 其他项目费 + 规费 + 税金

工程量清单应采用综合单价计价。综合单价是指完成一个规定计量单位的工程所需的人工费、材料费、机械使用费、管理费和利润，并考虑风险因素。

2. 清单计价工程招标投标阶段的计价

使用清单计价的招标投标工程项目，招标投标阶段的计价活动应遵守《建设工程工程量清单计价规范》（GB 50500—2013）。

（1）招标控制价。在招标投标阶段应编制招标控制价，是招标人根据国家或省级、行业建设主管部门颁发的有关计价依据和办法，以及拟定的招标文件和招标工程量清单，结合工程具体情况编制的招标工程的最高投标限价。招标控制价超过批准的概算时，招标应将其报原概算审批部门审核。投标人的投标报价高于招标控制价的，其投标应予以拒绝。建设单位在编制招标控制价时，应按照各专业工程的计量规范和计价定额以及工程造价信息编制。

（2）投标价。投标价是指投标人投标时响应招标文件要求所报出的在已标价工程量清单汇总标明的总价。投标价是投标人按招标人提供的工程量清单填报价格，填写的项目编码、项目名称、项目特征、计量单位、工程量必须与招标人提供的工程量清单一致。所报综合单价中应包括招标文件中划分的应由投标人承担的风险范围及其费用，招标文件中没有明确的，应提请招标人明确。同时，招标工程量清单与计价表中列明的所有需要填写的单价和合价的项目，投标人均应填写且只允许有一个报价。未填写单价和合价的项目，视为此项费用已包含在已标价工程量清单中其他项目的单价和合价之中。竣工结算时，此项目不得重新组价予以调整。使用清单计价的招标工程，评标办法鼓励施工单位投报合理低价，根据我国《招标投标法》，低于其成本价的除外。

（3）签约合同价（合同价款）。签约合同价是指发承包双方在工程合同中约定的工程造价，包括了分部分项工程费、措施项目费、其他项目费、规费和税金的合同总金额。

实行招标的工程合同价款应在中标通知书发出之日起 30 日内，由发承包双方依据招标文件和中标人的投标文件在书面合同中约定，且合同约定不得违背招、投标文件中关于工期、造价、质量等方面的实质性内容。招标文件与中标人投标文件不一致的地方，以投标文件为准。

总之，招标控制价、投标价、签约合同价都是围绕发包项目，在招标投标时点的价格，招标控制价是反映社会平均水平的价格，根据平均水平的计价依据编制；投标价是企业报价，消耗量水平和定价都反映企业水平；签约合同价是中标单位的投标价，是工程交易价格。在招标文件约定的承包范围和主要合同条件不变的情况下，三者之间的关系应当是：招标控制价 > 中标投标价 = 签约合同价。

四、建设工程施工合同价的类型与选择

（一）单价合同

单价合同是指合同当事人约定以工程量清单及其综合单价进行合同价格计算、调整和确认的建设工程施工合同，在约定的范围内合同单价不作调整。合同当事人应在专用合同条款中约定综合单价包含的风险范围和风险费用的计算方法，并约定风险范围以外的合同价格的调整方法，其中因市场价格波动引起的调整按《13 示范文本》第 11.1 款（市场价格波动引起的调整）约定执行。

单价合同一般是按当时的图样、招标文件以及技术资料等确定的综合单价，而工程量按实结算。一般情况招标方都是给一个暂定量。单价合同在合同实施时，一般情况下单价（即投标人投标时在工程量清单中填报的各项目的单价）是不变的。也就是说在结算时用合同文件规定的计量方法，核定的工程量乘以单价后作为价款的支付额。另外合同变更（包括设计变更）、政策调整、发包人风险等，在增加承包人的成本时，按合同约定办法调整。目前我国实行工程量清单计价的工程，应采用单价合同。

（1）估算工程量单价合同。这种合同是以工程量清单和工程单价表为基础和依据来计算合同价格的，亦可称为计量估价合同。估算工程量单价合同通常是由发包方提出工程量清单，列出分部分项工程量（对于实际情况复杂，如道路、水利、桥涵工程量，一些子目必须根据实际情况结算，其清单工程量一般都是估计的），承包方以此为基础填报相应单价，累计计算后得出合同价格。但最后的工程结算价应按照实际完成的工程量来计算，即按合同中的分部分项工程单价和实际工程量，计算得出工程结算和支付的工程总价格。

估算工程量单价合同大多用于工期长、技术复杂、实施过程中可能会发生各种不可预见因素较多的建设工程；或发包方为了缩短项目建设周期，在施工图不完整或当准备招标的工程项目内容、技术经济指标一时尚不能明确、具体予以规定时，往往要采用这种合同计价方式。

（2）纯单价合同。采用这种计价方式的合同时，即在招标文件中仅给出工程内各个分部分项工程一览表、工程范围和必要的说明，而不必提供实物工程量。承包方在投标时只需要对这类给定范围的分部分项工程做出报价即可，合同实施过程中按实际完成的工程量进行结算。

这种合同计价方式主要适用于没有施工图、工程量不明，却急需开工的紧迫工程。

纯单价合同在约定的范围内合同单价不作调整，超过约定的范围时则按照约定风险范围以外的合同价格的调整方法对单价进行调整，一般是在工程招标文件、合同中约定。如 13《规范》第 9.8.2 款规定，承包人采购材料和工程设备的，应在合同中约定主要材料、工程设备价格变化的范围或幅度，如没有约定，则材料、工程设备单价变化超过 5%，超过部分的价格应按照价格指数调整法或造价信息差额调整法计算调整材料、工程设备费。

（二）总价合同

总价合同是指合同当事人约定以施工图、已标价工程量清单或预算书及有关条件进行合同价格计算、调整和确认的建设工程施工合同，在约定的范围内合同总价不作调整。合同当事人应在专用合同条款中约定总价包含的风险范围和风险费用的计算方法，并约定风险范围以外的合同价格的调整方法，其中因市场价格波动引起的调整按《13 示范文本》第 11.1 款（市场价格波动引起的调整）、因法律变化引起的调整按《13 示范文本》第 11.2 款（法律变化引起的调整）约定执行。

（1）固定总价合同。又称总价固定合同，是指发包人在招标文件中要求承包人按商定的总价承包工程。通常适用于规模较小、风险不大、技术不太复杂、工期不太长的工程。

主要做法：以图样和工程说明书为依据，明确承包内容和计算包价，总价一次包定，一般不予变更。承包人比较好估算工程造价，发包人也容易筛选出最低报价，对发包人和承包人来说比较简便。

缺点：主要是对承包商有一定的风险，因为如果设计图样和说明书不太详细，未知数比较多，或者遇到材料突然涨价、地质条件和气候条件恶劣等意外情况，承包人就难以据此比较精确地估算造价，承担的风险就会增大，风险费用加大不利于降低工程造价，最终对发包人（建设单位）也不利。

（2）可调总价合同。是指合同总价在合同实施期内根据合同约定的办法调整，即在合同的实施过程中可以按照约定，随资源价格等因素的变化而调整的价格。又称变动总价合同。可调总价合同的总价一般也是以设计图样及规定、规范为基础，在报价及签约时，按招标文件的要求和当时的物价计算合同总价，但合同总价是一个相对固定的价格，在合同执行过程中，由于通货膨胀而使所用的工料成本增加，可对合同总价进行相应的调整。一般由于设计变更、工程量变化和其他工程条件变化所引起的费用变化都可以进行调整。对承包商而言，其风险相对较小，但对业主而言，不利于其进行投资控制，突破投资的风险较大。

可调总价合同适用于工程内容和技术经济指标规定很明确的项目，由于合同中列有调值条款，所以工期在一年以上的工程项目较适于采用这种合同计价方式。

（三）成本加酬金合同

成本加酬金合同是将工程项目的实际投资划分成直接成本费和承包方完成工作后应得酬金两部分。工程实施过程中发生的直接成本费由发包方实报实销，再按合同约定的方式另外支付给承包方相应报酬。

这种合同，计价方式主要适用于工程内容及技术经济指标尚未全面确定，投标报价的依据尚不充分的情况下，发包方因工期要求紧迫，必须发包的工程；或者发包方与承包方之间有着高度的信任，承包方在某些方面具有独特的技术、特长或经验。

按照酬金的计算方式不同，成本加酬金合同又分为以下几种形式。

1. 成本加固定百分率酬金合同

采用这种合同计价方式，承包方的实际成本实报实销，同时按照实际成本的固定百分率付给承包方一笔酬金。工程的合同总价表达式为：

$$C = C_d + C_d P \tag{4-1}$$

式中　C——合同价；

　　　C_d——实际发生的成本；

　　　P——双方事先商定的酬金的固定百分率。

这种合同计价方式，工程总价及付给承包方的酬金随工程成本而水涨船高，这不利于鼓励承包方降低成本，正是由于这种弊病所在，使得这种合同计价方式很少被采用。

2. 成本加固定金额酬金合同

这种合同计价方式与成本加固定百分比酬金合同相似。其不同之处仅在于在成本上所增加的费用是一笔固定金额的酬金。酬金一般是按估算工程成本的一定百分率确定，数额是固定不变的。计算表达式为：

$$C = C_d + F \tag{4-2}$$

式中　F——双方约定的酬金具体数额。

采用上述两种合同计价方式时，为了避免承包方企图获得更多的酬金而对工程成本不加控制，往往在承包合同中规定一些补充条款，以鼓励承包方节约工程费用的开支，降低成本。

3. 成本加奖罚合同

采用成本加奖罚合同，在签订合同时双方事先约定该工程的预期成本或称目标成本和固定酬金，以及实际发生的成本与预期成本比较后的奖罚计算办法。成本加奖罚合同的计算表达式为：

$$C = C_d + F \tag{4-3}$$

$$C = C_d + F + \Delta F \quad (C_d < C_o) \tag{4-4}$$

$$C = C_d + F - \Delta F \quad (C_d > C_o) \tag{4-5}$$

式中　C_o——签订合同时双方约定的预期成本；

　　ΔF——奖罚金额（可以是百分率，也可以是绝对数，而且奖与罚可以是不同计算标准）。

这种合同计价方式可以促使承包方关心和降低成本，缩短工期，而且目标成本可以随着设计的进展而加以调整，所以发承包双方都不会承担太大的风险，故这种合同计价方式应用较多。

4. 最高限额成本加固定最大酬金合同

在这种计价方式的合同中，首先要确定最高限额成本、报价成本和最低成本，当实际成本没有超过最低成本时，承包方花费的成本费用及应得酬金等都可得到发包方的支付，并与发包方分享节约额；如果实际工程成本在最低成本和报价成本之间，承包方只有成本和酬金可以得到支付；如果实际工程成本在报价成本与最高限额成本之间，则只有全部成本可以得到支付；实际工程成本超过最高限额成本，则超过部分，发包方不予支付。

（四）建设工程施工合同类型的选择

施工合同选择原则见表4-1。选择合同类型应考虑以下因素：

表4-1　建设工程施工合同类型的选择原则

合同类型		固定价格合同	可调价格合同	成本加酬金合同
选择原则	项目规模和工期长短	规模小，工期短	规模和工期适中	规模大，工期长
	项目的竞争情况	激烈	正常	不激烈
	项目的复杂程度	低	中	高
	单项工程的明确程度	类别和工程量都很清楚	类别清楚，工程量有出入	类别与工程量都不甚清楚
	项目准备时间的长短	高	中	低
	项目的外部环境因素	良好	一般	恶劣

（1）项目规模和工期长短。如果项目的规模较小，工期较短，则合同类型的选择余地较大，总价合同、单价合同及成本加酬金合同都可选择；如果项目规模大，工期长，则项目的风险也大，合同履行中的不可预测因素也多，这类项目不宜采用总价合同。

（2）项目的竞争情况。

（3）项目的复杂程度。项目的复杂程度较高，总价合同被选用的可能性较小。项目的复杂程度低，则业主对合同类型的选择握有较大的主动权。

（4）项目的单项工程的明确程度。

（5）项目准备时间的长短。

（6）项目的外部环境因素。

《建设工程工程量清单计价规范》（GB 50500—2013）第7.1.3款规定：实行工程量清

单计价的工程，应采用单价合同；建设规模较小，技术难度较低，工期较短，且施工图设计已审查完备的建设工程可以采用总价合同；紧急抢险、救灾以及施工技术特别复杂的建设工程可以采用成本加酬金合同。

五、评标定标与合同价款的约定

（一）评标定标方法

掌握正确的评标定标原则和科学的评标定标方法，正确的选择中标单位，与实现业主质量、成本控制目标密切相关。评标办法在招标文件中给出，07《标准施工招标文件》第三章"评标办法"分别规定经评审的最低投标价法和综合评估法两种评标方法，供招标人根据招标项目具体特点和实际需要选择使用。

一般有综合评分法和经评审的最低投标价法两种招标投标评分法。

（1）综合评分法。综合评分法，是将最大限度地满足招标文件中规定的各项综合评价标准的投标人，推荐为中标候选人的方法。一般根据业主要求，可在招标文件中规定：综合评分得分最高者中标。综合评分法定标案例如下：

[例4-1]　某工程项目确定采用邀请招标的方式，监理单位在招标前经测算确定该工程标底为4000万元，定额工期为40个月，经研究、考察确定邀请4家具备承包该工程项目相应资质等级的施工企业参加投标。招标小组研究确定采用如下综合评分法评标的原则。

1. 评价的项目中各项评分的权重分别为：报价占40%，工期占20%，施工组织设计占20%，企业信誉占10%，施工经验占10%。

2. 各单项评分时，满分均按100分计，计算分数值时取小数点后一位数。

3. "报价"项的评分原则是：以标底±5%（标底）值为合理报价，超过此范围则认为是不合理报价。计分是以标底标价为100分，标价每偏差－1%扣10分，偏差＋1%扣15分。

4. "工期"项的评分原则是：以额定工期为准，提前15%为满分100分，依此每延后5%扣10分，超过额定工期者被淘汰。

5. "企业信誉"项的评分原则是：以企业近3年工程优良率为准，优良率100%为满分100分，90%为90分，依此类推。

6. "施工经验"项的评分原则是：按企业近3年承建类似工程与全部承建工程项目的百分比计，100%为满分100分。

7. "施工组织设计"由专家评分决定。

经审查，四家投标施工企业的上述5项指标汇总见表4-2。

表4-2　施工组织设计评份情况

投标单位	报价/万元	工期/月	近3年工程优良率（%）	近3年承建类似工程（%）	施工组织设计的专家打分
A	3960	36	50	30	95
B	4040	37	40	30	87
C	3920	34	55	40	93
D	4080	38	40	50	85

问题：

1. 根据上述评分原则和各投标单位情况，对各投标单位的各评价项目推算出各项指标的应得分。

2. 按综合评分法确定各投标单位的综合分数值。

3. 优选出综合条件最好的投标单位作为中标单位。

分析要点：

1. 按照题设的评分原则和评分标准，对每个投标单位的各项评价指标（报价、工期、企业信誉、施工经验、施工组织设计）按其实际情况打分，即得到各投标单位的各评价指标的应得分。

2. 将各投标单位的各个评价指标的应得分乘以各指标的评分权重，再相加即得出各投标单位的综合评分值。

3. 将综合评分值最高的投标单位选出作为中标单位。

解：

1. 根据评分原则，确定各企业各项评价指标的应得分。

（1）"报价"得分

施工企业 A：偏离标底值

$$\Delta_1 = \frac{报价 - 标底}{标底} = \frac{3960 - 4000}{4000} = \frac{-40}{4000} = -1\%$$

应得分为 $100 - 10 = 90$ 分

施工企业 B：偏离标底值

$$\Delta_1 = \frac{4040 - 4000}{4000} = \frac{40}{4000} = 1\%$$

应得分 $100 - 15 = 85$ 分

施工企业 C：偏离标底值

$$\Delta_1 = \frac{3920 - 4000}{4000} = \frac{-80}{4000} = -2\%$$

应得分 $100 - 20 = 80$ 分

施工企业 D：偏离标底值

$$\Delta_1 = \frac{4080 - 4000}{4000} = \frac{80}{4000} = +2\%$$

应得分 $100 - 30 = 70$ 分

（2）"工期"得分

施工企业 A：偏离额定工期

$$\Delta_1 = \frac{额定工期 - 投标工期}{额定工期} = \frac{40 - 36}{40} = \frac{4}{40} = 10\%$$

比 15% 延后 5%，得分 $100 - 10 = 90$ 分

施工企业 B：偏离额定工期

$$\Delta_1 = \frac{40 - 37}{40} = \frac{3}{40} = 7.5\%$$

比 15% 延后 7.5%，得分 $100 - 15 = 85$ 分

施工企业 C：偏离额定工期

$$\Delta_1 = \frac{40 - 34}{40} = \frac{6}{40} = 15\%$$

与满分标准相同，得分 $100 - 0 = 100$ 分

施工企业 D：偏离额定工期

$$\Delta_1 = \frac{40 - 38}{40} = \frac{2}{40} = 5\%$$

比 15% 延后 10%，得分 $100 - 20 = 80$ 分

（3）"企业信誉"得分

当企业近 3 年的工程优良率为 N%，则企业的信誉得分为 N 分，因此各企业的"企业信誉"得分见表 4-3。

表 4-3　企业信誉打分

企业	A	B	C	D
企业信誉得分	50	40	55	40

（4）"施工经验"得分

若近 3 年企业承建与本工程项目类似的工程占全部工程总数比例为 M%，则得分为 M，各企业的"施工经验"得分见表 4-4。

表 4-4　施工经验评分

企业	A	B	C	D
施工经验得分	30	30	40	50

2. 按综合评分法确定各投标的企业所获的加权综合评分计算见表 4-5（或不列表计算也可）。

3. 根据表 4-5 的计算，选出综合分值最高的企业为中标单位，即企业 A。

表 4-5　综合评分汇总

	各项加权得分计算式	企业 A	企业 B	企业 C	企业 D
（1）	"报价"得分×权重 40%	$90 \times 0.4 = 36$	$85 \times 0.4 = 34$	$80 \times 0.4 = 32$	$70 \times 0.4 = 28$
（2）	"工期"得分×权重 20%	$90 \times 0.2 = 18$	$85 \times 0.2 = 17$	$100 \times 0.2 = 20$	$80 \times 0.2 = 16$
（3）	"信誉"得分×权重 10%	$50 \times 0.1 = 5$	$40 \times 0.1 = 4$	$55 \times 0.1 = 5.5$	$40 \times 0.1 = 4$
（4）	"施工经验"得分×权重 40%	$30 \times 0.1 = 3$	$30 \times 0.1 = 3$	$40 \times 0.1 = 4$	$50 \times 0.1 = 5$
（5）	"施工组织设计"得分×权重 40%	$95 \times 0.2 = 19$	$87 \times 0.2 = 17.4$	$93 \times 0.2 = 18.6$	$85 \times 0.2 = 17$
（6）	评标综合得分	$\sum = 81$	$\sum = 75.4$	$\sum = 80.1$	$\sum = 70$

（2）经评审的最低投标价法。经评审的最低投标价法，一般适用于具有通用技术、性能标准或招标人对其技术、性能没有特殊要求的清单计价招标项目。采用这一方法，评标委员会应当根据招标文件规定的评标价格调整方法，对所有投标人的投标报价作必要的调整。中标人的投标应当符合招标文件规定的技术要求和标准，但评审委员会无需对投标文件的技术部分进行价格折算。

最低投标价法，应当在技术标符合招标文件要求的企业中展开，中标价必须是经评审的最低报价，但不得低于成本。那么如何界定成本，如果有招标标底的，可以用两种办法确

定：一是标底扣除招标人拟允许投标人获得的利润（或类似工程的社会平均利润水平统计资料）；二是把计算标底时的直接工程费与间接费相加便可得出成本。如果不设标底的，则难以界定。只能由评标委员会的专家根据报价的情况，把低报价，且其施工组织设计中又无具体措施的，认为是以低于成本的报价投标者，予以剔除；或专家根据经验判断其报价是否低于成本。

由于清单计价适合单价合同，所以施工企业在填报综合单价后的降价行为都是无效的。施工企业需按照清单计价的计价程序，计算总报价。同时，中标者的报价，即为签订合同的价格依据，其填报综合单价的工程量清单计价表即已标价工程量清单成为合同的重要组成部分。

当然，各地区对评标定标方法规定不一。如某地区招标文件范本中规定的评标定标方法有：

1）适合平均值评标法，技术标与经济标先后分别开启。

2）适合平均值评标法，不要求编制技术标。

3）适合经评审的最低投标价法，技术标与经济标先后分别开启。

4）适合经评审的最低投标价法，不要求编制技术标。

5）适合综合评分法，技术标与经济标先后分别开启。

6）适合综合评分法，技术标与经济标同时开启。

（二）中标候选人的确定

除招标文件中特别规定了授权评标委员会直接确定中标人外，招标人应根据评标委员会推荐的中标候选人确定中标人，评标委员会提交中标候选人的人数应符合招标文件的要求，应当不超过3个，并标明排列顺序。中标人的投标应当符合下列条件之一：

（1）能够最大限度满足招标文件中规定的各项综合评价标准。

（2）能够满足招标文件的实质性要求，并且经评审的投标价格最低，但是投标价格低于成本的除外。

对使用国有资金投资或者国家融资的项目，招标人应当确定排名第一的中标候选人为中标人。排名第一的中标候选人放弃中标、因不可抗力不能履行合同、不按照招标文件要求提交履约保证金，或者被查实存在影响中标结果的违法行为等情形，不符合中标条件的，招标人可以按照评标委员会提出的中标候选人名单排序依次确定其他中标候选人为中标人，也可以重新招标。招标人可以授权评标委员会直接确定中标人。

招标人不得向中标人提出压低报价、增加工程量、缩短工期或其他违背中标人意愿的要求，即不得以此作为发出中标通知书和签订合同的条件。

评标委员会完成评标后，应当向招标人提交书面评标报告，并抄送有关行政监督部门。招标人收到评标报告之日起3日内公示中标候选人，公示期不得少于3日。中标人确定后，招标人应当向中标人发出中标通知书，并同时将中标结果通知所有未中标的投标人。

（三）合同价款的约定

合同价款是合同文件的核心要素，建设项目不论是招标发包还是直接发包，合同价款的具体数额均在"合同协议书"中载明。签约合同价是指合同双方签订合同时在协议书中列明的合同价格，对于以单价合同形式招标的项目，工程量清单中各种价格的总计即为合同价。合同价就是中标价，因为中标价是指评标时经过算术修正的、并在中标通知书中申明招标人接受的投标价格。法理上，经公示后招标人向投标人发出的中标通知书（投标人向招标人回复确认中标通知书已收到），中标的中标价就受到法律保护，招标人不得以任何理由反悔。这是因为，合同价格属于招标投标活动的核心内容。

第五节　招标投标相关案例

[案例一]　某工程项目，在初步设计文件完成后，业主与某监理公司签订了该工程的施工招标和施工阶段委托监理合同。在施工招标前，监理单位编制了招标过程中可能涉及的各种招标有关文件。

问题

1. 在招标准备阶段，应编制和准备好招标过程中可能涉及的有关文件，这些文件主要包括哪几方面的内容？

2. 已通过资格审查的承包商，在收到业主方发出的投标邀请函后，可以按指定的地点和时间购买招标文件，以便据以编标。施工招标前监理单位编制的招标文件由以下主要内容组成：

（1）工程综合说明。

（2）设计图样和技术说明。

（3）工程量清单。

（4）施工方案。

（5）主要设备及材料供应方式。

（6）保证工程质量、进度、安全的主要技术组织措施。

（7）特殊工程的施工要求。

（8）施工项目管理机构。

（9）合同条件。

上述施工招标文件内容中哪几项不正确？为什么？除上述内容外，还应当包括哪些内容？

分析要点：

对于问题题1，可参考招标投标程序流程类文件，本教材参见图4-1中招标人栏。这里要注意的是本案例题提出的问题是要求写出招标过程中所需的文件，而不是招标备案所需文件。

对于问题2，可参照2007年版《中华人民共和国标准施工招标文件》，对题中所给的招标文件组成的内容逐项检查，把不属于招标文件的内容挑出，并将题中未指出但应属于招标文件的组成部分加以指出。这里，一是要分清哪些是招标者应作为招标文件编写的？哪些是投标者应编写投标文件的组成部分。此外，还应当注意的是，有一部分文件是在招标文件中要由招标人提出，而由投标人在编投标文件时填写，并作为投标文件的组成部分再返回的文件，例如投标书（标函）格式及其附件、各种保函或保证书格式等文件也不应遗漏。

解：

1. 在招标阶段应编制好招标过程可能涉及的有关文件包括：①招标公告/广告；②资格预审文件；③招标文件；④合同协议书；⑤资格预审和评标方法；⑥编制标底的有关文件

等。其中，招标文件包括投标须知、合同条件、技术规范、设计图样和技术资料、工程量清单等几大部分，以及投标书等其他文件。

2. 其中第（4）、（6）、（8）项不正确。

因为第（4）、（6）（8）项应当是投标单位编制的投标文件的内容，而不是招标文件内容。除上述第（1）、（2）、（3）、（5）、（7）、（9）项外，在投标文件中尚应有：投标须知、技术规范和规程、标准以及投标书（标函）格式及其附件、各种保函或保证书格式等。

[**案例二**] 某施工公司欲在 A、B 两项公开招标中选择一项进行投标，对某项工程又可采取投高标或投低标两种策略。根据以往经验与统计资料，若投高标，中标的概率为 0.3；若投低标，中标的概率为 0.5。各方案可能出现的损益值及其概率估计见表 4-6。不中标的费用损失为 5000 元。

表 4-6 投标方案风险决策数据

方案	承包效果	可能的损益性/万元	概　率
A 高	好　一般　差	55　12　-23	0.3　0.5　0.2
A 低	好　一般　差	42　11　-30	0.2　0.6　0.2
B 高	好　一般　差	60　20　-30	0.3　0.5　0.2
B 低	好　一般　差	50　12　-15	0.3　0.6　0.1

问题：

1. 试采用决策树法作出投标决策。

2. 在 B 工程开标大会上，除到会的投标单位的有关人员外，招标办请来了市公证处法律顾问参加大会。开标前公证处提出对投标单位的资质进行审查。在审查中，对 A 施工公司提出疑问，这个公司所提交的资质材料种类与份数齐全，有单位盖的公章，有项目负责人的签字，可是法律顾问认为 A 公司投标书无效。试问上述招标程序是否正确？为什么？A 施工公司的投标书是否有效？为什么？

解：

1. 见图 4-2 所示，投 B 工程低标。

2. 答：①上述招标程序不正确。因为招标单位应对报名参加投标单位进行资格预审，故在开标会议上不应再对投标单位的资格进行审查。②A 施工公司的投标书无效，因为 A 施工公司的投标书无法定代表人或其代理人的印鉴。

[**案例三**] 某项 45 层高级商业大厦项目采取公开竞争性招标，招标公告中要求投标者应是具有一级资质等级的施工企业。在开标会上，共有 12 家参与投标的施工企业或联合体有关人员参加，此外还有市招标办公室、市公证处法律顾问以及业主方的招标委员会全体成员和监理单位人员参加。开标前，公证处倾向提出要对各投标单位的资质进行审查。在开标中，对一家参与投标的 M 建筑公司资质提出了质疑，虽然该公司资质材料齐全并盖有公章和项目负责人签字，但法律顾问认定该单位不符合投标资格要求，取消了该标书。另一投标的 N 建筑施工联合体是由两个建筑公司联合组成的联合体，其中 A 建筑公司为一级施工企业，B 建筑公司为三级施工企业，也被认定为不符合投标资格要求，撤销了标书。

问题：

1. 开标会上能否列入"审查投标单位的资质"这一程序？为什么？

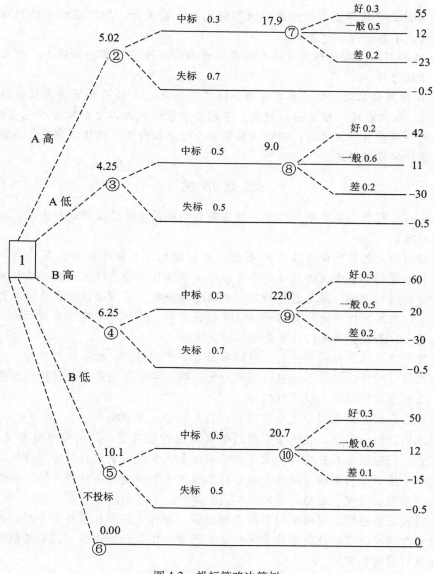

图 4-2　投标策略决策树

2. 为什么 M 建筑公司被认定不符合投标资格?

3. 为什么 N 建筑公司被认定不符合投标资格?

分析要点:

对于问题 1, 主要可以从招标程序以及各道程序的主要内容方面考虑、分析。可参考招标投标程序流程类文件, 本教材参见图 4-1 中招标人栏。

对于问题 2 及 3, 可以从招标程序中的资格预审时对投标人资格条件的要求以及在开标时对投标文件是否有效两个方面检查, 判断 M 及 N 建筑公司是否符合投标资格。可参考资格预审文件中关于投标人应满足的资格条件规定和"开标"中对无效投标文件的规定。

解：

1. 投标单位的资质审查，应放在发放招标文件之前进行，即所谓的资格预审。所以一般在开标会议上不再进行。

2. 因为 M 公司的资质资料没有法人签字，所以该文件不具有法律效力，项目负责人签字是没有法律效力的。

3. 因为 N 建筑施工联合体是由资质为一级施工企业的 A 公司和资质为三级施工企业的 B 公司组成的。根据我国《建筑法》规定，不同资质等级的施工企业联合承包（投标）时，应以等级低的企业资质等级为准，即对该联合体应视为相当于三级施工企业，不符合招标要求一级企业投标的资质规定。

本 章 小 结

工程造价全过程管理的主要内容之一就是项目招标投标阶段工程造价控制，也就是合同及合同价的确定。

建设项目招标一般是建设单位（或业主）就拟建的工程发布通告，用法定方式吸引建设项目的承包单位参加竞争，进而通过法定程序从中选择条件优越者来完成工程建设任务的法律行为。建设项目投标一般是经过特定审查而获得投标资格的建设项目承包单位，按照招标文件的要求，在规定的时间内向招标单位填报投标书，并争取中标的法律行为。建设项目招标是要约邀请，而投标是要约，中标通知书是承诺。

按建设程序建设项目招标可分为：建设项目前期咨询招标、勘察设计招标、材料设备采购招标、工程施工招标；按工程承包范围可分为：项目总承包招标、项目阶段性招标、设计施工招标、工程分包招标及专项工程招标。

工程项目招标的方式在国际上通行的为：公开招标、邀请招标。

针对建设项目招标程序，各地主管部门都有相应流程或指南，招投标参与主体招标人、投标人、监督部门应注意各自在各阶段完成相应任务，方能够促进招投标工作的顺利进行。

招标文件是招标单位向投标单位介绍招标工程情况和招标的具体要求的综合性文件，其编制必须做到系统、完整、准确、明晰，使投标单位一目了然。

招标控制价是对招标工程限定的最高工程造价，投标人的投标报价高于招标控制价的其投标报价应予以拒绝。招标控制价的编制方法有两种：定额计价法编制招标控制价、工程量清单计价法编制招标控制价。

工程投标报价是投标的关键性工作，也是整个投标工作的核心。它不仅是能否中标的关键，而且对中标后的盈利多少，在很大程度上起着决定性的作用。一是施工图预算报价方式，二是工程量清单报价方式，应与招标控制价编制方法应保持一致。

《施工合同文本》由"协议书""通用条款""专用条款"三部分组成。

施工合同价款（签约合同价），是发承包双方在工程合同中约定的工程造价。2013 施工合同范本将合同价类型归纳为三种形式：单价合同、总价合同、其他价格形式的合同。

评标定标方法一般有：综合评分法、经评审最低投标价法。

通过本章的学习，要正确理解建设项目招投标的基本内容和程序；熟悉施工合同文本中有关工程造价的主要条款，熟悉施工合同的签定程序；并通过招投标相关案例分析练习，掌握施工项目招标、投标、评标、定标的方法。

思考题与习题

[思考题]

1. 建设项目招标投标的基本程序。

2. 施工项目投标报价的方法和技巧。

3. 施工合同文件的组成及解释顺序。

4. 建设工程合同文本中有关工程造价的主要条款有哪些？

[单项选择题]

1. 招投标的过程即为签定合同的过程。其中下列（　　）活动是要约。

A. 招标　　　　　　B. 投标　　　　　　C. 中标通知　　　　　　D. 合同签定

2. 在建设项目招标范围内，且达到一定金额以上时，必须招投标。其中施工单项合同估算价在（　　）万元人民币以上的必须进行招投标。

A. 200　　　　　　B. 100　　　　　　C. 50　　　　　　D. 3000

3. 在建设项目招标范围内，且达到一定金额以上时，必须招投标。其中重要设备、材料等采购估算价在（　　）万元人民币以上的必须进行招投标。

A. 200　　　　　　B. 100　　　　　　C. 50　　　　　　D. 3000

4. 在建设项目招标范围内，且达到一定金额以上时，必须招投标。其中勘察、设计、监理等服务的采购，单项合同估算价在（　　）万元人民币以上的必须进行招投标。

A. 200　　　　　　B. 100　　　　　　C. 50　　　　　　D. 3000

5. 关于招标控制价，下列不正确的描述为（　　）。

A. 招标控制价是招标人对招标工程造价的最高控制值

B. 招标控制价是按照市场行情确定的社会水平价格

C. 招标控制价是按照国家或省级、行业主管部门颁发的依据办法编制的

D. 招标控制价应使用工程量清单计价法或定额计价法

6. 工程投标报价编制原则中，下列说法不正确的是（　　）。

A. 实施工程量清单计价的工程，投标可自主报价，但不得低于成本价

B. 工程投标报价的编制必须建立在科学分析和合理计算的基础上，要较准确地反映工程造价

C. 投标价必须由投标人编制

D. 施工方案、技术措施是投标报价计算的基本条件，投标人可根据工程实际情况对招标人所列的措施项目进行增补

7. 总价合同是指支付给承包方的工程款项在承包合同中是一个规定的金额，即总价。它是以设计图样和工程说明书为依据，由（　　）确定的。

A. 招标方　　　　　　　　　　　　B. 监理工程师

C. 发包方　　　　　　　　　　　　D. 承包方与发包方经过协商

8. 单价合同是指按（　　）内的分部分项工程内容填报单价，并据此签订承包合同，而实际总价则是按实际完成的工程量与合同单价计算确定，合同履行过程中无特殊情况，一般不得变更单价。

A. 承包方提供的工程量清单　　　　　　B. 承包方中标的工程量清单

C. 承包方按发包方提供的工程量清单　　D. 监理工程师提供的工程量清单

9. 固定价在合同的实施期间不因（　　）等因素的变化而调整的价格。

A. 资源价格　　　　　　　　　　　　B. 供应价格

C. 市场价格　　　　　　　　　　　　D. 国际价格

10. 下列描述中，不属于工程造价主要条款的是（　　）。

A. 预付工程款的数额、支付时间及抵扣方式

B. 安全文明施工措施费的支付计划与要求

C. 工程变更、索赔的程序规定

D. 工程质量保证金的数额、预扣方式及时间

[多项选择题]

1. 我国目前的合同价形式有三种（　　）。

A. 固定价合同　　　　　B. 可调价合同　　　　　C. 单价合同

D. 总价合同　　　　　　E. 其他价格形式合同

2. 成本加酬金以这种计价方式签订的工程承包合同，明显缺点是（　　）。

A. 承包方对工程总价不能实施有效的控制

B. 发包方对工程总价不能实施有效的控制

C. 监理方对工程总价不能实施有效的控制

D. 承包方对降低成本也不太感兴趣

E. 发包方对降低成本也不太感兴趣

3. 施工合同应当由下列三部分组成（　　）。

A. 封面　　　　B. 正文　　　　C. 协议书　　　　D. 通用条件　　　　E. 专用条件

4. 招标控制价的编制方法有（　　）。

A. 单位估价法　　　　　B. 实物计价法　　　　　C. 定额计价法

D. 工程量清单计价法　　E. 概算定额法

5. 下列涉及建设工程施工合同的组成及顺序正确的是（　　）。

A. 合同协议书、通用合同条款、专用合同条款

B. 合同协议书、专用合同条款、通用合同条款

C. 中标通知书、招标文件、投标函及附录

D. 技术标准和要求、图纸、已标价工程量清单或预算书

E. 技术标准和要求、图纸、工程量清单或预算书

[案例题]

有一招标工程，经研究考察确定邀请五家具备资质等级的施工企业参加投标。各投标企业按技术、经济标分别装订报送。经招标领导小组研究评标原则为：

（1）技术标占总分的30%。

（2）经济标占分总的70%（其中报价占30%，工期占20%，企业信誉占10%，施工经验占10%）。

（3）各单项评分满分均为100分，计算中小数点后取一位。

（4）报价评分原则是：以标底的±3%为有效标，超过认为废标，计分是−3%为100分，标价每上升1%扣10分。

（5）工期评分原则是：以定额工期为准，提前 15% 为 100 分，每延后 5% 扣 10 分，超过规定工期为废标。

（6）企业信誉评分原则是：以企业近三年工程优良率为准，100% 为满分。如有国家级获奖工程，每项加 20 分，如有省市奖优良工程每项加 10 分；项目班子施工经验评分原则是以近三年来承建类似工程与承建总工程百分率计算，100% 为 100 分。下面是五家投标单位投标报表情况：

①技术方案标：经专家对各家所报方案，针对总平面布置，施工组织，施工技术方法及工期、质量、安全、文明施工措施，机具设备配置，新技术、新工艺、新材料推广应用等项综合评定打分为：A 单位 95 分；B 单位 87 分；C 单位 93 分；D 单位 85 分；E 单位 95 分。

②经济标各项投标见表 4-7。

表 4-7　经济标汇总

项目投标单位	报价/万元	工期/月	企业信誉近三年优良工程率及获奖工程	项目班子施工经验（承建类似工程百分率）
A	5970	36	50%，获省优工程一项	30%
B	5880	37	40%	30%
C	5850	34	55%，获鲁班奖工程一项	40%
D	6150	38	40%	50%
E	6090	35	50%	20%
标底	6000	40		

问题：

试对各投标单位按评标原则进行评分，以最高分为中标单位，确定中标单位。

第五章　建设项目施工阶段工程造价的控制

学习目标：

熟悉资金使用计划的编制；掌握工程变更价款的确定方法和程序；掌握工程索赔控制；掌握建设工程价款结算；了解投资偏差分析。

学习重点：

工程变更、索赔计算；工程价款结算。

学习建议：

本章是全书最重要的章节之一，通过对施工阶段的工程造价控制环节学习，重点掌握变更价款的确定、索赔计算及工程价款结算的计算方法，结合教材相关案例具备解决工程中实际问题的能力。

相关知识链接：

《建设工程施工合同范本》（GF—2013—0201）、《FIDIC 土木施工合同条件》《建设工程工程量清单计价规范》（GB 50500—2013）、中国建设工程造价管理协会标准《建设项目工程结算编审规程》（CECA/GC3—2007）

第一节　施工阶段造价控制的目标

一、施工阶段造价控制的基本原理

施工阶段是投入资金最直接，效果也最明显的阶段。此阶段造价控制内容包括组织、技术、合同管理等多方面内容。施工阶段造价控制的基本原理首先是在合同价的控制下确定各分部分项工程的计划投资额作为造价控制的目标值，然后收集施工过程中实际投资支出数据定期进行投资实际值与目标值的比较，发现和分析两者的偏差，找出原因，最后采取有效措施加以控制，以确保投资目标的实现。具体控制过程如图5-1所示的投资动态控制原理图。

二、资金使用计划的编制

（一）资金使用计划的编制对工程造价的影响

建筑工程项目周期长、规模大、造价高，施工阶段又是资金投入最直接、效果也最明显的阶段。编制合理的资金使用计划是该阶段对工程造价控制的基础，对控制工程造价有着重要的影响。

（1）通过编制资金使用计划，合理地确定造价控制目标值，包括造价的总目标值，分

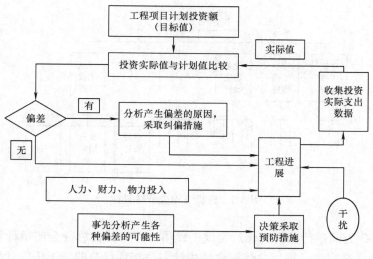

图 5-1　投资动态控制原理图

目标值，各详细目标值，为工程造价的控制提供依据，并为资金的筹集与协调打下基础。有了明确的目标值后，就能将工程实际支出与目标值进行比较，找出偏差，分析原因，采取有效措施纠正偏差，以保证投资目标的实现。

（2）通过资金使用计划的编制，可以对未来工程项目的资金使用和进度控制进行预测，消除不必要的资金浪费和进度失控，也避免在今后工程项目中由于缺乏依据而进行轻率判断所造成的损失，减少盲目性，让现有资金充分发挥作用。

（3）在建设工程项目的实施过程中，通过严格执行资金使用计划，可以有效地控制造价失控，最大限度地节约投资，提高投资效益。

（4）应采用科学评估的方法，对脱离实际的工程造价目标值和资金使用计划及时进行修改，使工程造价更加趋于合理水平，从而保障各方的合法权益。

（二）资金使用计划的编制方法

施工阶段资金使用计划的编制方法主要有以下几种：

1. 按建设项目投资构成分解的资金使用计划

工程项目的投资主要分为建筑安装工程投资、设备工器具购置投资及工程建设其他投资。由于建筑工程和安装工程在性质和内容上存在着较大差异，因此，在实际操作中将建筑工程投资和安装工程投资分解开来。实现投资构成分解及相应的资金使用计划主要是代表业主的项目管理公司来完成。图 5-2 所示为按投资构成分解目标。

图 5-2 中建筑工程投资、安装工程投资、设备及工器具购置投资等可以进一步分解。按投资构成分解的方法比较适合于有大量经验数据的工程项目。当然，根据以往的经验和建立的数据库来确定分解目标的投资比例，要针对具体工程项目作适当调整，不可生搬硬套。

2. 按不同子项目编制资金使用计划

一个建设项目往往由多个单项工程组成，每个单项工程还可能由多个单位工程组成，而单位工程总是由若干个分部分项工程组成。按不同子项目划分资金的使用，进而做到合理分配，首先必须对工程项目进行合理划分，划分的粗细程度根据实际需要而定。例如某学校建

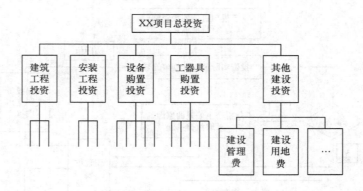

图 5-2　按投资构成分解目标

设项目可按图 5-3 为例进行分解目标。实现工程项目分解及其总资金使用计划主要由代表业主的项目管理公司来完成。项目总体资金使用计划是按项目总的施工进度计划编制，为业主进行资金筹措提供依据。具体的单项工程资金使用计划由施工企业编制报送，作为建设单位工程进度拨款的重要依据，同时也是施工企业进行投资进度偏差分析控制施工成本的基础。

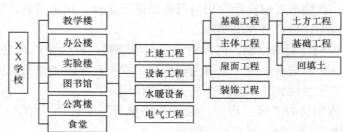

图 5-3　按工程项目分解目标

3. 按时间进度分解的资金使用计划

工程项目的投资总是分阶段、分期支出的，资金应用是否合理与资金的时间安排有密切关系。为了编制项目资金使用计划，并据此筹措资金，尽可能减少资金占用和利息支出，有必要将项目总投资按其使用时间进行分解，确定目标值。

按时间进度编制的资金使用计划，通常可利用项目进度网络图进一步扩充而得到。即在建立网络图时，一方面确定完成各项工作所需花费的时间，另一方面同时确定完成这一项工作的合适的投资支出预算。在具体操作时，项目的划分既要充分考虑进度控制对项目划分的要求，又要考虑确定投资支出预算对项目划分的要求，做到二者兼顾。

以上三种编制资金使用计划的方法并不是相互独立的。在实际工作中，往往是将这几种方法结合起来使用，从而达到扬长避短的效果。

（三）资金使用计划的形式

1. 按子项目分解得到的资金使用计划表

在完成工程项目投资目标分解后，接下来就要具体地分配投资，编制工程分项支出计划，对于单项工程，一般是施工单位依据与监理工程师制定的满足工期要求的施工进度计划，来编制并得到详细的资金使用计划表。表5-1为某工程项目按子项目分解得到的资金使用计划表。

表 5-1　资金使用计划

序号	项目编码	项目名称	项目特征	计量单位	计划工程数量	综合单价	费用合计	备注
1	010401001001	条形基础	C30 商品混凝土，无肋	m³	520	363	188760	
2	010416001001	现浇混凝土钢筋	$\varphi10$	t	36	4400	158400	
3	010416001002	现浇混凝土钢筋	$\phi22$	t	120	4510	541200	
4	…………							

在编制投资支出计划时，表5-1中计划工程量是按施工进度安排应完成的计划工程量，综合单价为中标人所报综合单价，其余各栏数据来源于工程量清单。

2. 时间-投资累计曲线

通过对项目投资目标按时间进行分解，在网络计划基础上，可获得项目进度计划横道图，并在此基础上编制资金使用计划。其表示方式有两种：一种是在总体控制时标网络图上表示，如图5-4所示；另一种是利用时间-投资曲线（S形曲线）表示，如图5-5所示（时间单位：月）。

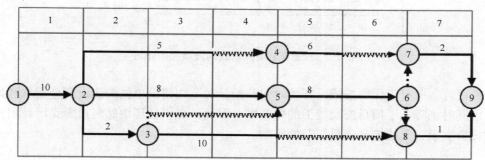

图 5-4　时标网络图表示的资金使用计划

时间-投资累计曲线的编制步骤如下：

（1）确定工程项目进度计划，编制进度计划的时标网络，如图5-4所示。

（2）根据每单位时间内完成的实物工程量或投入的人力、物力和财力，计算单位时间（月或旬）的投资，在时标网络图上按时间编制投资支出计划，见表5-2，第1行数值为各月工作的计划投资额。

表 5-2　按月编制的资金使用计划及累计投资额　　　　　　（单位：万元）

月　份	1	2	3	4	5	6	7
工程每月计划投资额	10	15	23	18	14	8	3
工程逐月累计投资额	10	25	48	66	80	88	91

（3）计算规定时间 t 计划累计完成的投资额见表5-2第3行，其计算方法为：各单位时间计划完成的投资额累加求和，计算式为：

$$Q_t = \sum_{n=1}^{t} q_n \tag{5-1}$$

式中　Q_t——某时间 t 计划累计完成的投资额；

　　　q_n——第 n 月计划完成投资额；

　　　t——规定的计划时间，见表 5-2。

（4）绘制投资累计时间曲线，如图 5-5 所示。每一条 S 形曲线都对应某一特定的工程进度计划。进度计划的非关键线路中存在许多有时差的工序或工作，所以 S 曲线（投资计划值曲线）必然包括在全部活动都按最早时间开始和全部工作都按最迟开工时间开始的曲线所组成的"香蕉图"内。建设单位可根据编制的投资支出预算来合理安排资金，同时建设单位也可以根据筹措的建设资金来调整 S 形曲线，即通过调整非关键线路上的工作的最早或最迟开工时间，力争将实际的投资支出控制在计划范围内。

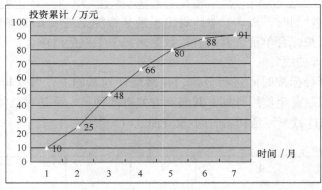

图 5-5　投资累计时间曲线的资金使用计划

一般而言，所有工作都按最迟开始时间开始，对节约建设单位的建设资金贷款利息是有利的，但同时也降低了项目按期竣工的保证率。因此，必须合理地确定投资支出计划，达到既节约投资支出，又能控制项目工期的目的。

第二节　合同价款调整

13《规范》将施工阶段不可确定因素的计价，归纳为 15 种，要求按照合同约定执行，如合同没有约定，则按照规范执行。它们分别是：①法律法规变化；②工程变更；③项目特征描述不符；④工程量清单缺项；⑤工程量偏差；⑥计日工；⑦现场签证；⑧物价变化；⑨暂估价；⑩不可抗力；⑪提前竣工（赶工补偿）；⑫误期赔偿；⑬施工索赔；⑭暂列金额；⑮发承包双方约定的其他调整事项。

一、价款调整的程序

13《规范》对于工程价款调整的工作程序规定如下：

（1）出现合同价款调增事项（不含工程量偏差、计日工、现场签证、施工索赔）后的 14 天内，承包人应向发包人提交合同价款调增报告并附上相关资料，若承包人在 14 天内未提交合同价款调增报告的，视为承包人对该事项不存在调整价款请求。

（2）出现合同价款调减事项（不含工程量偏差、施工索赔）后的14天内，发包人应向承包人提交合同价款调减报告并附相关资料，若发包人在14天内未提交合同价款调减报告的，视为发包人对该事项不存在调整价款请求。

（3）发（承）包人应在收到承（发）包人合同价款调增（减）报告及相关资料之日起14天内对其核实，予以确认的应书面通知承（发）包人。如有疑问，应向承（发）包人提出协商意见。发（承）包人在收到合同价款调增（减）报告之日起14天内未确认也未提出协商意见的，视为承（发）包人提交的合同价款调增（减）报告已被发（承）包人认可。发（承）包人提出协商意见的，承（发）包人应在收到协商意见后的14天内对其核实，予以确认的应书面通知发（承）包人。如承（发）包人在收到发（承）包人的协商意见后14天内既不确认也未提出不同意见的，视为发（承）包人提出的意见已被承（发）包人认可。

（4）如发包人与承包人对合同价款调整的不同意见不能达成一致的，只要不实质影响发承包双方履约的，双方应继续履行合同义务，直到其按照合同约定的争议解决方式得到处理。

（5）经发承包双方确认调整的合同价款，作为追加（减）合同价款，应与工程进度款或结算款同期支付。

二、合同价款调整的内容与规范规定

1. 法律法规引起的价款调整

招标工程以投标截止日前28天，非招标工程以合同签订前28天为基准日，其后国家的法律、法规、规章和政策发生变化引起工程造价增减变化的，发承包双方应当按照省级或行业建设主管部门或其授权的工程造价管理机构据此发布的规定调整合同价款。

因承包人原因导致工期延误，且调整时间在合同工程原定竣工时间之后，合同价款调增的不予调整，合同价款调减的予以调整。

2. 工程变更

指施工过程中出现了与签订合同时的预计条件不一致的情况，而需要改变原定施工承包范围内的某些工作内容。

在工程项目实施过程中，由于建设周期长，涉及的经济关系和法律关系复杂，受自然条件和客观因素的影响大，导致项目的实际情况与项目招标投标时的情况相比会发生一些变化。如：发包人计划的改变对项目有了新要求、因设计错误而对图样的修改、施工变化发生了不可预见的事故、政府对建设项目有了新要求等，都会引起工程变更。

（1）工程变更的范围和变更权。除专用合同条款另有约定外，合同履行过程中发生以下情形的，应当按照合同约定的程序进行工程变更：

1）增加或减少合同中任何工作，或追加额外的工作。

2）取消合同中任何工作，但转由他人实施的工作除外。

3）改变合同中任何工作的质量标准或其他特性。

4）改变工程的基线、标高、位置和尺寸。

5）改变工程的时间安排或实施顺序。

发包人和监理人均可以提出变更。变更指示均通过监理人发出，监理人发出变更指示前应征得发包人同意。承包人收到经发包人签认的变更指示后，方可实施变更。未经许可，承包人不得擅自对工程的任何部分进行变更。

涉及设计变更的，应由设计人提供变更后的图样和说明。如变更超过原设计标准或批准的建设规模时，发包人应及时办理规划、设计变更等审批手续。

（2）变更估价程序。承包人应在收到变更指示后 14 天内，向监理人提交变更估价申请。监理人应在收到承包人提交的变更估价申请后 7 天内审查完毕并报送发包人，监理人对变更估价申请有异议，通知承包人修改后重新提交。发包人应在承包人提交变更估价申请后 14 天内审批完毕。发包人逾期未完成审批或未提出异议的，视为认可承包人提交的变更估价申请。

因变更引起的价格调整应计入最近一期的进度款中支付。

3. 项目特征描述不符

发包人在招标工程量清单中对项目特征的描述，应被认为是准确的和全面的，并且与实际施工要求相符合。承包人应按照发包人提供的招标工程量清单，根据其项目特征描述的内容及有关要求实施合同工程，直到其被改变为止。

承包人应按照发包人提供的设计图样实施合同工程，若在合同履行期间，出现设计图样（含设计变更）与招标工程量清单任一项目的特征描述不符，且该变化引起该项目的工程造价增减变化的，应按照实际施工的项目特征按 13《规范》工程变更相关条款的规定重新确定相应工程量清单项目的综合单价，调整合同价款。

4. 工程量清单缺项

合同履行期间，由于招标工程量清单中缺项，新增分部分项工程量清单项目的，应按照 13《规范》工程变更估价规定确定单价，调整合同价款。

新增分部分项工程量清单项目后，引起措施项目发生变化的，应按照工程变更引起措施项目变化的规定，在承包人提交的实施方案被发包人批准后，调整合同价款。

由于招标工程量清单中措施项目缺项，承包人应将新增措施项目实施方案提交发包人批准后，按照 13《规范》工程变更估价规定以及变更引起措施项目发生变化的估价规定调整合同价款。

5. 工程量偏差

合同履行期间，若应予计算的实际工程量与招标工程量清单出现偏差，双方应按照下列规定调整合同价款。出现工程量单价与发包人招标控制价相应清单项目的综合单价偏差超过 15%，则工程变更项目的综合单价可由发承包双方调整；然后再按下述两种方法调整。

（1）对于任一招标工程量清单项目，如果因本条规定的工程量偏差和工程变更等原因导致工程量偏差超过 15%，调整的原则为：当工程量增加 15% 以上时，其增加部分的工程量的综合单价应予调低；当工程量减少 15% 以上时，减少后剩余部分的工程量的综合单价应予调高。

（2）如果工程量变化，引起相关措施项目相应发生变化，按系数或单一总价方式计价的，工程量增加的措施项目费调增，工程量减少的措施项目费调减。

[例 5-1] 某工程工程量清单中机械挖土方的工程量为 10000m³，合同中规定工程单价为 6 元/m³，实际工程量超过 10% 时，调整单价，单价为 5.5 元/m³，施工中由于工程变更，实际完成土方工程量 14000m³，则该项工程价款为多少？

解：合同单价范围：$10000 \times (1 + 10\%) = 11000$（m³）

该项目工程价款：$11000 \times 6 + (14000 - 11000) \times 5.5 = 82500$（元）

6. 计日工

发包人通知承包人以计日工方式实施的零星工作，承包人应予执行。

采用计日工计价的任何一项变更工作，承包人应在该项变更的实施过程中，按合同约定提交以下报表和有关凭证送发包人复核：

（1）工作名称、内容和数量。

（2）投入该工作所有人员的姓名、工种、级别和耗用工时。

（3）投入该工作的材料名称、类别和数量。

（4）投入该工作的施工设备型号、台数和耗用台时。

（5）发包人要求提交的其他资料和凭证。

任一计日工项目持续进行时，承包人应在该项工作实施结束后的 24 小时内，向发包人提交有计日工记录汇总的现场签证报告一式三份。发包人在收到承包人提交现场签证报告后的 2 天内予以确认并将其中一份返还给承包人，作为计日工计价和支付的依据。发包人逾期未确认也未提出修改意见的，视为承包人提交的现场签证报告已被发包人认可。

任一计日工项目实施结束，发包人应按照确认的计日工现场签证报告核实该类项目的工程数量，并根据核实的工程数量和承包人已标价工程量清单中的计日工单价计算，提出应付价款；已标价工程量清单中没有该类计日工单价的，由发承包双方按 13《规范》工程变更估价规定商定计日工单价计算。

每个支付期末，承包人应按照 13《规范》相应规定向发包人提交本期间所有计日工记录的签证汇总表，以说明本期间自己认为有权得到的计日工价款，调整合同价款，列入进度款支付。

7. 物价变化

合同履行期间，因人工、材料、工程设备、机械台班价格波动影响合同价款时应根据合同约定的 13《规范》附录 A 的方法之一调整合同价款。

承包人采购材料和工程设备的，应在合同中约定主要材料、工程设备价格变化的范围或幅度，如没有约定，则材料、工程设备单价变化超过 5%，超过部分的价格应按照价格指数调整法或造价信息差额调整法（具体方法见 13《规范》附录 A）计算调整材料、工程设备费。

执行上述规定时，发生合同工程工期延误的，应按照下列规定确定合同履行期用于调整的价格：

（1）因发包人原因导致工期延误的，则计划进度日期后续工程的价格，采用计划进度日期与实际进度日期两者的较高者。

（2）因承包人原因导致工期延误的，则计划进度日期后续工程的价格，采用计划进度日期与实际进度日期两者的较低者。

其他发包人供应材料和工程设备价格变化情形，由发包人按照实际变化调整，列入合同工程的工程造价内。

8. 暂估价

在工程招标阶段已经确定的材料、工程设备或专业工程项目，但无法在当时确定准确价格，而可能影响招标效果的，可由发包人在工程量清单中给定一个暂估价。确定暂估价实际开支分三种情况：

（1）依法必须招标的材料、工程设备和专业工程。发包人在工程量清单中给定暂估价的材料、工程设备和专业工程属于依法必须招标的范围并达到规定的规模标准的，由发包人和承包人以招标的方式选择供应商或分包人。发包人和承包人的权利义务关系在专用合同条款中约定。中标金额与工程量清单中所列的暂估价的金额差以及相应的税金等其他费用列入合同价格。

（2）依法不需要招标的材料、工程设备。发包人在工程量清单中给定暂估价的材料和工程设备不属于依法必须招标的范围或未达到规定的规模标准的，应由承包人提供。经监理人确认的材料、工程设备的价格与工程量清单中所列的暂估价的金额差以及相应的税金等其他费用列入合同价格。

（3）依法不需要招标的专业工程。发包人在工程量清单中给定暂估价的专业工程不属于依法必须招标的范围或未达到规定的规模标准的，由监理人按照合同约定的变更估价原则进行估价。经估价的专业工程与工程量清单中所列的暂估价的金额差以及相应的税金等其他费用列入合同价格。

价款调整规定如下：

1）发包人在招标工程量清单中给定暂估价的材料、工程设备属于依法必须招标的，由发承包双方以招标的方式选择供应商。确定其价格并以此为依据取代暂估价，调整合同价款。

2）发包人在招标工程量清单中给定暂估价的材料和工程设备不属于依法必须招标的，由承包人按照合同约定采购，经发包人确认后以此为依据取代暂估价，调整合同价款。

3）发包人在工程量清单中给定暂估价的专业工程不属于依法必须招标的，应按照13《规范》工程变更估价相应条款的规定确定专业工程价款。并以此为依据取代专业工程暂估价，调整合同价款。

4）发包人在招标工程量清单中给定暂估价的专业工程，依法必须招标的，应当由发承包双方依法组织招标选择专业分包人，并接受有管辖权的建设工程招标投标管理机构的监督。

5）除合同另有约定外，承包人不参加投标的专业工程分包招标，应由承包人作为招标人，但拟定的招标文件、评标工作、评标结果应报送发包人批准。与组织招标工作有关的费用应当被认为已经包括在承包人的签约合同价（投标总报价）中。

6）承包人参加投标的专业工程分包招标，应由发包人作为招标人，与组织招标工作有关的费用由发包人承担。同等条件下，应优先选择承包人中标。

7）以专业工程分包中标价为依据取代专业工程暂估价，调整合同价款。

9. 不可抗力

因不可抗力事件导致的人员伤亡、财产损害及其费用增加，发承包双方应按以下原则分别承担并调整合同价款和工期。

（1）合同工程本身的损害、因工程损害导致第三方人员伤亡和财产损失以及运至施工场地用于施工的材料和待安装的设备的损害，由发包人承担。

（2）发包人、承包人人员伤亡由其所在单位负责，并承担相应费用。

（3）承包人的施工机械设备损坏及停工损失，由承包人承担。

（4）停工期间，承包人应发包人要求留在施工场地的必要的管理人员及保卫人员的费用由发包人承担。

（5）工程所需清理、修复费用，由发包人承担。

不可抗力解除后复工的，若不能按期竣工，应合理延长工期，发包人要求赶工的，赶工费用由发包人承担。

因不可抗力解除合同的，按13《规范》规定办理已完工程未支付款项。

10. 提前赶工（赶工补偿）

招标人应当依据相关工程的工期定额合理计算工期，压缩的工期天数不得超过定额工期的20%，超过者，应在招标文件中明示增加赶工费用。

发包人要求合同工程提前竣工，应征得承包人同意后与承包人商定采取加快工程进度的措施，并修订合同工程进度计划。发包人应承担承包人由此增加的提前竣工（赶工补偿）费用。

发承包双方应在合同中约定提前竣工每日历天应补偿额度，此项费用作为增加合同价款，列入竣工结算文件中，与结算款一并支付。

11. 误期赔偿

如果承包人未按照合同约定施工，导致实际进度迟于计划进度的，承包人应加快进度，实现合同工期。

合同工程发生误期，承包人应赔偿发包人由此造成的损失，并按照合同约定向发包人支付误期赔偿费。即使承包人支付误期赔偿费，也不能免除承包人按照合同约定应承担的任何责任和应履行的任何义务。

发承包双方应在合同中约定误期赔偿费，明确每日历天应赔额度。误期赔偿费列入竣工结算文件中，在结算款中扣除。

如果在工程竣工之前，合同工程内的某单项（位）工程已通过了竣工验收，且该单项（位）工程接收证书中表明的竣工日期并未延误，而是合同工程的其他部分产生了工期延误，则误期赔偿费应按照已颁发工程接收证书的单项（位）工程造价占合同价款的比例幅度予以扣减。

12. 索赔

索赔是指向责任方追索补偿的行为。

13. 现场签证

承包人应发包人要求完成合同以外的零星项目、非承包人责任事件等工作的，发包人应及时以书面形式向承包人发出指令，提供所需的相关资料；承包人在收到指令后，应及时向发包人提出现场签证要求。

承包人应在收到发包人指令后的7天内，向发包人提交现场签证报告，发包人应在收到现场签证报告后的48小时内对报告内容进行核实，予以确认或提出修改意见。发包人在收到承包人现场签证报告后的48小时内未确认也未提出修改意见的，视为承包人提交的现场签证报告已被发包人认可。

现场签证的工作如已有相应的计日工单价，则现场签证中应列明完成该类项目所需的人工、材料、工程设备和施工机械台班的数量。

如现场签证的工作没有相应的计日工单价，应在现场签证报告中列明完成该签证工作所需的人工、材料设备和施工机械台班的数量及其单价。

合同工程发生现场签证事项，未经发包人签证确认，承包人便擅自施工的，除非征得发包人书面同意，否则发生的费用由承包人承担。

现场签证工作完成后的 7 天内，承包人应按照现场签证内容计算价款，报送发包人确认后，作为增加合同价款，与进度款同期支付。

承包人在施工过程中，若发现合同工程内容因场地条件、地质水文、发包人要求等不一致时，应提供所需的相关资料，提交发包人签证认可，作为合同价款调整的依据。

14. 暂列金额

暂列金额只能按照监理人的指示使用，并对合同价格进行相应调整。尽管暂列金额列入合同价格，但并不属于承包人所有，也不必然发生。只有按照合同约定实际发生后，才成为承包人的应得金额，纳入合同结算价款中。扣除实际发生额后的暂列金额余额仍属于发包人所有。

发包人认为有必要时，由监理人通知承包人以计日工方式实施变更的零星工作，其价款按列入已标价工程量清单中的计日工计价子目及其单价进行计算。采用计日工计价的任何一项变更工作，应从暂列金额中支付，承包人应在该项变更的实施过程中，每天提交以下报表和有关凭证报送监理人审批：

（1）工作名称、内容和数量。

（2）投入该工作所有人员的姓名、工种、级别和耗用工时。

（3）投入该工作的材料类别和数量。

（4）投入该工作的施工设备型号、台数和耗用台时。

（5）监理人要求提交的其他资料和凭证。

计日工由承包人汇总后，在每次申请进度款支付时列入进度付款申请单，由监理人复核并经发包人同意后列入进度付款。

15. 发承包双方约定的其他调整事项

第三节　工程索赔

一、索赔概述

（一）工程索赔的概念

工程索赔是在工程承包合同履行中，当事人一方由于另一方未履行合同所规定的义务或者出现了应当由对方承担的风险而遭受损失时，向另一方提出赔偿要求的行为。在实际工作中，索赔是"双向"的，既包括承包人向发包人提出的索赔，也包括发包人向承包人提出的索赔。但在工程实践中，发包人索赔数量较小，而且处理方便，可以通过冲账、扣拨工程款、扣保证金等实现对承包人的索赔；而承包人对发包人的索赔则比较困难一些。通常情况下，索赔是指在合同实施过程中，承包人（施工单位）对非自身原因造成的损失而要求发包人给予补偿的一种权利要求。而发包人对承包商提出的索赔则通常被称为反索赔。

（二）工程索赔产生的原因

《中华人民共和国民法通则》第一百一十一条规定：当事人一方不履行合同义务或履行

合同义务不符合合同约定条件的，另一方有权要求履行或者采取补救措施，并有权要求赔偿损失。工程索赔产生的原因很多，概括起来有以下几方面原因：

（1）当事人违约。合同双方当事人有一方没有按照合同约定履行自己的义务。

[例5-2]　发包人违约导致的索赔

某工程项目，合同规定发包人把施工所需电力线路从施工场外接至专用条款约定的施工现场配电箱。由于发包人没有履行这一承诺，由承包人开挖电缆沟槽、铺设电缆由场外变电室引动力电至施工现场，承包人提出索赔。工程师批准了挖沟及铺设电缆的费用补偿，共计2.8万元人民币。

（2）合同缺陷。合同缺陷表现为合同文件规定不严谨或有矛盾，合同中的遗漏或错误。

[例5-3]　某工程项目，业主提供的工程量清单卫生间楼面清单项目特征描述遗漏涂膜防水工序，卫生间楼面清单工程量800m^2，工程实施中承包人对卫生间楼面涂膜防水施工提出索赔。工程师批准了该项索赔，对涂膜防水费用补偿共计2.4万元人民币。

（3）不可抗力。不可抗力事件是指在订立合同时不能预见、对其发生的后果不能克服的事件。建设项目施工中不可抗力包括战争、动乱、空中飞行物坠落及专用条款约定程序的风、雪、洪水、地震等自然灾害。

（4）合同变更。合同变更表现为设计变更、施工方法变更、追加或者取消某些工作、合同规定的其他变更等。

（5）工程师指令。工程师指令也会产生索赔，如工程师发出的指令有误或指令承包人加速施工进行某项工作、更换某些材料、采取某些措施等。

（6）其他第三方原因。其他第三方原因常常表现为与工程有关的第三方的问题而引起的对本工程的不利影响。

（三）工程索赔的分类

工程索赔依据不同的标准可以进行不同的分类。

1. 按索赔的合同依据分类

按索赔的合同依据可以将工程索赔分为合同中明示的索赔和合同中默示的索赔。

（1）合同中明示的索赔。合同中明示的索赔是指承包人所提出的索赔要求，在该工程项目的合同文件中有文字依据，承包人可以据此提出索赔要求，并取得经济补偿。这些在合同文件中有文字规定的合同条款，称为明示条款。

（2）合同中默示的索赔。合同中默示的索赔，即承包人的该项索赔要求，虽然在工程项目的合同条款中没有专门的文字叙述，但可以根据该合同的某些条款的含义，推论出承包人有索赔权。这种索赔要求，同样有法律效力，有权得到相应的经济补偿。这种有经济补偿含义的条款，在合同管理工作中被称为"默示条款"或称为"隐含条款"。默示条款是一个广泛的合同概念，它包含合同明示条款中没有写入，但符合双方签订合同时设想的愿望和当时环境条件的一切条款。这些默示条款，或者从明示条款所表述的设想愿望中引申出来，或者从合同双方在法律上的合同关系引申出来，经合同双方协商一致，或被法律和法规所指明，都成为合同文件的有效条款，要求合同双方遵照执行。

2. 按索赔目的分类

按索赔目的可以将工程索赔分为工期索赔和费用索赔

（1）工期索赔。由于非承包人责任的原因而导致施工进程延误，要求批准顺延合同工期的索赔，称为工期索赔。工期索赔形式上是对权利的要求，以避免在原定合同竣工日不能完工时，被发包人追究拖期违约责任。一旦获得批准合同工期顺延后，承包人不仅免除了承担拖期违约赔偿费的严重风险，而且可能提前工期得到奖励，最终仍反映在经济收益上。

（2）费用索赔。费用索赔的目的是要求经济补偿。除不可抗力外，由于非承包人责任的原因而导致承包人增加开支，要求对超出计划成本的附加开支给予补偿，以挽回不应由他承担的经济损失。

3. 按索赔涉及当事人分类

（1）承包商与业主之间的索赔。本教材中的索赔以此类为重点展开。

（2）承包商与分包商之间的索赔。

（3）承包商与供货商之间的索赔。

（四）工程索赔处理的原则

1. 索赔必须以合同为依据

不论是风险事件的发生，还是当事人不完成合同工作，都必须在合同中找到相应的依据，当然，有些依据可能是合同中隐含的。工程师依据合同和事实对索赔进行处理是其公平性的重要体现。在不同的合同条件下，这些依据很可能是不同的。如因为不可抗力导致的索赔，在国内《施工合同文本》条件下，承包人机械设备损坏的损失，是由承包人承担的，不能向发包人索赔；但在 FIDIC 合同条件下，不可抗力事件一般都列为业主承担的风险，损失都应当由业主承担。如果到了具体的合同中，各个合同的协议条款不同，其依据的差别就更大了。

2. 及时、合理地处理索赔

索赔事件发生后，索赔的提出应当及时，索赔的处理也应当及时。索赔处理得不及时，对双方都会产生不利的影响，如承包人的索赔长期得不到合理解决，索赔积累的结果会导致其资金困难，同时会影响工程进度，给双方都带来不利的影响。处理索赔还必须坚持合理性原则，既考虑到国家的有关规定，也应当考虑到工程的实际情况。如：承包人提出索赔要求，机械停工按照机械台班单价计算损失显然是不合理的，因为机械停工不发生运行费用。

3. 加强主动控制，减少工程索赔

对于工程索赔应当加强主动控制，尽量减少索赔。这就要求在工程管理过程中，应当尽量将工作做在前面，减少索赔事件的发生。这样能够使工程更顺利地进行，降低工程投资、减少施工工期。

二、我国现行合同文本下的工程索赔与计价

（一）索赔程序

1. 承包人的索赔

《13 示范文本》中规定，发包人未能按合同约定履行自己的各项义务或发生错误以及应由发包人承担责任的其他情况，造成工期延误及承包人的其他经济损失，承包人可按下列程序以书面形式向发包人索赔：

（1）承包人应在知道或应当知道索赔事件发生后 28 天内，向监理人递交索赔意向通知书，并说明发生索赔事件的事由；承包人未在前 28 天内发出索赔意向通知书的，丧失要求追加付款和（或）延长工期的权利。

（2）承包人应在发出索赔意向通知书后 28 天内，向监理人正式递交索赔报告；索赔报告应详细说明索赔理由以及要求追加的付款金额和（或）延长的工期，并附必要的记录和证明材料。

（3）索赔事件具有持续影响的，承包人应按合理时间间隔继续递交延续索赔通知，说明持续影响的实际情况和记录，列出累计的追加付款金额和（或）工期延长天数。

（4）在索赔事件影响结束后 28 天内，承包人应向监理人递交最终索赔报告，说明最终要求索赔的追加付款金额和（或）延长的工期，并附必要的记录和证明材料。

2. 对承包人索赔的处理

对承包人索赔的处理如下：

（1）监理人应在收到索赔报告后 14 天内完成审查并报送发包人。监理人对索赔报告存在异议的，有权要求承包人提交全部原始记录副本。

（2）发包人应在监理人收到索赔报告或有关索赔的进一步证明材料后的 28 天内，由监理人向承包人出具经发包人签认的索赔处理结果。发包人逾期答复的，则视为认可承包人的索赔要求。

（3）承包人接受索赔处理结果的，索赔款项在当期进度款中进行支付；承包人不接受索赔处理结果的，按照争议解决约定处理。

工程索赔的程序见图 5-6。

3. 发包人的反索赔

承包人未能按合同约定履行自己的各项义务或发生错误，给发包人造成经济损失，发包人可按以上各条确定的时限向承包人提出索赔。

发包人对承包人提出的不合理索赔的驳回称为反索赔。

（二）索赔的证据

建设工程施工中的索赔是承、发包双方行使正当权利的行为。任何索赔事件的确立，其前提是必须有正当的索赔理由。对正当索赔理由的说明必须具备证据，因为进行索赔主要靠证据说话。没有证据或证据不足，索赔就难以成功。《建设工程工程量清单计价规范》（GB 50500—2013）规定：当合同一方向另一方提出索赔时，要有正当的索赔理由，且有索赔发生时的有效证据，并应在合同约定的时限内提出。

1. 对索赔证据的要求

（1）真实性。索赔证据必须是在实施合同过程中确定存在和发生的，必须完全反映实际情况，能经得住推敲。

（2）全面性。所提供的证据应能说明事件的全过程。索赔报告中涉及的索赔理由、事件过程、影响、索赔数额等都应有相应证据，不能零乱和支离破碎。

（3）关联性。索赔的证据应当能够互相说明，相互具有关联性，不能互相矛盾。

（4）及时性。索赔证据的取得及提出应当及时，符合合同约定。

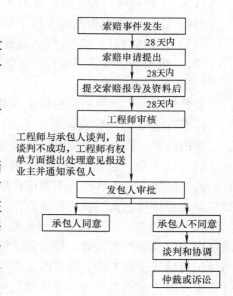

图 5-6　工程索赔的程序

（5）具有法律证明效力。一般要求证据必须是书面文件，有关记录、协议、纪要必须是双方签署的；工程中重大事件、特殊情况的记录、统计必须由合同约定的发包人现场代表或监理工程师签证认可。

2. 索赔证据的种类

（1）招标文件、工程合同、发包人认可的施工组织设计、工程图样、技术规范等。

（2）工程各项有关的设计交底、变更图样、变更施工指令等。

（3）工程各项经发包人或合同中约定的发包人现场代表或监理工程师签认的签证。

（4）工程各项往来信件、指令、信函、通知、答复等。

（5）工程各项会议纪要。

（6）施工计划及现场实施情况记录。

（7）施工日报及工长工作日志、备忘录。

（8）工程送电、送水、道路开通、封闭的日期及数量记录。

（9）工程停电、停水和干扰事件影响的日期及恢复施工的日期记录。

（10）工程预付款、进度款拨付的数额及日期记录。

（11）工程图样、图样变更、交底记录的送达份数及日期记录。

（12）工程有关施工部位的照片及录像等。

（13）工程现场气候记录，如有关天气的温度、风力、雨雪等。

（14）工程验收报告及各项技术鉴定报告等。

（15）工程材料采购、订货、运输、进场、验收、使用等方面的凭据。

（16）国家和省级或行业建设主管部门有关影响工程造价、工期文件、规定等。

（三）索赔的计算

索赔的内容包括费用索赔和工期索赔。

1. 费用索赔的内容及计算

费用内容一般可以包括以下几个方面：

（1）人工费。包括增加工作内容的人工费、停工损失费和工作效率降低的损失费等累计，其中增加工作内容的人工费应按照计日工费计算，而停工损失费和工作效率降低的损失费按窝工费计算，窝工费的标准双方应在合同中约定。

（2）设备费。可采用机械台班费、机械折旧费、设备租赁费等几种形式。当工作内容增加引起的设备费索赔时，设备费的标准按照机械台班费计算。因窝工引起的设备费索赔，当施工机械属于施工企业自有时，按照机械折旧费计算索赔费用。当施工机械是施工企业从外部租赁时，索赔费用的标准按照设备租赁费计算。

（3）材料费。当变更令下达在分项工程已施工或合同约定材料已准备的时间内时，应给予被拆除材料和已购材料的折价损失费用。

（4）保函手续费。工程延期时，保函手续费相应增加，反之，取消部分工程且发包人与承包人达成提前竣工协议时，承包人的保函金额相应折减，则计入合同价内的保函手续费也应扣减。

（5）贷款利息。

（6）保险费。

（7）管理费。此项又可分为现场管理费和公司管理费两部分，由于二者的计算方法不一样，所以在审核过程中应区别对待。

（8）利润。一般地，窝工（窝机械）损失、材料损失等不形成工程量的索赔，不计算利润和管理费，而新增工程需计算造价构成中的所有内容（合同另有规定的除外）。

[例5-4] 某工程施工中由于工程师指令错误，使承包商的工人窝工50工日，增加配合用工10工日，机械一个台班，合同约定人工单价为30元/工日，机械台班为360元/台班，人员窝工补贴费12元/工日，含税的综合费率为17%。承包商可得该项费用索赔为（　　）。

A. 1260元 　　　 B. 1263.6元 　　　 C. 1372.2元 　　　 D. 1474.2元

此题为2005年度全国造价工程师执业资格考试试题。该题的知识点：①窝工和增加配合用工使用不同的单价标准；②窝工时只考虑窝工费，而增加配合用工和机械时还应考虑管理费、利润和税金等。

解：索赔额 $= 50 \times 12 + (10 \times 30 + 360) \times (1 + 17\%) = 13722$（元）。

2. 工期索赔的计算

工期索赔的计算主要有网络图分析和比例计算法两种。

（1）网络分析法是利用进度计划的网络图，分析其关键线路。如果延误的工作为关键工作，则总延误的时间为批准顺延的工期；如果延误的工作为非关键工作，当该工作由于延误超过时差限制而成为关键工作时，可以批准延误时间与时差的差值；若该工作延误后仍为非关键工作，则不存在工期索赔问题。

（2）比例计算法的公式为：

对于已知部分工程的延期的时间：

工期索赔值 = 受干扰部分工程的合同价/原合同总价×该受干扰部分工期拖延时间

对于已知额外增加工程量的价格：

工期索赔值 = 额外增加工程量的价格/原合同总价×原合同总工期

[例5-5] 某土方工程业主与施工单位签订了土方施工合同，合同约定的土方工程量为8000m³，合同期为16天，合同约定：工程量增加20%以内为施工方应承担的工期风险。施工过程中，因出现了较深的软弱下卧层，致使土方量增加了10200m³，则施工方可提出的工期索赔为（　　）天。

A. 1 　　　 B. 4 　　　 C. 17 　　　 D. 14

此题为2004年度全国造价工程师执业资格考试试题。该题易混淆点：第一，土方量增加了10200m³，而不是增加到10200m³；第二，在计算工期索赔量时，是（8000 + 10200 - 9600）/9600×16 而不是10200/9600×16，也不是10200/8000×16。

解：（1）不索赔的土方工程量为 $8000 \times 1.2 = 9600$（m³）

（2）工期索赔量为 $(8000 + 10200 - 9600) /9600 \times 16 = 14$（天）

3. 工期索赔中应当注意的问题

在工期索赔中特别应当注意以下问题：

（1）划清施工进度拖延的责任。只有可原谅延期部分才能批准顺延合同工期。可原谅延期，又可细分为可原谅并给与补偿费用的延期和可原谅但不给与补偿费用的延期。不可抗力事件，只能得到工期索赔，不能得到费用索赔。

（2）被延误的工作应是处于施工进度计划关键线路上的施工内容。只有位于关键线路上工作内容的滞后，才会影响到竣工日期。但有时也应注意，既要看被延误的工作是否在批准进度计划的关键路线上，又要详细分析这一延误对后续工作的可能影响。因为若对非关键路线工作的影响时间较长，超过了该工作可用于自由支配的时间，也会导致进度计划中非关键路线转化为关键路线，其滞后将影响总工期的拖延。此时，应充分考虑该工作的自由时间，给予相应的工期顺延，并要求承包人修改施工进度计划。

三、常见的索赔内容及处理原则

常见的索赔主要有以下几种：施工现场条件变化索赔、工程延期索赔、加速施工索赔、施工效率降低索赔、工程变更引起的索赔。

（一）施工现场条件变化索赔

施工现场条件变化的含义是：在施工过程中，承包商"遇到了一个有经验的承包商不可能预见的不利自然条件或人为障碍"，因而导致承包商额外开支的费用。这些额外开支应该得到业主方面的补偿。

施工现场条件变化主要是指施工现场的场地条件（即地质、地基、地下水及土壤条件）的变化，给工程施工带来严重困难。这些地基或土壤条件，同招标文件中的描述差别很大或根本没提到。至于水文气象方面原因造成的施工困难，如暴雨、洪水对施工带来的破坏或经济损失，则属于施工的风险问题，而不属于施工现场条件变化的范畴。在施工索赔中处理的原则是：一般的不利水文气象条件，是承包商的风险；特殊反常的水文气象条件，则属于业主的风险，业主应给予承包商应有的经济补偿和工期延长。

[例5-6]　某工程施工在开挖深基坑时，依据业主提供的地质勘探资料，地下水位在-9m，当开挖到-8.5m时，出现较严重的地下渗水，不得不安装抽水系统，并启动达90天，承包商认为是地质资料不实造成，为此要求对此事件发生的降水费用进行赔偿。工程师认为，地质勘探是在4月上旬进行地质报告，反映的是一年旱季的水位，而承包商是在10月份开始开挖基坑。作为一个有经验的承包商应预先考虑到不同季节会有一定的水位高差，这种风险不是不可预见的，因而拒绝索赔。

（二）工程延期索赔

工程延期索赔的前提是延期的责任在于业主或由于客观影响，而不是承包商的责任。工程延期索赔通常在下列情况下发生：

（1）由于业主的原因。如未按规定时间向承包商提供施工现场或施工道路；干涉施工进展；大量地提出工程变更或额外工程；提前占用已完工的部分建筑物等。

（2）由于工程师的原因。如修改设计，不按规定时间向承包商提供图样，图样错误引起的返工等。

（3）由于客观原因。有些客观原因是业主和承包商都无力扭转的：如政局动乱、战争、特殊恶劣的气候、瘟疫、不可预见的现场不利自然条件等，根据双方承担的原则承包商可对非自身承担的风险提出工程延期索赔。

（三）加速施工索赔

业主在决定采取加速施工时，应向承包商发出书面的加速施工指令，并对承包商拟采取的加速施工措施进行审核批准，并明确加速施工费用的支付问题。承包商为加速施工所增加的成本开支，将提出书面的索赔文件，这就是加速施工索赔。

（四）施工效率降低索赔

在工程施工过程中，经常会受到意外的干扰或影响，使施工效率降低，引起工程施工成本增加，因而形成索赔问题。

（五）工程变更引起的索赔

由于发包人或监理工程师指令，增加或减少工程量、增加附加工程、修改设计、变更工程施工顺序等，造成工期延长或费用增加，则承包商可提出延长期和补偿费用。

综合以上索赔内容，常见的几种施工索赔处理原则见表5-3。

表 5-3　索赔处理原则

索赔原因	责任者	处理原则	索赔结果
工程变更	业主、工程师	工期顺延、补偿费用	工期 + 费用
施工现场条件变化	业主	工期顺延、补偿费用	工期 + 费用
工期延误	业主	工期顺延、补偿费用	工期 + 费用
不按期付款	业主	工期顺延、补偿费用	工期 + 费用
不可抗力、施工单位机具及临时设施	客观原因	工期顺延、不预补偿	工期
人机窝工、机械故障、措施改进等	施工单位原因	不予补偿	不予补偿

四、索赔报告编制及注意事项

（一）索赔报告的编制

索赔报告是索赔文件材料的正文，其结构一般包含四个方面的主要内容。首先是报告的标题应言简意赅地概括索赔的核心内容，可参考相应表格形式填写；其次是索赔的详细理由和依据，应该叙述客观事实，合理引用合同规定，建立事实与损失之间的因果关系，说明索赔的合理合法性；然后是损失计算与要求赔偿金额及工期，这部分应列举各项明细数字及汇总数据；最后是支持索赔事件成立及索赔额度的证明材料，这部分应具备合法性。具体应注意以下几个方面：

（1）索赔事件要真实，证据确凿完整。

（2）计算索赔值要合理、准确。要将计算的依据、方法、结果详细列出，这样易于对方接受，减少争议和纠纷。

（3）责任分析要清楚。

（4）在索赔报告中，要强调事件的不可预见性和突发性，说明承包商对它不可能有准备，也无法预见，并且承包商为了避免和减轻该事件的影响已尽了最大的努力，采取了能够采取的措施。

（5）明确阐述由于干扰事件的影响，使承包商的工程施工受到严重干扰，并为此增加了支出，拖延了工期。

（6）索赔报告书写用语应尽量婉转，避免使用强硬、不客气的语言。

（二）索赔注意事项

在工程项目实施过程中，由于工程技术和环境的复杂性，索赔事件是经常发生的。为了做好该项工作应注意以下几个方面：

（1）加强合同管理，要及时发现索赔机会。

（2）施工合同尽量采用国家的标准示范文本，以避免由于合同约定不明确对索赔事件的扯皮现象。

（3）对工程师或业主代表口头变更指令要以书面形式予以确认。

（4）要及时发出索赔通知书，避免丧失了索赔时效的合法性。

（5）索赔事件证据要充足，尽量载明依据来自该工程项目合同中的具体条款及法律、法规规定。

（6）索赔计价方法和款额要适当，一定要避免夸大实际损失，要价过高容易让双方产生反感，使索赔事件长期得不到解决。

（7）力争单项索赔，避免总索赔，单项索赔事件简单，容易解决，而且能及时得到支付。

（8）力争友好解决，防止导致合同纠纷。

五、工程索赔案例

[案例一]　某工程发承包双方签订建设工程施工合同，合同总价款300万元，工期280天，合同有如下约定：在施工中，如因业主原因造成停工、窝工，则人工窝工费和机械停工费按工日单价和机械台班单价的60%支付。在合同履行过程中发生了以下事件：

事件1：3月1日基础施工中，为了保证工程质量，承包商经工程师同意土方开挖放宽1m，增加挖、填土方量600m³（挖、填土方合同单价20元/m³）。

事件2：3月28日~4月1日季节性雨天无法施工，4月2日~5日发生罕见大暴雨，工地有工人70人，工日单价40元/工日，大型机械一台，台班单价700元/台班。

事件3：5月6日业主变更使混凝土工程量由合同约定的450m³增加到520m³，合同约定工程量变更在10%以内合同单价（300元/m³）不变；工程量变更超过10%按290元/m³计价。

事件4：6月8日施工机械故障停工1天，6月9日~10日社会停电2天，工地有工人100人，大型机械2台。

事件5：8月2日特大暴雨造成山洪暴发，现场道路被冲毁，部分基础暴露，承包商运至工地的200m³石子（60元/m³）被冲走，一台价值10000元搅拌机被冲走。暴雨过后，修复现场道路费用8000元；回填暴露基础费用11000元。

针对以上事件，按《建设工程施工合同示范文本》是否可以索赔工期和费用？

解：

事件1：承包商为保证工程质量加宽开挖基坑，虽然经工程师同意，但属于承包商的施工措施变化，风险应由承包商承担，不能得到工期及费用索赔。

事件2：3月28日~4月1日季节性雨天，这是承包商应该可以预见的情况，属于承包商应承担的风险，不能得到工期及费用索赔。

4月2日~5日罕见大暴雨属于承包商无法预见的事件，为不可抗力；工期索赔4天；人工窝工、机械停工费用不能索赔。

事件3：业主变更致使工程量增加属于业主原因造成，应由业主承担风险。

费用索赔：

$$（450×1.1-450）×300+（520-450×1.1）×290=20750（元）$$

工期索赔：$2.0750 \times \dfrac{280}{300} = 2$（天）

事件4：6月8日施工机械故障导致停工，属于承包商原因造成，不能得到工期及费用索赔。6月9日~10日社会停电属于业主应承担的风险，工期索赔2天；费用索赔：$(100 \times 40 + 700 \times 2) \times 2 \times 0.6 = 6480$（元）。

事件5：山洪暴发属于不可抗力，工期索赔1天。

费用索赔：

石子：$200 \times 60 = 12000$（元）

混凝土搅拌机：由承包商承担风险，不能索赔费用

修复现场道路：由承包商承担风险，不能索赔费用

回填暴露基础：由业主承担风险，索赔费用：11000元

总延长工期：$4 + 2 + 2 + 1 = 9$（天）

总费用索赔：$20750 + 6480 + 12000 + 11000 = 50230$（元）

第四节　建设工程价款结算

根据财政部、建设部《建设工程价款结算暂行办法》的规定，工程价款结算是指对建设工程的发承包合同价款进行约定和依据合同约定进行工程预付款、工程进度款、工程竣工价款结算的活动。

一、合同价款中期支付

依据现行清单计价规范，合同价款中期支付包括：工程预付款、安全文明施工费、工程进度款。

（一）工程预付款（预付备料款）结算

施工企业承包工程，一般实行包工包料，这就需要有一定数量的备料周转金。在工程承包合同条款中，一般规定在开工前发包方拨付给承包单位一定限额的工程预付备料款。

包工包料工程的预付款按合同约定拨付，原则上预付比例不低于合同金额的10%，不高于合同金额的30%，对重大工程项目，按年度工程计划逐年预付。计价执行13《规范》的工程，实体性消耗和非实体性消耗部分应在合同中分别约定预付款比例。

预付的工程款必须在合同中约定抵扣方式，并在工程进度款中进行抵扣。凡是没有签订合同或不具备施工条件的工程，发包人不得预付工程款，不得以预付款为名转移资金。

1. 13《规范》中关于预付款的相关规定

（1）包工包料工程的预付款的支付比例不得低于签约合同价（扣除暂列金额）的10%，不宜高于签约合同价（扣除暂列金额）的30%。

（2）承包人应在签订合同或向发包人提供与预付款等额的预付款保函（如有）后向发包人提交预付款支付申请。

（3）发包人应在收到支付申请的7天内进行核实后向承包人发出预付款支付证书，并在签发支付证书后的7天内向承包人支付预付款。

（4）发包人没有按合同约定按时支付预付款的，承包人可催告发包人支付；发包人在

预付款期满后的 7 天内仍未支付的，承包人可在付款期满后的第 8 天起暂停施工。发包人应承担由此增加的费用和（或）延误的工期，并向承包人支付合理利润。

（5）预付款应从每一个支付期应支付给承包人的工程进度款中扣回，直到扣回的金额达到合同约定的预付款金额为止。

（6）承包人的预付款保函（如有）的担保金额根据预付款扣回的数额相应递减，但在预付款全部扣回之前一直保持有效。发包人应在预付款扣完后的 14 天内将预付款保函退还给承包人。

2. 预付工程款（备料款）的数额

影响预付工程款限额因素有：主要材料（构配件）占工程造价比重、材料储备期、施工工期。预付工程款（备料款）一般由合同约定或公式测定。

（1）公式计算法

$$备料款数额 = \frac{年度承包工程总价 \times 主要材料占造价比重}{年度施工天数} \times 材料储备天数 \qquad (5\text{-}2)$$

[例 5-7]　某工程合同总价款 400 万元，主要材料、构配件占造价比重为 60%，年度施工天数 300 天，材料储备天数 80 天，则：

$$备料款数额 = \frac{400 \times 60\%}{300} \times 80 = 64 （万元）$$

（2）在合同中约定。发包人根据工程的特点，招标时在合同条件中约定工程预付款（备料款）的额度（百分率）。

$$备料款数额 = 年度建筑安装工程合同价 \times 预付备料款比例额度 \qquad (5\text{-}3)$$

3. 备料款的扣回

发包人拨付给承包人的备料款属于预支的性质，当施工进行到一定程度后，材料和构配件的储备将随工程的进行而减少，需要的备料款也随之减少，在此后办理工程价款结算时，即可以开始扣还工程备料款。

需要说明的是工程备料款的扣还是随工程价款的结算，以冲减工程价款的方法逐渐抵扣的待工程竣工时，全部工程备料款抵扣完毕。工程进行到什么时候开始扣还工程备料款、每次办理工程价款结算时抵扣的数额大小都应合理的予以确定。工程备料款开始扣还得太早，或每次扣还数额过大，会给未来工程施工生产带来困难；扣还太迟或数额太小，则不利于建设资金的管理和流动。

（1）按公式计算。这种方法原则上是以未完工程所需主要材料和构件的费用，等于工程备料款数额时起扣。从每次结算的工程款中按主要材料和构件比重抵扣工程价款，竣工前全部扣清。可按下式计算起扣点：

$$Q = P - \frac{M}{N} \qquad (5\text{-}4)$$

式中　Q——工作量起扣点，即备料款开始扣回时的累计完成工程量金额；

　　　　P——年度建筑安装工作量（年度工程价款）；

　　　　M——预收工程备料款数额；

　　　　N——主要材料和构件所占比重。

当施工进度已经超过 Q 时，应扣还的工程预付款按下列公式计算：

$$\begin{matrix}第一次\\抵扣额\end{matrix} = \left(\begin{matrix}累计已完成\\工程价款\end{matrix} - \begin{matrix}起扣点对应的\\工程价款\end{matrix}\right) \times 主材比重 \qquad (5\text{-}5)$$

$$以后每次抵扣额 = 每次完成工程价款 \times 主材比重 \qquad (5\text{-}6)$$

[例 5-8] 某工程合同价总额 600 万元，工程预付款 120 万元，主要材料、构件占工程造价比重 60%，则备料款起扣点为：

按式 (5-4)：

$$Q = P - \frac{M}{N} = 600 - \frac{120}{60\%} = 400(万元)$$

即当工程完成 400 万元时，本工程在以后进度款中开始抵扣工程预付款。

（2）由发包人和承包人在合同中约定，在承包方完成工程价款累计达到合同总价一定比例后，由发包方从每次应付承包方的工程进度款中等比例扣回工程预付款，至竣工日期前几个月分次扣清。

（二）安全文明施工费

安全文明施工费包括的内容和范围，应以国家现行计量规范以及工程所在地省级建设行政主管部门的规定为准。

发包人应在工程开工后的 28 天内预付不低于当年施工进度计划的安全文明施工费总额的 60%，其余部分按照提前的原则进行分解，与进度款同期支付。

发包人没有按时支付安全文明施工费的，承包人可催告发包人支付；发包人在付款期满后的 7 天内仍未支付的，若发生安全事故的，发包人应承担连带责任。

承包人应对安全文明施工费专款专用，在财务账目中单独列项备查，不得挪作他用，否则发包人有权要求其限期改正；逾期未改正的，造成的损失和（或）延误的工期由承包人承担。

（三）工程进度款结算（中间结算）

施工企业在施工过程中，根据合同所约定的结算方式，按月或形象进度或控制界面，按已经完成的工程量计算各项费用，向业主办理工程款结算的过程，称为工程进度款结算，又称中间结算。

以按月结算为例，业主在月中向施工企业预支半月工程款，月末施工企业根据实际完成工程量，向业主提供已完工程月报表和工程价款结算账单，经业主和工程师确认，收取当月工程价款，并通过银行结算。即：承包商提交已完工程量报告→工程师确认→业主审批认可→支付工程进度款。

1. 工程进度款支付原则

（1）进度款支付周期，应与合同约定的工程计量周期一致。

（2）已标价工程量清单中的单价项目，承包人应按工程计量确认的工程量与综合单价计算进度款，如综合单价发生调整的，以发承包双方确认调整的综合单价计算进度款。

（3）已标价工程量清单中的总价项目，承包人应按合同中约定的进度款支付分解分别列入工程进度款支付申请中的安全文明施工费和本周期应支付的总价项目的金额中。

（4）发包人提供的甲供材料金额，应按照发包人签约提供的单价和数量从进度款支付中扣除，列入本周期应扣减的金额中。

（5）承包人现场签证和得到发包人确认的索赔金额列入本周期应增加的金额中。

（6）进度款的支付比例按照合同约定，按期中结算价款总额计，不低于60%，不高于90%。

2. 承包人提交进度款支付申请

承包人应在每个计量周期到期后的7天内向发包人提交已完工程进度款支付申请一式四份，详细说明此周期自己认为有权得到的款额，包括分包人已完工程的价款。支付申请的内容包括：

（1）累计已完成的工程价款。

（2）累计已实际支付的工程价款。

（3）本周期已完成的合同价款：

1）本周期已完成单价项目的金额。

2）本周期应支付的总价项目的金额。

3）本周期已完成的计日工价款。

4）本周期应支付的安全文明施工费。

5）本周期应增加的金额。

（4）本周期合计应扣减的金额：

1）本周期应扣回的预付款。

2）本周期应扣减的款项。

（5）本周期实际应支付的合同价款。

3. 已完工程的计量与支付

（1）发包人应在收到承包人进度款支付申请后的14天内根据计量结果和合同约定对申请内容予以核实，确认后向承包人出具进度款支付证书。若发承包双方对有的清单项目的计量结果出现争议，发包人应对无争议部分的工程计量结果向承包人出具进度款支付证书。

（2）发包人应在签发进度款支付证书后的14天内，按照支付证书列明的金额向承包人支付进度款。

（3）若发包人逾期未签发进度款支付证书，则视为承包人提交的进度款支付申请已被发包人认可，承包人可向发包人发出催告付款的通知。发包人应在收到通知后的14天内，按照承包人支付申请的金额向承包人支付进度款。

（4）发包人未按合同约定支付进度款的，承包人可催告发包人支付，并有权获得延迟支付的利息；发包人在付款期满后的7天内仍未支付的，承包人可在付款期满后的第8天起暂停施工。发包人应承担由此增加的费用和（或）延误的工期，向承包人支付合理利润，并承担违约责任。

（5）发现已签发的任何支付证书有错、漏或重复的数额，发包人有权予以修正，承包人也有权提出修正申请。经发承包双方复核同意修正的，应在本次到期的进度款中支付或扣除。

（四）工程保修金

按照《建设工程质量保证金管理暂行办法》的规定，建设工程项目质量保修金（质量保证金）指发包人与承包人在建设工程项目承包合同中约定，从应付的工程款中预留，用以保证承包人在保修期内对建设工程项目出现的缺陷进行维修的资金，待工程项目保修期结束后拨付。保修金扣除有两种方法：

（1）当工程进度款拨付累计额达到该建筑安装工程造价的一定比例时（一般95%），停止支付。预留的一定比例的剩余尾款作为保修金。

（2）保修金的扣除也可以从发包方向承包方第一次支付的工程进度款开始，在每次承包商应得到的工程款中扣留投标书中规定金额作为保修金，直至保修金总额达到投标书中规定的限额为止。全部或者部分使用政府投资的建设项目，按工程价款结算总额5%左右的比例预留保修金。社会投资项目采用预留保修金方式的，预留保修金的比例可参照执行。如某项目合同约定，保修金每月按进度款的5%扣留。若第一月完成产值100万元，则扣留5%的保修金后，实际支付：$100 - 100 \times 5\% = 95$（万元）。

（五）物价波动引起的价款调整

一般情况下，因物价波动引起的价款调整，可采用以下两种方法中的一种计算。

1. 采用价格调值公式调整价款

建筑安装工程调值公式包括人工、材料、固定部分。

$$P = P_0 \left(a_0 + a_1 \times \frac{A}{A_0} + a_2 \times \frac{B}{B_0} + a_3 \times \frac{C}{C_0} + a_4 \times \frac{D}{D_0} \right) \tag{5-7}$$

式中　　　　P——调值后合同价或工程实际结算价款；

P_0——合同价款中工程预算进度款；

a_0——合同固定部分，不能调整的部分占合同总价的比重；

a_1、a_2、a_3、a_4——调价部分（人工、钢材、水泥、运输等各项费用）在合同总价中所占的比例；

A_0、B_0、C_0、D_0——基准日期（即投标截止时间前28天）对应的各项费用的基准价格指数或价格；

A、B、C、D——根据进度付款、竣工付款和最终结清等约定的付款证书相关周期最后一天的前42天对应各项费用的现行价格指数或价格。

使用调值公式时应注意的问题有：

（1）固定部分比例尽可能小，通常取值范围0.15~0.35左右。

（2）调值公式中的各项费用，一般选择用量大、价格高且具有代表性的一些典型人工费和材料费，通常是大宗水泥、砂石、钢材、木材、沥青等，并用它们的价格指数变化综合代表材料费的价格变化。

（3）各部分成本的比重系数，在许多招标文件中要求承包方在投标中提出，并在价格分析中予以论证。也有的是由发包方在招标文件中规定一个允许范围，由投标人在此范围内选定。

（4）调整有关各项费用要与合同条款规定相一致。例如签订合同时，双方一般商定调整的有关费用和因素，以及物价波动到何种程度才进行调整。在国际工程中，一般在 ±5%以上才进行调整。如有的合同规定，在应调整金额不超过合同原始价5%时，由承包方自己承担，在5%~20%之间时，承包方负担10%，发包方负担90%，超过20%时，则必须另行签订附加条款。

（5）承包人工期延误后的价格调整。由于承包人原因未在约定的工期内竣工的，则对原约定竣工日期后继续施工的工程，在使用价格调整公式时，应采用原约定竣工日期与实际竣工日期的两个价格指数中较低的一个作为现行价格指数。

（6）变动要素系数之和加上固定要素系数应该等于1。

[**例5-9**] 某土建工程，合同规定工程结算价款300万元，合同原始报价日期（基期）为2007年4月，工程于2008年5月竣工交验，工程价款中人工费、主要材料费权重（比例）以及有关造价指数见表5-4，合同约定竣工结算价款采用调值公式调整，计算该工程实际结算价款。

表5-4 某土建工程人工费、材料费、机械费构成比例及有关造价指数

项目	人工费	钢材	水泥	红砖	砂子	石子	机械费	不调值费用
比例	20%	15%	13%	7%	4%	6%	10%	25%
2007年4月指数	100	100.8	102.0	100.2	95.4	94.6	95.8	
2008年5月指数	112.0	115.0	104.5	103.3	95.4	93.6	100.6	

解：

需调整的价格差额：

$$\Delta P = 300 \times \left[0.25 + \left(0.20 \times \frac{112}{100} + 0.15 \times \frac{115}{100.8} + 0.13 \times \frac{104.5}{102} + 0.07 \times \frac{103.3}{100.2} \right. \right.$$

$$\left. \left. + 0.04 \times \frac{95.4}{95.4} + 0.06 \times \frac{93.6}{94.6} + 0.10 \times \frac{100.6}{95.8} - 1 \right) \right]$$

$$= 300 \times (1.086 - 1) = 25.8 (万元)$$

实际结算付款 = 300 + 25.8 = 325.8（万元）

2. 采用造价信息调整价格

此方式适用于使用的材料品种较多，相对而言每种材料使用量较小的房屋建筑与装饰工程。施工期内，因人工、材料、设备和机械台班价格波动影响合同价格时，人工、机械使用费按照国家或省、自治区、直辖市建设行政管理部门、行业建设管理部门或其授权的工程造价管理机构发布的人工成本信息、机械台班单价或机械使用费系数进行调整；需要进行价格调整的材料，其单价和采购数量应由监理人复核，监理人确认需调整的材料单价及数量，作为调整工程合同价格差额的依据。

（1）人工单价发生变化时，发、承包双方应按省级或行业建设主管部门或其授权的工程造价管理机构发布的人工成本文件调整工程价款。

（2）材料价格变化超过省级或行业建设主管部门或其授权的工程造价管理机构规定的幅度时应当调整，承包人应在采购材料前就采购数量和新的材料单价报发包人核对，确认用于本合同工程时，发包人应确认采购材料的数量和单价。发包人在收到承包人报送的确认资料后3个工作日内不予答复的视为已经认可，作为调整工程价款的依据。如果承包人未报经发包人核对即自行采购材料，再报发包人确认调整工程价款的，如发包人不同意，则不作调整。

（3）施工机械台班单价或施工机械使用费发生变化超过省级或行业建设主管部门或其授权的工程造价管理机构规定的范围时，按其规定进行调整。

二、工程竣工结算

工程竣工结算是指施工企业按照合同规定的内容全部完成所承包的工程，经验收质量合格，并符合合同要求之后，向发包单位进行的最终工程价款结算。

结算双方应按照合同价款及合同价款调整内容以及索赔事项，进行工程竣工结算。

（一）工程竣工结算的程序

（1）承包人递交竣工结算书。承包人应在合同规定时间内编制完竣工结算书，并在提交竣工验收报告的同时递交给发包人。

承包人未在规定的时间内提交竣工结算文件，经发包人催告后14天内仍未提交或没有明确答复，发包人有权根据已有资料编制竣工结算文件，作为办理竣工结算和支付结算款的依据，承包人应予以认可。

（2）发包人进行核对。发包人在收到承包人递交的竣工结算书后，应按合同约定时间核对。

发包人应在收到承包人提交的竣工结算文件后的28天内核对。发包人经核实，认为承包人还应进一步补充资料和修改结算文件，应在上述时限内向承包人提出核实意见，承包人在收到核实意见后的28天内按照发包人提出的合理要求补充资料，修改竣工结算文件，并再次提交给发包人复核后批准。

发包人应在收到承包人再次提交的竣工结算文件后的28天内予以复核，并将复核结果通知承包人。

1）发包人、承包人对复核结果无异议的，应在7天内在竣工结算文件上签字确认，竣工结算办理完毕。

2）发包人或承包人对复核结果认为有误的，无异议部分按照办理不完全竣工结算；有异议部分由发承包双方协商解决，协商不成的，按照合同约定的争议解决方式处理。

发包人在收到承包人竣工结算文件后的28天内，不核对竣工结算或未提出核对意见的，视为承包人提交的竣工结算文件已被发包人认可，竣工结算办理完毕。

承包人在收到发包人提出的核实意见后的28天内，不确认也未提出异议的，视为发包人提出的核实意见已被承包人认可，竣工结算办理完毕。

（3）工程造价咨询人代表发包人核对。发包人委托工程造价咨询人核对竣工结算的，工程造价咨询人应在28天内核对完毕，核对结论与承包人竣工结算文件不一致的，应提交给承包人复核，承包人应在14天内将同意核对结论或不同意见的说明提交工程造价咨询人。工程造价咨询人收到承包人提出的异议后，应再次复核，复核无异议的办理竣工结算手续，复核后仍有异议的，无异议部分办理竣工结算，有异议部分双方协商解决，仍未达成一致意见，按合同约定争议解决方式处理。

承包人逾期未提出书面异议，视为工程造价咨询人核对的竣工结算文件已经承包人认可。

（二）工程价款结算争议处理

（1）在工程计价中，对工程造价计价依据、办法以及相关政策规定发生争议事项的，由工程造价管理机构负责解释。

（2）工程造价咨询机构接受发包人或承包人委托，编审工程竣工结算，应按合同约定和实际履约事项认真办理，出具的竣工结算报告经发、承包双方签字后生效。同一工程竣工结算核对完成，发、承包双方签字确认后，禁止发包人又要求承包人与另一个或多个工程造价咨询人重复核对竣工结算。

（3）发包人以对工程质量有异议，拒绝办理工程竣工结算的，已竣工验收或已竣工未验收但实际投入使用的工程，其质量争议按该工程保修合同执行，竣工结算按合同约定办理；已竣工未验收且未实际投入使用的工程以及停工、停建工程的质量争议，双方应就有争议的部分委托有资质的检测鉴定机构进行检测，根据检测结果确定解决方案，或按工程质量监督机构的处理决定执行后办理竣工结算，无争议部分的竣工结算按合同约定办理。

（4）发、承包双方发生工程造价合同纠纷时，应通过下列办法解决：

1）双方协商。

2）提请调解，工程造价管理机构负责调解工程造价问题。

3）按合同约定向仲裁机构申请仲裁或向人民法院起诉。

（三）竣工价款结算的基本公式

$$竣工结算工程价款 = 合同价款 + 施工过程中预算或合同价款调整数额 -$$
$$预付及已结算工程价款 - 保修金 \tag{5-8}$$

[**例5-10**] 某工程合同价款总额为300万元，施工合同规定预付备料款为合同价款的25%，主要材料为工程价款的62.5%，在每月工程款中扣留5%保修金，每月实际完成工作量见表5-5，求预付备料款、每月结算工程款。

表5-5 某工程每月实际完成工作量 （单位：万元）

月份	1	2	3	4	5	6
完成工作量	20	50	70	75	60	25

解：

预付备料款 $= 300 \times 25\% = 75$ （万元）

起扣点 $= 300 - \dfrac{75}{62.5\%} = 180$ （万元）

1月份：累计完成20万元，结算工程款 $20 - 20 \times 5\% = 19$ （万元）

2月份：累计完成70万元，结算工程款 $50 - 50 \times 5\% = 47.5$ （万元）

3月份：累计完成140万元，结算工程款 $70 \times (1 - 5\%) = 66.5$ （万元）

4月份：累计完成215万元，超过起扣点180 （万元）

结算工程款 $= 75 - (215 - 180) \times 62.5\% - 75 \times 5\% = 49.375$ （万元）

5月份：累计完成275 （万元）

结算工程款 $60 - 60 \times 62.5\% - 60 \times 5\% = 19.5$ （万元）

6月份：累计完成300 （万元）

结算工程款 $= 25 \times (1 - 62.5\%) - 25 \times 5\% = 8.125$ （万元）

（四）工程竣工结算编审

1. 工程竣工结算编制

根据《建设工程工程量清单计价规范》（GB 50500—2013），工程竣工结算应按下列依据编制和复核：

（1）清单计价规范。

（2）施工合同。

（3）发承包双方实施过程中已确认的工程量及其结算的合同价款。

（4）发承包双方实施过程中已确认调整后追加（减）的合同价款。

（5）建设工程设计文件及相关资料。

（6）招标文件。

（7）其他依据。

分部分项工程和措施项目中的单价项目应依据双方确认的工程量与已标价工程量清单的综合单价计算；如发生调整的，以发承包双方确认调整的综合单价计算。

措施项目中的总价项目应依据合同约定的项目和金额计算；如发生调整的，以发承包双方确认调整的金额计算，其中安全文明施工费应按本规范第3.1.5条的规定计算。

其他项目费用应按下列规定计价：

（1）计日工应按发包人实际签证确认的事项计算。

（2）暂估价应按规范相应规定计算。

（3）总承包服务费应依据合同约定金额计算，如发生调整的，以发承包双方确认调整的金额计算。

（4）施工索赔费用应依据发承包双方确认的索赔事项和金额计算。

（5）现场签证费用应依据发承包双方签证资料确认的金额计算。

（6）暂列金额应减去工程价款调整（包括索赔、现场签证）金额计算，如有余额归发包人。

规费和税金应按规范规定计算。规费中的工程排污费应按工程所在地环境保护部门规定标准缴纳后按实列入。

发承包双方在合同工程实施过程中已确认的工程计价结果和合同价款，在竣工结算办理中直接进入结算。

交付竣工验收的建筑工程，必须符合规定的建筑工程质量标准，有完整的工程技术经济资料和经签署的工程保修书，并具备国家规定的其他竣工条件，承包人应在合同约定的时间内完成竣工结算编制工作，并在提交竣工验收报告的同时递交发包人。

承包人未在合同约定时间内递交竣工结算书，经发包人催促后仍未提供或没有明确答复的，发包人可以根据已有资料办理结算，造成的工程结算价款延期支付的，责任由承包人承担。

2. 竣工结算审核

合同工程完工后，承包人应在经发承包双方确认的合同期中价款结算的基础上汇总编制完成竣工结算文件，并在提交竣工验收申请的同时向发包人提交竣工结算文件。

承包人未在规定的时间内提交竣工结算文件，经发包人催告后14天内仍未提交或没有明确答复，发包人有权根据已有资料编制竣工结算文件，作为办理竣工结算和支付结算款的依据，承包人应予以认可。

发包人应在收到承包人提交的竣工结算文件后的28天内核对。发包人经核实，认为承包人还应进一步补充资料和修改结算文件，应在上述时限内向承包人提出核实意见，承包人在收到核实意见后的28天内按照发包人提出的合理要求补充资料，修改竣工结算文件，并再次提交给发包人复核后批准。

发包人应在收到承包人再次提交的竣工结算文件后的 28 天内予以复核，并将复核结果通知承包人。

（1）发包人、承包人对复核结果无异议的，应在 7 天内在竣工结算文件上签字确认，竣工结算办理完毕。

（2）发包人或承包人对复核结果认为有误的，无异议部分按规定办理不完全竣工结算；有异议部分由发承包双方协商解决，协商不成的，按照合同约定的争议解决方式处理。

发包人在收到承包人竣工结算文件后的 28 天内，不核对竣工结算或未提出核对意见的，视为承包人提交的竣工结算文件已被发包人认可，竣工结算办理完毕。

承包人在收到发包人提出的核实意见后的 28 天内，不确认也未提出异议的，视为发包人提出的核实意见已被承包人认可，竣工结算办理完毕。

发包人委托工程造价咨询人核对竣工结算的，工程造价咨询人应在 28 天内核对完毕，核对结论与承包人竣工结算文件不一致的，应提交给承包人复核，承包人应在 14 天内将同意核对结论或不同意见的说明提交工程造价咨询人。工程造价咨询人收到承包人提出的异议后，应再次复核，复核无异议的，按计价规范相应规定办理，复核后仍有异议的，按规范争议条款规定办理。

承包人逾期未提出书面异议，视为工程造价咨询人核对的竣工结算文件已经承包人认可。

对发包人或发包人委托的工程造价咨询人指派的专业人员与承包人指派的专业人员经核对后无异议并签名确认的竣工结算文件，除非发承包人能提出具体、详细的不同意见，发承包人都应在竣工结算文件上签名确认，如其中一方拒不签认的，按以下规定办理：

（1）若发包人拒不签认的，承包人不提供竣工验收备案资料，并有权拒绝与发包人或其上级部门委托的工程造价咨询人重新核对竣工结算文件。

（2）若承包人拒不签认的，发包人要求办理竣工验收备案的，承包人不得拒绝提供竣工验收资料，否则，由此造成的损失，承包人承担连带责任。

合同工程竣工结算核对完成，发承包双方签字确认后，禁止发包人又要求承包人与另一个或多个工程造价咨询人重复核对竣工结算。

发包人以对工程质量有异议，拒绝办理工程竣工结算的，已竣工验收或已竣工未验收但实际投入使用的工程，其质量争议按该工程保修合同执行，竣工结算按合同约定办理；已竣工未验收且未实际投入使用的工程以及停工、停建工程的质量争议，双方应就有争议的部分委托有资质的检测鉴定机构进行检测，根据检测结果确定解决方案，或按工程质量监督机构的处理决定执行后办理竣工结算，无争议部分的竣工结算按合同约定办理。

（五）结算款支付

1. 签发竣工结算支付证书

承包人应根据已办理的竣工结算文件，向发包人提交竣工结算款支付申请。该申请应包括下列内容：竣工结算合同价款总额；累计已实际支付的合同价款；应扣留的质量保证金；实际应支付的竣工结算款金额。

发包人应在收到承包人提交竣工结算款支付申请后 7 天内予以核实，向承包人签发竣工结算支付证书。

2. 支付

（1）发包人签发竣工结算支付证书后的14天内，按照竣工结算支付证书列明的金额向承包人支付结算款。

（2）发包人在收到承包人提交的竣工结算款支付申请后7天内不予核实，不向承包人签发竣工结算支付证书的，视为承包人的竣工结算款支付申请已被发包人认可；发包人应在收到承包人提交的竣工结算款支付申请7天后的14天内，按照承包人提交的竣工结算款支付申请列明的金额向承包人支付结算款。

（3）发包人未按时支付竣工结算款的，承包人可催告发包人支付，并有权获得延迟支付的利息。发包人在竣工结算支付证书签发后或者在收到承包人提交的竣工结算款支付申请7天后的56天内仍未支付的，除法律另有规定外，承包人可与发包人协商将该工程折价，也可直接向人民法院申请将该工程依法拍卖。承包人就该工程折价或拍卖的价款优先受偿。

（六）质量保证金与最终结清

1. 质量保证金

发包人应按照合同约定的质量保证金比例从结算款中扣留质量保证金。

承包人未按照合同约定履行属于自身责任的工程缺陷修复义务的，发包人有权从质量保证金中扣留用于缺陷修复的各项支出。若经查验，工程缺陷属于发包人原因造成的，应有发包人承担查验和缺陷修复的费用。

在合同约定的缺陷责任期终止后的14天内，发包人应将剩余的质量保证金返还给承包人。剩余质量保证金的返还，并不能免除承包人按照合同约定应承担的质量保修责任和应履行的质量保修义务。

2. 最终结清

缺陷责任期终止后，承包人应按照合同约定向发包人提交最终结清支付申请。发包人对最终结清支付申请有异议的，有权要求承包人进行修正和提供补充资料。承包人修正后，应再次向发包人提交修正后的最终结清支付申请。

发包人应在收到最终结清支付申请后的14天内予以核实，向承包人签发最终结清证书。

发包人应在签发最终结清支付证书后的14天内，按照最终结清支付证书列明的金额向承包人支付最终结清款。

若发包人未在约定的时间内核实，又未提出具体意见的，视为承包人提交的最终结清支付申请已被发包人认可。

三、工程价款结算综合案例

[**案例二**] 某施工单位承包某工程项目，甲乙双方签订的关于工程价款的合同内容有：

1. 建筑安装工程造价660万元，建筑材料及设备费占施工产值的比重为60%。

2. 工程预付款为建筑安装工程造价的20%，工程实施后，工程预付款从未施工工程尚需的建筑材料及设备费相当于工程预付款数额时起扣，从每次结算工程价款中按材料和设备占施工产值的比重抵扣工程预付款，竣工前全部扣清。

3. 工程进度款逐月计算。

4. 工程质量保证金为建筑安装工程造价的3%；竣工结算月一次扣留。

5. 建筑材料和设备价差调整按当地工程造价管理部门有关规定执行（当地工程造价管理部门有关规定，上半年材料和设备价差上调10%，在6月份一次调增）。

工程各月实际完成产值见表5-6

表5-6 各月实际完成产值 （单位：万元）

月 份	2	3	4	5	6	合 计
完成产值	55	110	165	220	110	660

问题：

1. 通常工程竣工结算的前提条件是什么？

2. 工程价款结算的方式有哪几种？

3. 该工程的工程预付款、起扣点为多少？

4. 该工程2～5月每月拨付工程款为多少？累计工程款为多少？

5. 6月份办理工程竣工结算，该工程结算造价为多少？甲方应付工程结算款为多少？

6. 该工程在保修期间发生屋面漏水，甲方多次催促乙方修理，乙方一再拖延，最后甲方另请施工单位修理，修理费1.5万元，该项费用如何处理？

解：

问题1：工程竣工结算的前提条件是承包商按照合同规定的内容全部完成所承包的工程，并符合合同要求，经相关部门联合验收质量合格。

问题2：工程价款的结算方式主要分为按月结算、按节点分段结算、竣工后一次结算和双方约定的其他结算方式。

问题3：

工程预付款：$660 \times 20\% = 132$（万元）

起扣点：$660 - 132 / 60\% = 440$（万元）

问题4：各月拨付工程款为：

2月：工程款55万元，累计工程款55万元

3月：工程款110万元，累计工程款$= 55 + 110 = 165$（万元）

4月：工程款165万元，累计工程款$= 165 + 165 = 330$（万元）

5月：工程款$220 - (220 + 330 - 440) \times 60\% = 154$（万元）

累计工程款$= 330 + 154 = 484$（万元）

问题5：

工程结算总造价：$660 + 660 \times 0.6 \times 10\% = 699.6$（万元）

甲方应付工程结算款：$699.6 - 484 - (699.6 \times 3\%) - 132 = 62.612$（万元）

问题6：1.5万元维修费应从扣留乙方（承包方）的质量保证金中支付。

[案例三] 某建安工程业主与承包商签订了施工合同，合同价款为500万元，其中有60万元的主要材料由业主供应，合同工期为7个月。

承包合同规定：

开工前业主向承包人支付合同价20%的预付工程款。

预付工程款应从未施工工程尚需的主要材料及构配件价值相当于预付工程款时起扣。

业主自第1月起，从承包人的工程款中，按5%的比例扣除保修金，保修期满返还。

工程实际工程量超过或少于估算工程量10%以上时，结算单价按原单价乘以系数0.9或1.05。

由业主供应的主材款应在发生当月的工程款中扣除。

工程师签发月度付款最低金额为40万元。

合同价款中主材费比重按62.5%计算。

第1个月主要完成土方工程的施工，由于业主对基础变更，土方工程量发生了较大变化，其中招标文件给的工程量为2000m³，承包人填报的综合单价为50元/m³。第1月经工程签证确认完成的土方工程量为3000m³，其余各月实际完成并经工程师确认的工程量及业主供应的主材价值见表5-7。

表5-7　建安工程量与业主供应主材价值

月　份	1	2	3	4	5	6	7
工程进度款/万元		80	100	90	100	80	40
业主供应主材价值/万元		10	20			30	

问题：

1. 第1个月土方工程实际工程进度款为多少？

2. 该工程预付工程款是多少？预付工程款在第几个月份开始起扣？

3. 1～7月工程师应签证的工程款各是多少？应签发的付款凭证金额是多少？

4. 竣工结算时，工程师应签发的付款凭证金额是多少？

5. 工程在保修期间发生屋面漏水，修复费用2万元，工程保修期满后如何返还？

解：

问题1：

（1）超过10%以内的工程价款：$2000 \times （1+10\%） \times 50 = 2200 \times 50 = 11.00$（万元）

（2）超过10%的剩余部分的工程价款：$（3000-2200） \times 50 \times 0.9 = 3.60$（万元）

（3）土方工程进度款：$11.00 + 3.60 = 14.60$（万元）

问题2：

（1）预付工程款金额：$500 \times 20\% = 100.00$（万元）

（2）预付工程款起扣点：$500 - 100/62.05\% = 340.00$（万元）

（3）开始起扣预付工程款的时间为第5个月，因为第5个月累计完成的工程量：

$14.60 + 80 + 100 + 90 + 100 = 384.60 > 340.00$

问题3：

1月份应签证的工程款：$14.60 \times （1-5\%） = 13.87$（万元）

由于合同规定工程师签发月度付款的最低金额为40万元，故本月工程师不予签发付款凭证。

2月份应签证的工程款：$80 \times （1-5\%） = 76.00$（万元）

应签发付款证书金额：$76.00 - 10 + 13.87 = 79.87$（万元）

本月工程师签发付款凭证金额为79.87万元

3月份应签证的工程款：$100 \times （1-5\%） = 95.00$（万元）

应签发付款的证书金额：$95.00 - 20 = 75.00$（万元）

本月工程师签发付款凭证金额为75.00万元

4月份应签证的工程款：$90 \times （1-5\%） = 85.50$（万元）

应签发付款证书金额：85.50 万元

本月工程师签发付款凭证金额为 85.50 万元

5 月份应签证的工程款：$100 \times (1-5\%) = 95.00$（万元）

本月应扣预付款：$(384.60-340) \times 62.5\% = 26.00$（万元）

应签发付款证书金额：$95.00-26.00 = 69.00$（万元）

本月工程师签发付款凭证金额为 69.00 万元

6 月份应签证的工程款：$80 \times (1-5\%) = 76.00$（万元）

本月应扣预付款：$80 \times 62.5\% = 50.00$（万元）

应签发付款证书金额：$76-50-30 = -4.00$（万元）

本月工程师不予签发付款凭证

7 月份应签证的工程款：$40 \times (1-5\%) = 38.00$（万元）

本月应扣预付款：$100-26-50 = 24.00$（万元）

应签发付款证书金额：$38.00-24.00-4.00 = 10.00$（万元）

本月工程师不予签发付款凭证

问题 4：

竣工结算时，工程师应签发付款凭证金额为：10 万元

问题 5：

本工程共扣留保修金：$(500+4.6) \times 5\% = 25.23$（万元）

由于保修期间发生修复费用 2 万元，故发包人应在保修书约定的保修期满后 14 天内，将剩余的保修金：$25.23-2 = 23.23$ 万元和按约定利率计算保修期间的利息返还承包人。

第五节　投资偏差分析

一、投资偏差计算与分析

在确定了投资控制目标后，为了有效地进行投资控制，工程造价管理人员就必须定期进行投资计划值与实际值的比较，当实际值偏离计划值时，分析产生偏差的原因，采取适当的纠偏措施，以使投资超支尽可能小，力求控制目标值的实现。

从我国目前建设项目管理组织情况来看，单项工程的建筑安装任务以合同形式承包给建安施工单位，那么就某单项工程的建筑安装工程费用的投资偏差分析，主要是由施工企业来完成，表现为施工企业对自身施工成本和进度的控制，代表业主的项目管理性质的单位（项目管理公司或监理公司）应当要求施工单位进行投资偏差分析，以掌握该单项工程投资与进度的实际情况。

（一）投资偏差的概念

在投资控制中，把投资的实际值与计划值的差异称为投资偏差，即：

$$投资偏差 = 已完工程实际投资 - 已完工程计划投资 \tag{5-9}$$

其中：

$$已完工程实际投资 = 已完工程量（实际工作量） \times 实际单价 \tag{5-10}$$

$$已完工程计划投资 = 已完工程量（实际工程量） \times 计划单价 \tag{5-11}$$

投资偏差为正，表示投资超支；投资偏差为负，表示投资节约。但是，进度偏差对投资偏差分析的结果有着重要影响，如果不加以考虑，就不能正确反映投资偏差的实际情况。例如：某一阶段的投资超支，可能是由于进度超前导致的，也可能是由于物价上涨导致的。因此，投资偏差分析必须引入进度偏差的概念。

$$进度偏差 1 = 已完工程实际时间 - 已完工程计划时间 \tag{5-12}$$

$$进度偏差 2 = 拟完工程计划投资 - 已完工程计划投资 \tag{5-13}$$

式中：

拟完工程计划投资 = 按原进度计划工作内容的计划投资

也就是说，拟完工程计划投资是指计划进度下的计划投资；已完工程计划投资是指实际进度下的计划投资；已完工程实际投资是指实际进度下的实际投资。即：

$$拟完工程计划投资 = 拟完工程（计划工程量）× 计划单价 \tag{5-14}$$

进度偏差为正值，表示工期拖延；进度偏差为负值，表示进度提前。

[例 5-11] 某工作计划完成工作量 $200m^3$，计划进度 $20m^3/$天，计划投资 10 元$/m^3$，到第 4 天实际完成 $90m^3$，实际投资 1000 元，则到第 4 天，实际完成工作量 $90m^3$，计划完成 $20 \times 4 = 80m^3$。试分析其偏差。

解：

拟完工程计划投资 $= 80 \times 10 = 800$ 元

已完工程计划投资 $= 90 \times 10 = 900$ 元

已完工程实际投资：1000 元

进度偏差 $= 800 - 900 = -100$ 元

则：该工作进度提前，投资增加。

（二）投资偏差参数

1. 局部偏差和累计偏差

局部偏差有两层含义：一是对整个项目而言，指各单项工程、单位工程及分部分项工程的投资偏差；另一层含义是对于整个项目已经实施的时间而言，是指每一控制周期所发生的投资偏差。累计偏差是一个动态概念，其数值总是与具体的时间联系在一起，第一个累计偏差在数值上等于局部偏差，最终的累计偏差就是整个项目的投资偏差。

局部偏差的引入，可使项目投资管理人员清楚地了解偏差发生的时间、所在的单项工程，这有利于分析其发生的原因。而累计偏差所涉及的工程内容较多、范围较大，其原因也较复杂，因而累计偏差分析必须以局部偏差分析为基础。从另一方面来看，因为累计偏差分析是建立在对局部偏差进行综合分析的基础上，所以其结果更能显示出代表性和规律性，对投资控制工作在较大范围内具有指导作用。

2. 绝对偏差和相对偏差

绝对偏差是指投资实际值与计划值比较所得到的差额。绝对偏差的结果很直观，有助于投资管理人员了解项目投资出现偏差的绝对数值，并依此采取一定措施，制定或调整投资与支付计划和资金筹措计划。

相对偏差是指投资偏差的相对数或比例数，以绝对偏差与投资计划值的比值来表示，即：

$$\text{相对偏差} = \frac{\text{绝对偏差}}{\text{投资计划值}} = \frac{\text{投资实际值} - \text{投资计划值}}{\text{投资计划值}} \qquad (5\text{-}15)$$

绝对偏差和相对偏差一样，可正可负，且两者符号相同，正值表示投资超支，负值表示投资节约。二者都只涉及投资的实际值和计划值，即不受项目层次的限制，也不受项目实际时间的限制，因而在各种投资比较中均可采用。但是，绝对偏差有其不容忽视的局限性。如同样 1 万元的投资偏差，对于总投资 1000 万元的项目和总投资 10 万元的项目而言，其严重性显然是不同的。而相对偏差就比较客观地反映投资偏差的严重程度或合理程度，从对投资控制工作要求来看，相对偏差比绝对偏差更有意义。

3. 偏差程度

偏差程度是指投资实际值对计划值的偏离程度，其表达式为：

$$\text{投资偏差程度} = \frac{\text{投资实际值}}{\text{投资计划值}} \qquad (5\text{-}16)$$

偏差程度可参照局部偏差和累计偏差分为局部偏差程度和累计偏差程度。注意，累计偏差程度并不等于局部偏差程度的简单相加。以月为一个控制周期，则两者计算公式为：

$$\text{投资局部偏差程度} = \frac{\text{当月投资实际值}}{\text{当月投资计划值}} \qquad (5\text{-}17)$$

$$\text{投资累计偏差程度} = \frac{\text{累计投资实际值}}{\text{累计投资计划值}} \qquad (5\text{-}18)$$

将偏差程度与进度结合起来，引入进度偏差的概念，其表达式为：

$$\text{进度偏差程度} = \frac{\text{已完工程实际时间}}{\text{已完工程计划时间}} \qquad (5\text{-}19)$$

$$\text{或，进度偏差程度} = \frac{\text{已完工程实际投资}}{\text{已完工程计划投资}} \qquad (5\text{-}20)$$

上述各组偏差和偏差程度变量都是投资比较的基本内容和主要参数。投资比较的程度越深，为下一步的偏差分析提供的支持就越有力。

（三）投资偏差分析方法

常用的偏差分析方法有横道图法、时标网络图法、表格法和曲线法。

1. 表格法

该偏差分析方法可根据项目的具体情况、数据来源、投资控制工作的要求等条件来设计表格，因而适用性较强，表格法的信息量大，可以反映各种偏差变量和指标，对全面深入地了解项目投资的实际情况非常有益；另外，表格法还便于计算机辅助管理，提高投资控制工作效益。

某工程进度偏差分析表见表 5-8。

表 5-8　投资偏差分析表

项目编码	(1)	01	02	03
工程名称	(2)	挖运土方	土方回填	砖基础
单位	(3)	m^3	m^3	m^3
计划单价	(4)	10	20	200
拟完工程量	(5)	5000	3000	300

（续）

项目编码	(1)	01	02	03
拟完工程计划投资	(6) = (4) × (5)	50000	60000	60000
已完工程量	(7)	5500	3200	250
已完工程计划投资	(8) = (7) × (4)	55000	64000	50000
实际单价	(9)	8	20	220
其他款项	(10)			
已完工程实际投资	(11) = (7) × (9) + (10)	44000	64000	55000
投资局部绝对偏差	(12) = (11) − (8)	−11000	0	5000
投资局部相对偏差	(13) = (12) ÷ (8)	−0.20	0	0.10
投资累计绝对偏差	(14) = Σ (12)			
投资累计相对偏差	(15) = (14) ÷ Σ (8)			
进度局部绝对偏差	(16) = (6) − (8)	−5000	−4000	10000
进度局部相对偏差	(17) = (16) ÷ (8)	−0.10	−0.07	0.17
进度累计绝对偏差	(18) = Σ (16)			
进度累计相对偏差	(19) = (18) ÷ Σ (8)			

2. 时标网络图法

时标网络图是在确定施工计划网络图的基础上，将施工的实施进度与日历工期相结合而形成的网络图。根据时标网络图可以得到每一时间段的拟完工程计划投资，已完工程实际投资可以根据实际工作完成情况测得，在时标网络图上考虑实际进度前锋线就可以得到每一时间段的已完工程计划投资。实际进度前锋线表示整个项目目前实际完成的工作面情况，某观测点的实际进度及其计划投资累计值和实际投资累计值由此前锋线可以得到计算。

3. 横道图法

用横道图进行投资偏差分析，是用不同的横道来标识拟完工程计划投资、已完工程实际投资和已完工程计划投资，在实际工作中往往需要根据拟完工程计划投资和已完工程实际投资确定已完工程计划投资后，再确定投资偏差与进度偏差。

4. 曲线法

曲线法是用投资时间曲线进行偏差分析的一种方法。在用曲线法进行偏差分析时，通常有三条投资曲线，即已完工程实际投资曲线，已完工程计划投资曲线和拟完工程计划投资曲线。在某时间点可读出该点已完工程实际投资累计值和已完工程计划投资累计值，从而计算投资偏差；通过已完工程计划投资累计值可寻找相同投资下的计划投资累计值所在的时间点，从而得到工期偏差，如图 5-7 所示。

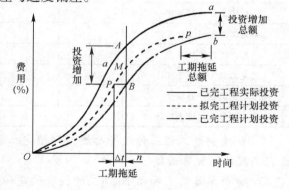

三种投资累计曲线表示

图 5-7 投资偏差与进度偏差图示

（四）投资偏差分析案例

[**案例四**] 某工程计划进度与实际进度见表 5-9。表中实线表示计划进度（进度线上方的数据为每周计划投资），虚线表示实际进度（进度线上方的数据为每周实际投资），资金单位为万元。

表 5-9 某工程计划进度与实际进度

工程项目	进度计划／周											
	1	2	3	4	5	6	7	8	9	10	11	12
A（计划）	3	3	3									
A（实际）	3	3	3									
B（计划）		3	3	3	3	3	2					
B（实际）			3	3	3	2	2					
C（计划）				2	2	2	2					
C（实际）						2	2	2	2	2		
D（计划）						3	3	3	3			
D（实际）							2	2	2	2	2	
E（计划）								2	2	2		
E（实际）										2	2	2

问题：

1. 计算每周投资数据，并将结果填入表 5-10。

表 5-10 投资数据表 （单位：万元）

项 目	投资数据											
	1	2	3	4	5	6	7	8	9	10	11	12
拟完工程计划投资												
拟完工程计划投资累计												
已完工程实际投资												
已完工程实际投资累计												
已完工程计划投资												
已完工程计划投资累计												

2. 试绘制该工程三种投资曲线，即拟完工程计划投资曲线、已完工程实际投资曲线和已完工程计划投资曲线。

3. 分析第 6 周末和第 10 周末的投资偏差和进度偏差。

解：

问题1：计算数据见表 5-11。

项 目	投 资 数 据											
	1	2	3	4	5	6	7	8	9	10	11	12
拟完工程计划投资	3	6	6	5	5	8	5	5	5	2		
拟完工程计划投资累计	3	9	15	20	25	33	38	43	48	50		
已完工程实际投资	3	3	6	3	3	4	6	4	4	6	4	2
已完工程实际投资累计	3	6	12	15	18	22	28	32	36	42	46	48
已完工程计划投资	3	3	6	3	3	5	8	5	5	5	2	2
已完工程计划投资累计	3	6	12	15	18	23	31	36	41	46	48	50

表 5-11　投资数据表　　　　　　　　　　（单位：万元）

问题2：根据表中数据绘出投资曲线图，如图 5-8 所示。图中①为拟完工程计划投资曲线；②为已完工程实际投资曲线；③为已完工程计划投资曲线。

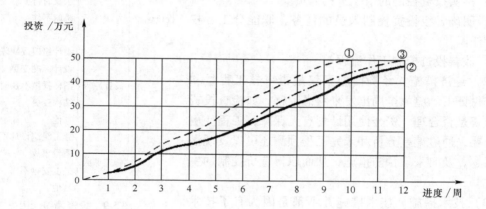

图 5-8　投资累计曲线图

问题3：

第 6 周末投资偏差 $= 22 - 23 = -1$（万元），即投资节约 1 万元。

第 6 周末进度偏差 $= 6 - [4 + (23 - 20)/(25 - 20)] = 1.4$（周），即进度拖后 1.4 周。

或第 6 周进度偏差 $= 33 - 23 = 10$（万元），即进度拖后 10 万元。

第 10 周末投资偏差 $= 42 - 46 = -4$（万元），即投资节约 4 万元。

第 10 周末进度偏差 $= 10 - [8 + (46 - 43)/(48 - 43)] = 1.4$（周），即进度拖后 1.4 周。

或第 10 周末进度偏差 $= 50 - 46 = 4$（万元），即进度拖后 4 万元。

二、偏差原因分析及纠偏措施

（一）偏差原因分析

偏差分析的一个重要目的就是找出引起偏差的原因，从而有可能采取有针对性的措施，减少或避免相同原因的再次发生，实现投资的动态控制和主动控制。纠偏首先要确定纠偏的主要对象，纠偏的主要对象是由于业主原因和设计原因造成的投资偏差。在进行偏差原因分析时，首先应当将已经导致和可能导致偏差的各种原因逐一列举出来。导致不同工程项目产生投资偏差的原因是有一定共性，因而可以通过对已建项目的投资偏差原因进行归纳、总结，为该项目采取预防措施提供依据。

一般来讲，引起投资偏差的原因有以下几个方面，如图 5-9 所示。

（二）纠偏措施

由于客观原因造成的投资偏差，有些是无法克服和控制的，对少数原因可做到防患于未然，力求减少该原因所产生的经济损失。对于施工原因所导致的经济损失，通常是由承包人自己承担。从投资控制的角度只能加强合同管理，减少索赔事件发生。纠偏的主要对象应是由于业主及设计原因造成的投资偏差。

（1）组织措施。组织措施是指从投资控制的组织管理方面采取的措施，包括：

1）落实投资控制的组织机构人员。

2）明确各级投资控制人员的任务、职能分工、权利和责任。

3）改善投资控制工作流程等。

（2）经济措施。经济措施不仅是指审核工程量和签发交付证书。应从全局出发来考虑问题，如检查投资目标分解是否合理，资金使用计划有无保障，工程变更有无必要，通过偏差分析和未完工程预测还可以发现潜在的问题，及时采取预防措施，从而取得造价控制的主动权。

（3）技术措施。技术措施并不都是因为有了技术问题才加以考虑，也可能因为出现了较大的投资偏差而

图 5-9　投资偏差原因

加以运用。不同的技术措施往往含有不同的经济效果，因此运用技术措施纠偏时，要对不同的技术方案进行技术经济分析后加以选择。

（4）合同措施。合同措施在纠偏方面主要指索赔管理。在施工过程中若发生索赔事件，要认真审查有关索赔依据是否符合合同规定，提供的证据是否有效，费用计算是否合理，从主动控制角度出发，向相关管理人员进行合同交底，落实合同规定的责任。

本 章 小 结

建设项目施工阶段工程造价的控制是造价控制的重点。本章重点介绍：施工阶段造价控制的目标；合同价款调整的程序与内容；工程索赔；建设工程价款结算；投资偏差分析五部分内容。

施工阶段造价控制的目标是通过对施工过程计划投资与实际投资的偏差进行记录分析，及时发现偏差、及时分析偏差的原因、及时纠偏来完成对投资成本的控制。介绍了投资累计曲线的绘制。

我国现行清单计价规范，将合同价款调整内容归纳为 15 种，价款调整程序一改由单方面（承包人）提出变更、索赔等的传统模式，而由利益方提出调整由对方确认，特别强调

了超过时效不提出不涉及的调整程序。变更、索赔仅是 15 种价款调整中的两种情况。

以工程索赔为例展开了价款调整的介绍，介绍了索赔的概念、产生的原因，介绍了我国现行《2013 建设工程施工合同示范文本》中的索赔程序与计价相关条文，介绍了索赔的证据、索赔的内容及处理原则、索赔文件的编制及注意问题，并给出了索赔案例。

建设工程价款结算，按照我国现行清单计价规范规定，阐述了我国工程价款：预付款、安全文明措施费、进度款与工程保修金的内容及其结算办法，重点介绍预付款、进度款、工程保修金等工程价款的计算，还介绍了工程竣工结算及其审查，并给出了工程价款综合案例。

投资偏差分析，介绍了投资偏差的计算与分析，偏差原因经验分析、介绍纠偏措施常规作法。

思考题与习题

[思考题]

1. 施工阶段资金使用计划表的编制方法有哪几种？

2. 合同价款调整的种类有哪些？

3. 简述索赔的分类及索赔的程序。

4. 简述工程价款的动态结算方式。

5. 投资偏差分析的方法有哪些？

[单项选择题]

1. 由施工企业报送，监理公司审核的资金使用计划是（　　）。

A. 建设项目资金使用计划　　　　　　　　B. 单项工程资金使用计划

C. 单位工程资金使用计划　　　　　　　　D. 分部工程资金使用计划

2. 下列不属于施工阶段价款调整范围的是（　　）。

A. 基本预备费　　　B. 法律法规变化　　　C. 工程变更　　　　D. 不可抗力

3. 出现合同价款调增的设计变更，引起的合同价款调增报告由（　　）提出，经（　　）确认后作为结算的依据。

A. 工程师、发包人　　　　　　　　　　　B. 承包人、发包人

C. 发包人、承包人　　　　　　　　　　　D. 工程师、承包人

4. 出现合同价款调减的设计变更，引起的合同价款调减报告由（　　）提出，经（　　）确认后作为结算的依据。

A. 工程师、发包人　　　　　　　　　　　B. 承包人、发包人

C. 发包人、承包人　　　　　　　　　　　D. 工程师、承包人

5. 下列不正确的描述是（　　）。

A. 在投标截止日前 28 天之后发布的法律法规变化是合同调整范围

B. 发生在原定竣工时间之后，实际竣工时间之前的法律法规变化，如延期是施工单位，则调增的不调，调减的按规定调减

C. 发生在原定竣工时间之后，实际竣工时间之前的法律法规变化，如延期是施工单位，则变动部分不予调整

D. 因变更引起的价格调整应计入最近一期的进度款中支付

6. 施工过程中由于设计图样未能按约提供给承包商造成了工程工期拖延，人工、机械停工，则承包商（ ）。

A. 只能索赔工期 　　　　　　　　B. 只能索赔费用

C. 二者均可 　　　　　　　　　　D. 不能索赔

7. 如甲方不按合同约定时间支付工程进度款，双方又未达到延期付款协议，致使施工无法进行，则（ ）。

A. 乙方可停止施工，由双方共同承担责任

B. 乙方若停止施工，会导致甲方索赔

C. 乙方仍应设法继续施工

D. 乙方可停止施工，甲方承担违约责任

8. 某工程合同价款1000万元，2006年2月签订合同，2007年2月如期竣工，基期造价指数100.06，报告期造价指数100.40，则合同动态结算价款为（ ）万元。

A. 1003.40 　　　　　　　　　　B. 1060

C. 1360 　　　　　　　　　　　　D. 1030

9. 在进行投资控制时，纠偏的主要对象是（ ）偏差。

A. 客观原因 　　　　　　　　　　B. 施工原因

C. 业主原因 　　　　　　　　　　D. 物价上涨原因

10. 某分项工程发包方提供的估计工程量120m³，合同综合单价为10元/m³，合同约定实际工程量超过估计工程量10%时，调整单价，单价调为9元/m³，实际完成工程量150m³，工程款为（ ）元。

A. 1470 　　　　B. 1482 　　　　C. 1080 　　　　D. 1140

11. 某工程，4月份拟完工程计划投资10万元，已完工程计划投资8万元，已完工程实际投资12万元，则进度偏差为（ ）。

A. -2 　　　　　B. 4 　　　　　　C. 2 　　　　　　D. -4

12. 某工程合同工期200天，合同价为500万元（其中含现场管理费60万元）。投标书计算的现场管理费率为10%。因为设计变更新增工程款100万元，引起工期延误55天，则承包人可提出的现场管理费索赔应是（ ）万元。

A. 4.5 　　　　　B. 10 　　　　　C. 16.5 　　　　D. 0

13. 某工程合同价100万元，合同约定按调值公式调整结算价款，该工程固定系数0.3，参加调值的因素为A、B、C，分别占价款比例20%、40%、10%，竣工结算时除A增长10%外，其他都未发生变化。则竣工结算价款为（ ）万元。

A. 102 　　　　　B. 104 　　　　C. 105 　　　　D. 103

14. 某工程因大地震造成工期延长并发生相应损失，工期拖延5天，工地待用材料损失5万元，承包人施工机械修理费20万元，窝工费2万元，承担的工程修复费30万元。除此之外别无其他损失，则承包商可索赔的工期及费用分别为（ ）。

A. 0天，35万元　　B. 0天，37万元　　C. 5天，35万元　　D. 5天，57万元

15. 某工程合同约定单价调整界线为，工程量超过（少于）原招标工程量清单10%，调减单价减10%，调增单价增5%。某分项工程工程价款共计30万元，实施完毕发现工程量仅有招标工程量的70%，此时该分项工程实际工程价款为（ ）万元。

A. 21   B. 25   C. 22.05   D. 18.9

[多项选择题]

1. "香蕉图"是由（   ）绘制而成的。

A. 全部活动最早时间开始的时间-投资累计曲线

B. 全部活动最迟时间开始的时间-投资累计曲线

C. 全部活动最早时间开始的时间-单位投资曲线

D. 全部活动最迟时间开始的时间-单位投资曲线

2. 不适合 14 天序列时效限制的价款调整内容为（   ）。

A. 法律法规变化   B. 工程量偏差   C. 计日工   D. 现场签证

E. 施工索赔

3. 确定暂估价实际开支分为下列（   ）几种情况。

A. 依法必须招标的材料、工程设备和专业工程

B. 依法不需要招标的材料、工程设备

C. 依法不需要招标的专业工程

D. 甲购材料

E. 甲控材料

4. 由于业主原因修改图样，导致工程停工 10 天，则承包人可索赔的费用是（   ）。

A. 利润   B. 人工窝工   C. 现场管理费   D. 税金

E. 机械停滞费

5. 施工中发生不可抗力，由发包方承担的责任有（   ）。

A. 工程本身的损害

B. 运至施工场地用于施工的材料、待安设备的损坏

C. 承包人的施工机械设备

D. 工程所需清理、修复

E. 承包人应发包人要求停留在工地的管理人员与保卫人员的工资

6. 工程保修金的返还下列说明不正确的是（   ）。

A. 竣工结算时返还   B. 保修期满返还

C. 竣工后按期返还   D. 工程设计寿命年限满后返还

E. 可以不返还

7. 进度偏差可以表示为（   ）。

A. 已完工程计划投资 - 已完工程实际投资

B. 拟完工程计划投资 - 已完工程实际投资

C. 拟完工程计划投资 - 已完工程计划投资

D. 已完工程计划投资 - 拟定工程计划投资

E. 已完工程实际进度 - 已完工程计划进度

8. 下列事件中，可以索赔的是（   ）。

A. 施工困难   B. 机械故障   C. 不可抗力   D. 设计变更

E. 工程师错误指令

9. 竣工结算的依据有（   ）。

A. 施工合同　　　　　　　　　　　　　B. 完成的工程量

C. 经工程确认的索赔事项价款　　　　　　D. 投标文件

E. 工程材料试验报告

10. 其他项目应按规定计价。下列正确的有（　　　）。

A. 计日工应按发包人实际签证确认的事项计算

B. 暂估价应按照实际发生计算

C. 总承包服务费应依据已标价工程量清单金额计算；调整部分，以发承包双方确认调整金额计算

D. 索赔费用应依据以发承包双方确认的索赔事项和金额计算

E. 暂列金额减去合同价款调整金额的余额归发包人

[案例题]

[案例1]　某汽车制造厂建设施工土方工程中，承包商在合同标明有松软石的地方没有遇到松软石，因此工期提前1个月；但在合同中另一未标明有坚硬岩石的地方遇到更多的坚硬岩石，开挖工作变得更加困难，由此造成了实际生产率比原计划低得多，经测算影响工期3个月。由于施工速度减慢，使得部分施工任务拖到雨季进行，按一般公认标准推算，又影响工期2个月。为此承包商准备提出索赔。

问题：

1. 该项施工索赔能否成立？为什么？

2. 在该索赔事件中，应提出的索赔内容包括哪些方面？

3. 在工程施工中，通常可以提供的索赔证据有哪些？

4. 承包商应提供的索赔文件有哪些？请协助承包商拟定一份索赔通知。

[案例2]　某建筑公司（乙方）于某年4月20日与某厂（甲方）签订了修建建筑面积为3000m² 工业厂房（带地下室）的施工合同。乙方编制的施工方案和进度计划已获监理工程师批准。该工程的基坑开挖土方量为4500m³，假设直接费单价为4.2元/m³，综合费率为直接费的20%。该基坑施工方案规定：土方工程采用租赁一台斗容量为1m³ 的反铲挖掘机施工（租赁费450元/台班）。甲、乙双方合同约定5月11日开工，5月20日完工。在实际施工中发生了如下几项事件：

事件1：因租赁的挖掘机大修，晚开工2天，造成人员窝工10个工日。

事件2：施工过程中，因遇软土层，接到监理工程师5月15日停工的指令，进行地质复查，配合用工15个工日。

事件3：5月19日接到监理工程师于5月20日复工令，同时提出基坑开挖深度加深2m的设计变更通知单，由此增加土方开挖量900m³。

事件4：5月20日~5月22日，因下大雨迫使基坑开挖暂停，造成人员窝工10个工日。

事件5：5月23日用30个工日修复冲坏的永久道路，5月24日恢复挖掘工作，最终基坑于5月30日挖坑完毕。

问题：

1. 上述哪些事件建筑公司可以向厂方要求索赔？哪些事件不可以要求索赔？并说明原因。

2. 每项事件工期索赔各是多少天？总计工期索赔是多少天？

3. 假设人工费单价为23元/工日，因增加用工所需的管理费为增加人工费的33%，则

合理的费用索赔总额是多少?

4. 建筑公司应向厂方提供的索赔文件有哪些?

[**案例 3**] 某建设工程系外资贷款项目,业主与承包商按照《FIDIC 土木工程施工合同条件》签订了施工合同。施工合同"专用条件"规定:钢材、木材、水泥由业主供货到现场仓库,其他材料由承包商自行采购。

当工程施工至第 5 层框架柱钢筋绑扎时。因业主提供的钢筋未到,使该项作业从 10 月 3 日至 10 月 16 日停工(该项作业的总时差为 0)。

10 月 7 日至 10 月 9 日因停电、停水使第 3 层的砌砖停工(该项作业的总时差为 4 天)。

10 月 14 日至 10 月 17 日因砂浆搅拌机发生故障使第一层抹灰延迟开工(该项作业的总时差为 4 天)。

为此,承包商于 10 月 20 日向工程师提交了一份索赔意向书,并于 10 月 25 日送交了一份工期、费用索赔计算书和索赔依据的详细材料。其计算书的主要内容如下:

1. 工期索赔:

(1)框架柱扎筋 10 月 3 日至 10 月 16 日停工,计 14 天

(2)砌砖 10 月 7 日至 10 月 9 日停工,计 3 天

(3)抹灰 10 月 14 日至 10 月 17 日延迟开工,计 4 天

总计请求顺延工期:21 天

2. 费用索赔:

(1)窝工机械设备费:

一台塔式起重机 $14 \times 468 = 6552$(元)

一台混凝土搅拌机 $14 \times 110 = 1540$(元)

一台砂浆搅拌机 $7 \times 48 = 336$(元)

小计:8428 元

(2)窝工人工费:

扎筋 $35 \times 40.30 \times 14 = 19747$(元)

砌砖 $30 \times 40.30 \times 3 = 3627$(元)

抹灰 $35 \times 40.30 \times 4 = 5642$(元)

小计:29016 元

(3)保函费延期补偿:$(1500 \times 10\% \times 6‰/365) \times 21 = 517.81$(元)

(4)管理费增加:$(8428 + 29016 + 517.81) \times 15\% = 5694.27$(元)

(5)利润损失:$(8428 + 29016 + 517.81 + 5694.27) \times 5\% = 2182.80$(元)

经济索赔合计:45838.88 元

问题:

1. 承包商提出的工期索赔是否正确?应予批准的工期索赔为多少天?

2. 假定经双方协商一致,窝工机械设备费索赔按台班单价的 65% 计;考虑对窝工人工应合理安排工人从事其他作业后的降效损失,窝工人工费索赔按每工日 30 元计;保函费计算方式合理,管理费、利润损失不予补偿。试确定经济索赔额。

提示要点:

该案例主要考核工程索赔成立的条件与索赔责任的划分;工期索赔、费用索赔计算与审

核。分析该案例时，要注意网络计划关键线路，工作的总时差的概念及其对工期的影响，以及因非承包商原因造成窝工的机械与人工增加费的确定方法。

因业主原因造成的施工机械闲置补偿标准要视机械来源确定，如果是承包商的自有机械，一般按台班折旧费标准补偿；如果是承包商租赁来的机械，一般按台班租赁费标准补偿。因机械故障造成的损失应由承包商自行负责，不给补偿。

确定因业主原因造成的承包商人员窝工补偿标准时，可以考虑承包商应该合理安排窝工工人做其他工作，所以只补偿工效差。

因承包商自身原因造成的人员窝工和机械闲置，其损失业主不予补偿。

[**案例4**] 某施工单位（乙方）与某建设单位（甲方）签订了建造无线电发射塔试验基地施工合同。合同工期为38天。由于该项目急于投入使用，在合同中规定，工期每提前（或拖后）1天奖励（或罚款）5000元。乙方按时提交了施工方案和施工网络进度计划，如图5-10所示，并得到甲方代表的批准。

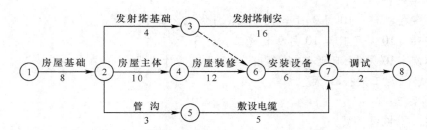

图5-10　发射塔试验基地工程施工网络进度计划

实际施工过程中发生了如下几项事件：

事件1：在房屋基坑开挖后，发现局部有软弱下卧层，按甲方代表指示乙方配合地质复查，配合用工为10个工日。地质复查后，根据经甲方代表批准的地基处理方案，增加直接费用4万元，因地质复查和处理使房屋基础作业时间延长3天，人工窝工15个工日。

事件2：在发射塔基础施工时，因发射塔原设计尺寸不当，甲方代表要求拆除已施工的基础，重新定位施工。由此造成增加用工30个工日，材料费1.2万元，机械台班费3000元，发射塔基础作业时间拖延2天。

事件3：在房屋主体施工中，因施工机械故障，造成人工窝工8个工日，该项工作作业时间延长2天。

事件4：在房屋装修施工基本结束时，甲方代表对某项电气暗管的敷设位置是否准确有疑义，要求乙方进行剥离检查。检查结果为某部位的偏差超出了规范允许范围，乙方根据甲方代表的要求进行返工处理，合格后甲方代表予以签字验收。该项返工及覆盖用工20个工日，材料费为1000元。因该项电气暗管的重新检验和返工处理使安装设备的开始作业时间推迟了1天。

事件5：在敷设电缆时，因乙方购买的电缆线材质量差，甲方代表令乙方重新购买合格线材。由此造成该项工作多用人工8个工日，作业时间延长4天，材料损失费8000元。

事件6：鉴于该工程工期较紧，经甲方代表同意乙方在安装设备作业过程中采取了加快施工的技术组织措施，使该项工作作业时间缩短2天，该项技术组织措施费为6000元。

其余各项工作实际作业时间和费用均与原计划相符。

问题：

1. 在上述事件中，乙方可以就哪些事件向甲方提出工期补偿和费用补偿要求？为什么？

2. 该工程的实际施工天数为多少天？可得到的工期补偿为多少天？工期奖励（或罚款）金额为多少？

3. 假设工程所在地人工费标准为50元/工日，应由甲方给予补偿的窝工人工费补偿标准为30元/工日，该工程综合取费率为直接费的25%。则在该工程结算时，乙方应该得到的索赔款为多少？

提示要点：

该案例以实际工程网络计划及其实施过程中发生的若干事件为背景，考核对工程索赔成立的条件、施工进度拖延和费用增加的责任划分与处理原则，利用网络分析法处理工期索赔、工期奖罚的方法。除此之外，增加了建筑安装工程费用计算的简化方法。建筑安装工程费用的计算方法一般是首先计算直接费用，然后以直接费用为基数，根据有关规定计算间接费用、利润和税金等。本案例为简化起见，将直接费用以外的间接费用、利润和税金等费用处理成以直接费用为基数的一个综合费率。

[**案例5**]　某图书馆拟重新铺设广场砖。2008年1月该图书馆与某装修公司签订了工程施工承包合同。合同中的估算工程量为6200m²，单价为210元/m²（其中：主材选用50mm厚的山东白麻烧毛板，主材单价为135元/m²，由业主直接供应），合同工期为6个月。有关付款条款如下：

1. 开工前承包商向业主提供估算合同总价10%的履约保函，业主向承包商支付估算合同总价10%的工程预付款。

2. 工程预付款从累计工程进度款超过估算合同价的50%后的下一个月起，至第5个月均匀扣回。

3. 业主自第一个月起，每月从承包商的工程款中，按5%的比例扣留工程质量保修金。

4. 当累计实际完成工程量超过（或低于）估算工程量的10%时，可进行调价，调价系数为0.9（或1.1）。

5. 由业主直接供应的装修主材款应在发生当月的工程款中扣除，且每月签发付款最低金额为5万元。

承包商每月实际完成并经签证确认的工程量见表5-12。

表5-12　每月实际完成工程量

月	1	2	3	4	5	6
完成工程量/m²	1000	1000	1500	1500	1500	600
累计完成工程量/m²	1000	2000	3500	5000	6500	7100
业主直供主材价值/万元	15	10	25	20	20	5.85

问题：

1. 估算合同总价为多少？

2. 工程预付款为多少？工程预付款从哪个月起扣留？每月应扣工程预付款为多少？

3. 每月工程量价款为多少？应签证的工程款为多少？应签发的付款凭证金额为多少？

[案例6] 　某施工单位于2007年3月与业主签订了某工程项目的施工合同，承包合同约定工程合同价款为3000万元，工程价款采用调值公式动态按月结算。该工程各部分费用占工程价款的百分比分别为：人工费（A）占30%，材料费占50%（其中又分为B、C、D、E四类，占工程价款的比重分别为20%、15%、8%、7%），不调值费用占20%。

承包合同中约定了工程预付款的比例及扣回的时间。工程进度款按月结算，工程质量保证金按工程结算价款总额的3%计算，竣工结算时一次扣留。

该工程于2008年6月底竣工验收合格。至2008年5月底，预付工程款已经全部扣回，累计支付工程款（含工程预付款）共计2850万元。6月份完成施工产值300万元，价格指数按表5-13计算。

表5-13　价格指数

代号	A	B	C	D	E
指数	100	105	120	105	112
指数	108	123	135	110	120

问题：

1. 竣工结算的原则是什么？
2. 经调价后的6月份工程款是多少？
3. 该工程的质量保证金为多少？
4. 竣工结算时业主应支付的工程结算款为多少？
5. 该工程的工程竣工结算总造价为多少？

[案例7] 　某业主与承包商签订了某建筑安装工程项目总承包施工合同。承包范围包括土建工程和水、电、通风等建筑设备安装工程，合同总价为4800万元。工期为2年，第1年已完成2600万元，第2年应完成2200万元。承包合同规定：

1. 业主应向承包商支付当年合同价25%的工程预付款。

2. 工程预付款应从未施工工程中所需的主要材料及构配件价值相当于工程预付款时起扣；每月以抵冲工程款的方式陆续扣留，竣工前全部扣清；主要材料及设备费比重按62.5%考虑。

3. 工程质量保证金为承包合同总价的3%，经双方协商，业主从每月承包商的工程款中按3%的比例扣留。在缺陷责任期满后，工程质量保证金及其利息扣除已支出费用后的剩余部分退还给承包商。

4. 业主按实际完成建安工作量每月向承包商支付工程款，但当承包商每月实际完成的建安工作量少于计划完成建安工作量的10%以上（含10%）时，业主可按5%的比例扣留工程款，在工程竣工结算时将扣留工程款退还给承包商。

5. 除设计变更和其他不可抗力因素外，合同价格不做调整。

6. 由业主直接提供的材料和设备在发生当月的工程款中扣回其费用。

经业主的工程师代表签认的承包商在第2年各月计划和实际完成的建安工作量以及业主直接提供的材料、设备价值见表5-14。

表 5-14 工程结算数据表　　　　　　　　　　　（单位：万元）

月　份	1~6	7	8	9	10	11	12
计划完成建安工作量	1100	200	200	200	190	190	120
实际完成建安工作量	1110	180	210	205	195	180	120
业主直供材料设备的价值	90.56	35.5	24.4	10.5	21	10.5	5.5

问题：

1. 工程预付款是多少？

2. 工程预付款从几月份开始起扣？

3. 1~6 月以及其他各月业主应支付给承包商的工程款是多少？

4. 竣工结算时，业主应支付给承包商的工程结算款是多少？

提示要点：

本案例除考核的工程预付款、起扣点、按月结算款等知识点与案例二基本相同外，还增加了对业主提供材料的费用、对承包商未按计划完成每月工作量的惩罚性扣款的处理方法。另外，还要注意建设部、财政部颁布的《关于印发〈建设工程质量保证金管理暂行办法〉的通知》[建质（2005）7 号]对工程质量保证金的有关规定。

[案例 8]　某工程项目业主通过工程量清单招标方式确定某投标人为中标人，并与其签订了工程承包合同，工期 4 个月。部分工程价款条款如下：

1. 分项工程清单中含有两个混凝土分项工程，工程量分别为甲项 2300m³，乙项 3200m³，清单报价中甲项综合单价为 180 元/m³，乙项综合单价为 160 元/m³。当某一分项工程实际工程量比清单工程量增加（或减少）10% 以上时，应进行调价，调价系数为 0.9（1.08）。

2. 措施项目清单中含有 5 个项目，总费用 18 万元。其中，甲分项工程模板及其支撑措施费 2 万元、乙分项工程模板及其支撑措施费 3 万元，结算时，该两项费用按相应分项工程量变化比例调整；大型机械设备进出场及安拆费 6 万元，结算时，该项费用不调整；安全文明施工费为分部分项合价及模板措施费、大型机械设备进出场及安拆费各项合计的 2%，结算时，该项费用随取费基数变化而调整；其余措施费用，结算时不调整。

3. 其他项目清单中仅含专业工程暂估价一项，费用为 20 万元。实际施工时经核定确认的费用为 17 万元。

4. 施工过程中发生计日工费用 2.6 万元。

5. 规费综合费率 3.32%，税金 3.47%。

有关付款条款如下：

1. 材料预付款为分项工程合同价的 20%，于开工前支付，在最后两个月平均扣除。

2. 措施项目费于开工前和开工后第 2 月末分两次平均支付。

3. 专业工程暂估价在最后 1 个月按实结算。

4. 业主按每次承包商应得工程款的 90% 支付。

5. 工程竣工验收通过后进行结算，并按实际总造价的 5% 扣留工程质量保证金。

承包商每月实际完成并经签证确认的工程量见表 5-15。

表 5-15 每月实际完成工程量　　　　　　　　　　　　（单位：m³）

分项工程 ＼ 月份	1	2	3	4	累计
甲	500	800	800	600	2700
乙	700	900	800	400	2800

问题：

1. 该工程预计合同总价为多少？材料预付款是多少？首次支付措施项目费是多少？

2. 每月分项工程量价款是多少？承包商每月应得的工程款是多少？

3. 分项工程量总价款是多少？竣工结算前，承包商应得累计工程款是多少？

4. 实际工程总造价是多少？竣工结算款为多少？

第六章 建设项目竣工决算与保修费用处理

学习目标：

了解竣工决算的概念及作用；熟悉竣工决算与竣工结算的区别，熟悉新增资产价值的确定，熟悉保修责任、保修费用及其处理。

学习重点：

新增资产价值的确定，保修费用及其处理。

学习建议：

通过对竣工验收阶段工程造价控制环节的学习，了解竣工决算的工作内容。通过对新增资产价值确定的练习，加强对建设项目固定资产形成的认识。通过对烂尾楼的成因及危害的认识，加强在工程造价控制工作，积极规避此种风险。

相关知识链接：

国家财政部印发的财基字（1998）4号关于《基本建设财务管理若干规定》；中华人民共和国国务院令第136号《建设工程质量管理条例》。

第一节 竣工决算概述

一、建设项目竣工决算的概念及作用

1. 建设项目竣工决算的概念

建设项目竣工决算是指在竣工验收交付使用阶段，由建设单位编制的建设项目从筹建到竣工投产或使用全过程的全部实际支出费用的经济文件。它也是建设单位反映建设项目实际造价和投资效果的文件，是竣工验收报告的重要组成部分。

2. 建设项目竣工决算的作用

竣工决算是建设项目经济效益的全面反映，是项目法人核定各类新增资产价值，办理其交付使用的依据。通过竣工决算，一方面能够正确反映建设工程的实际造价和投资结果；另一方面可以通过竣工决算与概算、预算的对比分析，考核投资控制的工作成效，总结经验教训，积累技术经济方面的基础资料，提高未来建设工程的投资效益。

二、竣工决算的内容

大、中型和小型建设项目的竣工决算内容包括以下四个方面：

1. 竣工决算报告情况说明书

竣工决算报告情况说明书主要反映竣工工程建设成果和经验，是对竣工决算报表进行分析和补充说明的文件，是全面考核分析工程投资与造价的书面总结，其内容主要包括：

（1）建设项目概况，对工程总的评价。

（2）资金来源及运用等财务分析。

（3）基本建设收入、投资包干结余、竣工结余资金的上交分配情况。

（4）各项经济技术指标的分析。

（5）工程建设的经验及项目管理和财务管理工作以及竣工财务决算中有待解决的问题。

（6）需要说明的其他事项。

2. 竣工财务决算报表

建设项目竣工财务决算报表要根据大、中型建设项目和小型建设项目分别制定。大、中型建设项目竣工决算报表包括：建设项目竣工财务决算审批表，大、中型建设项目概况表，大、中型建设项目竣工财务决算表，大、中型建设项目交付使用资产总表；小型建设项目竣工财务决算报表包括：建设项目竣工财务决算审批表，竣工财务决算总表，建设项目交付使用资产明细表。

3. 建设工程竣工图

建设工程竣工图是真实地记录各种地上、地下建筑物、构筑物等情况的技术文件，是工程进行交工验收、维护改建和扩建的依据，是国家的重要技术档案。其具体要求有：

（1）凡按图竣工没有变动的，由施工单位在原施工图上加盖"竣工图"标志后，即作为竣工图。

（2）凡在施工过程中，虽有一般性设计变更，但能将原施工图加以修改补充作为竣工图的，可不重新绘制，由施工单位负责在原施工图（必须是新蓝图）上注明修改的部分，并附以设计变更通知单和施工说明，加盖"竣工图"标志后，作为竣工图。

（3）凡结构形式改变、施工工艺改变、平面布置改变、项目改变以及有其他重大改变，不宜再在原施工图上修改、补充时，应重新绘制改变后的竣工图。施工单位负责在新图上加盖"竣工图"标志，并附以有关记录和说明，作为竣工图。

（4）为了满足竣工验收和竣工决算需要，还应绘制反映竣工工程全部内容的工程设计平面示意图。

4. 工程造价对比分析

批准的概算是考核建设工程造价的依据。在分析时，可先对比整个项目的总概算，然后将建筑安装工程费、设备工器具费和其他工程费用逐一与竣工决算表中所提供的实际数据和相关资料及批准的概算、预算指标、实际的工程造价进行对比分析，以确定竣工项目总造价是节约还是超支，并在对比的基础上，总结先进经验，找出节约和超支的内容和原因，提出改进措施。在实际工作中，应主要分析以下内容：

（1）主要实物工程量。

（2）主要材料消耗量。

（3）考核建设单位管理费、建筑及安装工程其他直接费、现场经费和间接费的取费标准。

三、竣工决算的编制

1. 竣工决算编制依据

（1）经批准的可行性研究报告及其投资估算。

（2）经批准的初步设计或扩大初步设计及其概算或修正概算。

（3）经批准的施工图设计及其施工图预算。

（4）设计交底或图样会审纪要。

（5）招标投标的标底、承包合同、工程结算资料。

（6）施工记录或施工签证单，以及其他施工中发生的费用记录，如：索赔报告与记录、停（交）工报告等。

（7）竣工图及各种竣工验收资料。

（8）历年基建资料、历年财务决算及批复文件。

（9）设备、材料调价文件和调价记录。

（10）有关财务核算制度、办法和其他有关资料、文件等。

2. 竣工决算的编制步骤

按照国家财政部印发的财基字（1998）4号关于《基本建设财务管理若干规定》的通知要求，竣工决算的编制步骤如下：

（1）收集、整理、分析原始资料，主要包括建设工程档案资料，如：设计文件、施工记录、上级批文、概（预）算文件。工程结算的归集整理，财务处理。财产物资的盘点核实及债权债务的清偿，做到账账、账证、账实、账表相符。对各种设备、材料、工具、器具等要逐项盘点核实并填列清单，妥善保管，或按照国家有关规定处理，不准任意侵占和挪用。

（2）对照、核实工程变动情况，重新核实各单位工程、单项工程造价。将竣工资料与原设计图样进行查对、核实，必要时可实地测量，确认实际变更情况；根据经审定的施工单位竣工结算等原始资料，按照有关规定对原概（预）算进行增减调整，重新核定工程造价。

（3）将审定后的待摊投资、设备工器具投资、建筑安装工程投资、工程建设其他投资严格划分和核定后，分别计入相应的建设成本栏目内。

（4）编制竣工财务决算说明书，力求内容全面、简明扼要、文字流畅、说明问题。

（5）填报竣工财务决算报表。

（6）作好工程造价对比分析。

（7）清理、装订好竣工图。

（8）按国家规定上报、审批、存档。

3. 竣工决算案例

[案例一]　为贯彻落实国家西部大开发的伟大战略，某建设单位决定在西部某地建设一项大型特色经济生产基地项目。该项目从2006年开始实施，到2008年底财务核算资料如下：

1. 已经完成部分单项工程，经验收合格后，交付的资产有：

（1）固定资产74739万元。

（2）为生产准备的使用期限在一年以内的随机备件、工具、器具29361万元。期限在一年以上，单件价值 2000 元以上的工具 61 万元。

（3）建造期内购置的专利权、非专利技术 1700 万元，摊销期为 5 年。

（4）筹建期间发生的开办费 79 万元。

2. 在建项目支出有：

（1）建筑工程和安装工程 15800 万元。

（2）设备工器具 43800 万元。

（3）建设单位管理费、勘察设计费等待摊投资 2392 万元。

（4）通过出让方式购置的土地使用权形成的其他投资 108 万元。

3. 非经营项目发生待核销基建支出 40 万元。

4. 应收生产单位投资借款 1500 万元。

5. 购置需要安装的器材 49 万元，其中待处理器材损失 15 万元。

6. 货币资金 480 万元。

7. 工程预付款及应收有偿调出器材款 20 万元。

8. 建设单位自用的固定资产原价 60220 万元。累计折旧 10066 万元。

反映在《资金平衡表》上的各类资金来源的期末余额是：

1. 预算拨款 48000 万元。

2. 自筹资金拨款 60508 万元。

3. 其他拨款 300 万元。

4. 建设单位向商业银行借入的借款 109287 万元。

5. 建设单位当年完成交付生产单位使用的资产价值中，有 160 万元属利用投资借款形成的待冲基建支出。

6. 应付器材销售商 37 万元货款和应付工程款 1963 万元尚未支付。

7. 未缴税金 28 万元。

问题：

1. 计算交付使用资产与在建工程有关数据，并将其填入表 6-1 中。

表 6-1　交付使用资产与在建工程数据表（一）　　　　（单位：万元）

资金项目	金额	资金项目	金额
（一）交付使用资产		（二）在建工程	
1. 固定资产		1. 建筑安装工程投资	
2. 流动资产		2. 设备投资	
3. 无形资产		3. 待摊投资	
4. 其他资产		4. 其他投资	

2. 编制大、中型基本建设项目竣工财务决算表，见表 6-2。

表 6-2　大、中型基本建设项目竣工财务决算表（一）　　　　（单位：万元）

资金来源	金额	资金占用	金额
一、基建拨款		一、基本建设支出	
1. 预算拨款		1. 交付使用资产	
2. 基建基金拨款		2. 在建工程	

资金来源	金额	资金占用	金额
3. 进口设备转账拨款		3. 待核销基建支出	
4. 器材转账拨款		4. 非经营项目转出投资	
5. 煤代油专用基金拨款		二、应收生产单位投资借款	
6. 自筹资金拨款		三、拨付所属投资借款	
7. 其他拨款		四、器材	
二、项目资本		其中：待处理器材损失	
1. 国家资本		五、货币资金	
2. 法人资本		六、预付及应收款	
3. 个人资本		七、有价证券	
三、项目资本公积金		八、固定资产	
四、基建借款		固定资产原价	
五、上级拨入投资借款		减：累计折旧	
六、企业债券资金		固定资产净值	
七、待冲基建支出		固定资产清理	
八、应付款		待处理固定资产损失	
九、未交款			
1. 未缴税金			
2. 未交基建收入			
3. 未交基建包干结余			
4. 其他未交款			
十、上级拨入资金			
十一、留成收入			
合 计：		合 计：	

3. 计算基建结余资金。

分析要点：

大、中型建设项目竣工财务决算表是反映建设单位所有建设项目在某特定日期的投资来源及其分布状态的财会信息资料。它是通过对建设项目中形成的大量数据整理后编制而成。通过编制该表，可以为考核和分析投资效果提供依据。

基本建设竣工决算，是指建设项目或单项工程竣工后，建设单位向国家汇报建设成果和财务状况的总结性文件。由竣工决算报表、竣工财务决算说明书、工程竣工图和工程造价对比分析等四个部分组成。大、中型建设项目竣工财务决算表是竣工决算报表体系中的一份报表。

填写资金平衡表中的有关数据，是为了了解建设期的在建工程的核算主要在"建筑安装工程投资""设备投资""待摊投资""其他投资"四个会计科目中反映。当年已经完工，交付生产使用资产的核算主要在"交付使用资产"科目中反映，并分成固定资产、流动资产、无形资产及其他资产等明细科目反映。

通过编制大、中型建设项目竣工财务决算表，熟悉该表的整体结构及各组成部分的内容、编制依据和步骤。

通过计算基建结余资金，了解如何利用报表资料为管理服务。

解：

问题1：

资金平衡表有关数据的填写见表6-3。

其中：固定资产 = 74739 + 61 = 74800万元。无形资产摊销期5年为干扰项，在建设期仅反映实际成本。

表6-3　交付使用资产与在建工程数据表（二）　　　　　（单位：万元）

资金项目	金额	资金项目	金额
（一）交付使用资产	105940	（二）在建工程	62100
1. 固定资产	74800	1. 建筑安装工程投资	15800
2. 流动资产	29361	2. 设备投资	43800
3. 无形资产	1700	3. 待摊投资	2392
4. 其他资产	79	4. 其他投资	108

问题2：

大、中型基本建设项目竣工财务决算表见表6-4。

表6-4　大、中型基本建设项目竣工财务决算表（二）　　　　（单位：万元）

资金来源	金额	资金占用	金额
一、基建拨款	108808	一、基本建设支出	168080
1. 预算拨款	48000	1. 交付使用资产	105940
2. 基建基金拨款		2. 在建工程	62100
3. 进口设备转账拨款		3. 待核销基建支出	40
4. 器材转账拨款		4. 非经营项目转出投资	
5. 煤代油专用基金拨款		二、应收生产单位投资借款	1500
6. 自筹资金拨款	60508	三、拨付所属投资借款	
7. 其他拨款	300	四、器材	49
二、项目资本		其中：待处理器材损失	15
1. 国家资本		五、货币资金	480
2. 法人资本		六、预付及应收款	20
3. 个人资本		七、有价证券	
三、项目资本公积金		八、固定资产	50154
四、基建借款	109287	固定资产原价	60220
五、上级拨入投资借款		减：累计折旧	10066
六、企业债券资金		固定资产净值	50154
七、待冲基建支出	160	固定资产清理	
八、应付款	2000	待处理固定资产损失	
九、未交款	28		
1. 未缴税金	28		
2. 未交基建收入			
3. 未交基建包干结余			
4. 其他未交款			
十、上级拨入资金			
十一、留成收入			
合　计：	220283	合　计：	220283

表中部分数据计算：

（1）固定资产＝固定资产原价－累计折旧＋固定资产清理＋待处理固定资产损失

$$= 60220 - 10066 = 50154（万元）$$

（2）应付款＝37＋1963＝2000（万元）

（3）资金来源＝资金占用

问题3：

基建结余资金＝基建拨款＋项目资本＋项目资本公积金＋基建借款＋企业债券资金＋待冲基建支出－基本建设支出－应收生产单位投资借款

$$= 108808 + 109287 + 160 - 168080 - 1500 = 48675（万元）$$

四、竣工决算与竣工结算的区别

竣工结算是承包方将所承包的工程按照合同规定全部完工交付之后，向发包单位进行的最终工程价款结算。竣工结算由承包方的预算部门负责编制。

竣工决算与竣工结算的区别见表6-5。

表6-5　竣工决算与竣工结算的区别

区别	工程竣工结算	工程竣工决算
编制对象	单位工程或单项工程	建设项目
编制单位	承包方的预算部门	项目业主的财务部门
性质	工程造价结算	项目财务决算
内容	建设工程项目竣工验收后甲乙双方办理的最后一次结算。反映的是承包方承包施工的建筑安装工程的全部费用。它最终反映承包方完成的施工产值	建设工程从筹建开始到竣工交付使用为止的全部建设费用，它反映建设工程的投资效益。其内容：竣工工程平面示意图、竣工财务决算、工程造价比较分析
作用	1. 承包方与业主办理工程价款最终结算的依据 2. 双方签订的建筑安装工程承包合同终结的凭证 3. 业主编制竣工决算的主要材料	1. 业主办理交付、验收、动用新增各类资产的依据 2. 竣工验收报告的重要组成部分

第二节　新增资产价值的确定

一、新增固定资产

固定资产是指使用期限超过一年，单位价值在1000元、1500元或2000元以上，并且在使用过程中保持原有实物形态的资产，包括房屋、建筑物、机械、运输工具等。不同时具备以上两个条件的资产为低值易耗品，应列入流动资产范围内，如企业自身使用的工具、器具、家具等。

1. 确定新增固定资产价值的作用

（1）如实反映企业固定资产价值的增减变化，保证核算的统一性。

（2）真实反映企业固定资产价值的占用额。

（3）正确反映企业固定资产折旧。

（4）反映一定范围内固定资产再生产的规模与速度。

（5）分析国民经济各部门的技术构成变化及相互间适应的情况。

2. 新增固定资产价值的构成

（1）第一部分工程费用，包括设备及工器具费用、建筑工程费、安装工程费。

（2）第二部分工程建设其他费用，包括建设管理费、建设用地费、可行性研究费、勘察设计费、环境影响评价费、劳动安全卫生评价费、场地准备及临时设施费、引进技术和进口设备的其他费、工程保险费、联合试运转费、特殊设备安全监督检验费、市政公用设施费等。

（3）预备费（已进入竣工结算额）。

（4）融资费用，包括建设期利息及其他融资费用。

3. 新增固定资产价值的计算

新增固定资产价值的计算是以独立发挥生产能力的单项工程为对象的，当单项工程建成经有关部门验收鉴定合格，正式移交生产或使用，即应计算新增固定资产价值。一次交付生产或使用的工程一次计算新增固定资产总值，分期分批交付生产或使用的工程，应分期分批计算新增固定资产价值。

在计算时应注意以下几种情况：

（1）对于为了提高产品质量、改善劳动条件、节约材料消耗、保护环境而建设的附属辅助工程，只要全部建成，正式验收交付使用后就要计入新增固定资产价值。

（2）对于单项工程中不构成生产系统，但能独立发挥效益的非生产性项目，如住宅、食堂、医务室、托儿所、生活服务网点等，在建成并交付使用后，也要计算新增固定资产价值。

（3）凡购置达到固定资产标准不需安装的设备、工具、器具，应在交付使用后计入新增固定资产价值。

（4）属于新增固定资产价值的其他投资，应随同受益工程交付使用的同时一并计入。

（5）交付使用财产的成本，应按下列内容计算：

1）房屋、建筑物、管道、线路等固定资产的成本包括建筑工程成本和应分摊的待摊投资。

2）动力设备和生产设备等固定资产的成本包括需要安装设备的采购成本、安装工程成本、设备基础支柱等建筑工程成本或砌筑锅炉及各种特殊炉的建筑工程成本、应分摊的待摊投资。

3）运输设备及其他不需要安装的设备、工具、器具、家具等固定资产一般仅计算采购成本，不计分摊的"待摊投资"。

（6）共同费用的分摊方法。新增固定资产的其他费用，如果是属于整个建设项目或两个以上单项工程的，在计算新增固定资产价值时，应在各单项工程中按比例分摊。分摊时，什么费用应由什么工程负担应按具体规定进行。一般情况下，建设单位管理费按建筑工程、安装工程、需安装设备价值总额按比例分摊，而土地征用费、勘察设计费等费用则按建筑工程造价分摊。

二、新增无形资产

无形资产是指特定主体所控制的，不具有实物形态，对生产经营长期发挥作用且能带来经济利益的资源。主要有专利权、商标权、专有技术、著作权、土地使用权、商誉等。

新增无形资产的计价原则如下：

（1）投资者将无形资产作为资本金或者合作条件投入的，按照评估确认或合同协议约定的金额计价。

（2）购入的无形资产，按照实际支付的价款计价。

（3）企业自创并依法确认的无形资产，按开发过程中的实际支出计价。

（4）企业接受捐赠的无形资产，按照发票凭证所载金额或者同类无形资产市场价作价。

无形资产计价入账后，其价值从受益之日起，在有效使用期内分期摊销。

三、新增流动资产

流动资产是指可以在一年或者超过一年的营业周期内变现或者耗用的资产。它是企业资产的重要组成部分。流动资产按资产的占用形态可分为现金、存货（指企业的库存材料、在产品、产成品、商品等）、银行存款、短期投资、应收账款及预付账款。

依据投资概算核拨的项目铺底流动资金，由建设单位直接移交使用单位。

四、新增其他资产

其他资产是指除固定资产、无形资产、流动资产以外的资产。形成其他资产原值的费用主要是生产准备费（含职工提前进厂费和培训费），样品、样机构置费和农业开荒费等。

新增其他资产的构成：建设项目投资中，工程建设其他费用中的生产准备及开办费，形成新增其他资产（递延资产）。

第三节　保修费用的处理

一、建设项目保修

（一）建设项目保修及其意义

1. 建设项目保修的含义

建设项目保修是项目竣工验收交付使用后，在一定期限内由施工单位到建设单位或用户进行回访，对于工程发生的确实是由于施工单位施工责任造成的建筑物使用功能不良或无法使用的问题，由施工单位负责修理，直到达到正常使用的标准。

2. 建设项目保修的意义

建设工程质量保修制度是国家所确定的重要法律制度，建设工程保修制度对于完善建设工程保修制度、促进承包方加强质量管理、保护用户及消费者的合法权益能够起到重要的作用。

（二）保修的范围和最低保修期限

1. 保修的范围

建筑工程的保修范围应包括地基基础工程、主体结构工程、屋面防水工程和其他土建工程，以及电气管线、上下水管线的安装工程，供热、供冷系统工程等项目。

2. 保修的期限

（1）基础设施工程、房屋建筑的地基基础工程和主体结构工程，为设计文件规定的该工程的合理使用年限。

（2）屋面防水工程、有防水要求的卫生间、房间和外墙面的防渗漏保修期为5年。

（3）供热与供冷系统保修期为2个采暖期和供热期。

（4）电气管线、给水排水管道、设备安装和装修工程保修期为2年。

（5）其他项目的保修期限由承发包双方在合同中规定。建设工程的保修期，自竣工验收合格之日算起。

（三）保修的操作方法

1. 发送保修证书（房屋保修卡）

在工程竣工验收的同时（最迟不应超过7天），由施工单位向建设单位发送建筑安装工程保修证书。保修证书目前在国内没有统一的格式或规定，应由施工单位拟定并统一印刷。保修证书一般的主要内容包括：①工程简况、房屋使用管理要求；②保修范围和内容；③保修时间；④保修说明；⑤保修情况记录；⑥保修单位（即施工单位）的名称、详细地址等。

2. 要求检查和保修

在保修期间内，建设单位或用户发现房屋的使用功能出现问题，是由于施工质量而影响使用，可以用口头或书面通知施工单位的有关保修部门，说明情况，要求派人前往检查修理。施工单位必须尽快地派人检查，并会同建设单位共同作出鉴定，提出修理方案，尽快地组织人力、物力进行修理。房屋建筑工程在保修期间出现质量缺陷，建设单位或房屋建筑产权人应当向施工单位发出保修通知，施工单位接到保修通知后，应到现场检查情况，在保修书约定的时间内予以保修，发生涉及结构安全或者严重影响使用功能的紧急抢修事故，施工单位接到保修通知后，应当立即到达现场抢修。发生涉及结构安全的质量缺陷，建设单位或者房屋建筑产权人应当立即向当地建设主管部门报告，采取安全防范措施；由原设计单位或者具有相应资质等级的设计单位提出保修方案，施工单位实施保修，原工程质量监督机构负责监督。

3. 验收

在发生问题的部位或项目修理完毕后，要在保修证书的"保修记录"栏内做好记录，并经建设单位验收签认，此时修理工作完毕。

二、保修费用及其处理

1. 保修费用的含义

保修费用是指对保修期间和保修范围内所发生的维修、返工等各项费用支出。

2. 保修费用的处理

根据《中华人民共和国建筑法》的规定，在保修费用的处理问题上，必须根据修理项目的性质、内容以及检查修理等多种因素的实际情况，区别保修责任的承担问题，对于保修的经济责任的确定，应当由有关责任方承担。由建设单位和施工单位共同商定经济处理办法。

（1）承包单位未按国家有关规范、标准和设计要求施工，造成的质量缺陷，由承包单位负责返修并承担经济责任。

（2）由于设计方面的原因造成的质量缺陷，由设计单位承担经济责任，可由施工单位负责维修，其费用按有关规定通过建设单位向设计单位索赔，不足部分由建设单位负责协同有关方解决。

（3）因建筑材料、建筑构配件和设备质量不合格引起的质量缺陷，属于承包单位采购的或经其验收同意的，由承包单位承担经济责任；属于建设单位采购的，由建设单位承担经济责任。

（4）因使用单位使用不当造成的损坏问题，由使用单位自行负责。

（5）因地震、洪水、台风等不可抗拒原因造成的损坏问题，施工单位、设计单位不承担经济责任，由建设单位负责处理。

（6）根据《中华人民共和国建筑法》第七十五条的规定，"建筑施工企业违反该法规定，不履行保修义务的，责令改正，可以处以罚款。并对在保修期间因屋顶、墙面渗漏、开裂等质量缺陷造成的损失，承担赔偿责任"。质量缺陷因勘察设计原因、监理原因或者建筑材料、建筑构配件和设备等原因造成的，根据民法规定，施工企业可以在保修和赔偿损失之后，向有关责任者追偿。因建设工程质量不合格而造成损害的，受损害人有权向责任者要求赔偿。因建设单位或者勘察设计的原因、施工的原因、监理的原因产生的建设质量问题，造成他人损失的，以上单位应当承担相应的赔偿责任。受损害人可以向任何一方要求赔偿，也可以向以上各方提出共同赔偿要求。有关各方之间在赔偿后，可以在查明原因后向真正责任人追偿。

（7）涉外工程的保修问题，除参照上述办法进行处理外，还应依照原合同条款的有关规定执行。

第四节 烂尾楼及其防范

全过程造价控制，服务于整个建设项目管理，其总体目标：一是实现建设目标，二是实现造价控制目标。但现实中，由于各种各样的原因使项目失败，导致项目目标不能如期实现，甚至形成烂尾楼。烂尾楼的形成使造价管理工作也前功尽弃。因此在本章中引入烂尾楼的叙述，旨在引起工程造价人员的高度重视，更加重视全过程造价控制。

一、烂尾楼及其危害

（一）烂尾楼的概念

烂尾楼是指已经办理用地、规划手续，项目开工后，因开发商无力继续投资建设或陷入债务纠纷，停工一年以上的房地产项目。通常是因为政府对房地产项目审批缺乏实际审核导致项目资金链断裂而没能完工的房地产项目。此外，还有因为产权发生纠纷的，工程质量不合格等原因而停工的项目，也算作烂尾楼。

（二）烂尾楼的危害

由于房地产是资金密集型行业，因此，烂尾楼往往占用了大量的资金，包括大量借贷资金。因此，银行往往是最大的债权人，也是最大的直接受损者。银行不但损失利息收入，还很有可能损失本金，是银行的不良资产。烂尾楼还有破坏城市形象，浪费土地资源，以致破坏投资者信心等危害。

（三）实例

1. 世界最大的"烂尾楼"柳京饭店

该饭店位于朝鲜平壤，这是一幢未完工的摩天大楼，如图6-1所示。整体结构成三角金字塔型，斜面角度为75°，共105层，高330m。据称，柳京饭店原计划成为拥有3000间客房的超级大厦，并成为全球最高的饭店之一，计划于1989年开始营业。然而自从1982年开始建设之后，1992年完成结构工程后便一直停工，成为世界上最大的"烂尾楼"。目前，这仅是一座混凝土空壳结构，未安装窗户以及外墙模板，更没有任何内部装置。其实这座饭店是冷战时期的产物，最初预算是7.5亿美元。

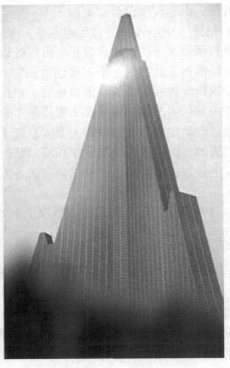

图6-1 世界最大"烂尾楼"柳京饭店

2. 哈尔滨"烂尾楼"——华风国际商城

据了解，华风国际商城位于南岗区湘江路—赣水路，毗邻会展中心、高尔夫球场、万达商贸广场，项目2003年开始建设，停工已经四年。由于项目搁浅，引发了开发商和承建商之间的一系列诉讼和仲裁纠纷。项目建设规模28余万平方米，如图6-2所示。

二、烂尾楼的成因及防范

（一）烂尾楼形成的原因

烂尾楼形成的原因较多，主要有两种原因：

（1）项目没有经过合法的审批流程，所以可能在选址、规划、建设方面是违规的。有些人，认为有靠山有钱财，无视政府法律法规，硬要造楼，结果被判定为违章建筑，即使建筑物造好了，也没有水电气的配套，这样的楼就成为烂尾楼了。

（2）工程款不到位。任何工程都不是资金全部到位才开始动工的，而是资金到位一部分就开工了，结果，工程造到一定的程度，钱不够了，就无法建造。特别是现在建筑材料涨价厉害，工程建设超预算很多，业主方筹集不到资金，只好不再建造，无奈中半拉子工程赤裸在烈日下，任凭风吹雨打，成为烂尾楼，最终拍卖。

（二）解决烂尾楼问题

近几年来，各个城市处置"烂尾楼"的风潮越来越高涨，根据各地不同的情况，各个地方政府出台了一系列的措施，使当地的"烂尾楼"枯木逢春，焕发出新的生机。

图6-2　哈尔滨"烂尾楼"华凤国际商城

采取措施对新的房地产项目的投资进行监管和支持。根据《城市商品房预售管理办法》继续对商品房预售进行监管，以保证建房资金的充足，同时保证房产项目有足够的需求人群，防止产生新的"烂尾楼"。建立或修订相关法规，加强建设用地的审批力度（查看地图），对申请用地单位的投资项目可行性分析进行详细的审查，以保障宝贵的土地资源的合理利用，达到最大的效用。引入新的金融工具对新房产项目的融资进行支持。根据我国民间资金相对较为充足的情况，政府可以通过自己的力量，促使新的金融工具的使用，引导民间对房地产项目进行投资。

引入的金融工具包括资产证券化和金融信托。这两种金融工具都可以促进民间资本的流动，使稀缺的资源得到充分的利用。前者是指通过将在建的项目或完成项目抵押而获得资金支持的融资方式；而后者是通过金融机构经办，代理他人运用资金、筹集资金、买卖有价证券等。政府在促进这两种金融工具的发展时应起的作用是加强良好的社会信用体制的建立，并尽快出台有关法规政策来规范参与者的行为，同时建立良好的会计审计体系。利用这些金融工具，可以防止一些优秀项目的"流产"。

对于已经出现的"烂尾楼"，采取"一楼一策"的措施来处理。在"烂尾楼"现象比较严重的城市，当地政府出台有关优惠政策引导有能力的经济主体投资"烂尾楼"的建设，比如允许新的开发商对投资项目原来的规划进行调整，特别是对于那些经济前景不好的"烂尾楼"。虽然这样可能会在短时间之内令政府的利益受损，但是随着"烂尾楼"问题的解决，将会使政府获得更多的经济效益，同时带来很好的社会效益。

物业的价值更多地取决于地块的价值。对于那些目前已经有3年以上"烂尾年龄"的"烂尾楼"，虽然最初开发时周边环境尚不够好，但是由于经济的发展，周边地带得到了普遍的开发，因此使项目所在的土地价格也水涨船高，同时由于当时的地价比现在要低，而且长期搁置，在开发商的心理预期不是很高的情况下，投资商往往可以用较低的资金拿下"烂尾"项目，从而预期可以获得较高的利润，这种类型的"烂尾楼"对于大多数的投资者无疑是一个巨大的吸引，因此这类"烂尾楼"可以由开发商通过自身的市场行为获取资金支持。比如，开发商由于看到该项目的良好前景，通过合理的投资计划获得银行等部门的资金支持，或者将项目转让给其他开发商，或者找到新的合作者共同投资开发，又或者寻求信托资金的支持，或者采取资产证券化的方式，从而为工程注入新的血液，解决"烂尾楼"问题。

对于那些存在着经济纠纷的"烂尾楼"，债权债务关系比较复杂，应该通过法院组织拍卖，以求在公平、公正的环境下使"烂尾楼"所存在的问题明朗化，从而促进问题的解决。这也是比较行之有效的方法。成都的假日大厦曾经被称为成都的一号"烂尾楼"。该项目于2003年6月18日被上海东渡集团高价拍得，并成功地改造为小户型商业住宅时代凯悦，并于不久前开始发售。

对于一些长期闲置、没有开发商投资、难以竣工的房产项目，政府或者通过市场方式收购该项目，或者根据有关法规将该项目所占的土地依法收回，然后由政府决定如何处置。政府可以在此基础上修建办公楼或公用设施（这样可以弥补政府收购的部分损失），也可以将该项目拆除，在原地上修建绿地或广场，改善城市环境；还有人认为可以将有些"烂尾楼"作为大型的艺术仓库，用来演戏、搞画展或者做成艺术博览中心，这种建议也不无可行性，最起码为艺术家提供了一个交流的平台，不仅可以促进文化事业的发展，还可以普遍提高市民的文化修养。

对于那些涉嫌经济犯罪的项目，公安机关应该尽早介入调查，以保护有关经济参与者的权益。比如广州中诚广场，在2003年对其收购的过程中，由于某家公司蓄意诈骗，使得包括民生银行、深圳发展银行、天津农信社等多家金融机构数以亿计的巨额资金被洗劫而去，给社会带来极坏的影响，严重影响该项目的收购建设。

"烂尾楼"是一个由来已久而又影响极坏的现象，成功解决这一现象对于我国实现和谐社会的目标、建设全面的小康社会都有重要的意义，应该引起充分的重视。

本 章 小 结

建设项目竣工决算是指在竣工验收交付使用阶段，由建设单位编制的建设项目从筹建到竣工投产或使用全过程的全部实际支出费用的经济文件。

竣工决算通常是建设项目竣工后编制一系列反映建设项目经济效果的文件，由建设单位的财务部门编制；竣工结算是就施工发承包的工程项目的工程造价结算，由施工单位编报，建设单位组织审核，达成一致得到竣工结算工程造价。

新增资产价值包括工程费用、工程建设其他费用、预备费（已进入结算）、融资费用（包括建设期利息及其他融资费用）。

建设工程质量保修制度是国家所确定的重要法律制度，建设工程保修制度对于完善建设工程保修制度、促进承包方加强质量管理、保护用户及消费者的合法权益能够起到重要地作用。

思 考 题 与 习 题

思考题

1. 区别竣工决算与竣工结算。

2. 竣工报表与最终报表是不是一回事？

3. 竣工决算应包括哪些具体内容？竣工决算的基础是什么？

4. 新增固定资产的内容有哪些？其计算原则是什么？

5. 在编制竣工决算时，新增固定资产价值应以什么为计算对象，为什么？新增无形资产的计价原则有哪些？

6. 在建设项目竣工决算中，建设单位管理费应按什么方式进行等比例分摊？

7. 某工业建设项目及其总装车间的建筑工程费、安装工程费、需安装设备费以及应分摊费用见表 6-6，则总装车间新增固定资产价值是多少？

表 6-6　分摊费用　　　　　　　　　　　　　　　（单位：万元）

决算内容 ＼ 决算项目	建筑工程	安装工程	需安装设备	建设单位管理费	土地征用费	勘察设计费
建设项目竣工决算	2400	500	1000	80	120	50
总装车间竣工决算	600	200	400			

[案例题]

某建设单位拟编制某工业生产项目的竣工决算。该建设项目包括 A、B 两个主要生产车间和 C、D、E、F 四个辅助生产车间及若干附属办公、生活建筑物。在建设期内，各单项工程竣工结算数据见表 6-7。工程建设其他投资完成情况如下：支付行政划拨土地的土地征用及迁移费 500 万元，支付土地使用权出让金 700 万元；建设单位管理费 400 万元（其中 300 万元构成固定资产）；地质勘察费 80 万元；建筑工程设计费 260 万元；生产工艺流程系统设计费 120 万元；专利费 70 万元；非专利技术费 30 万元；获得商标权 90 万元；生产职工培训费 50 万元；报废工程损失 20 万元；生产线试运转支出 20 万元，试生产产品销售款 5 万元。

表 6-7　某建设项目决算数据　　　　　　　　　　（单位：万元）

项目名称	建筑工程	安装工程	需安设备	不需安设备	生产工器具	
					总额	达到固定资产标准
A 生产车间	1800	380	1600	300	130	80
B 生产车间	1500	350	1200	240	100	60
辅助生产车间	2000	230	800	160	90	50
附属建筑	700	40		20		
合计	6000	1000	3600	720	320	190

问题：

1. 什么是建设项目竣工决算？竣工决算包括哪些内容？

2. 编制竣工决算的依据有哪些？

3. 如何进行竣工决算的编制？

4. 试确定 A 生产车间的新增固定资产价值。

5. 试确定该建设项目的固定资产、流动资产、无形资产和其他资产价值。

参 考 文 献

[1] 尹贻林. 工程造价计价与控制 [M]. 3 版. 北京：中国计划出版社，2003.

[2] 柯洪. 全国造价工程师执业资格考试培训教材：工程造价计价与控制 [M]. 北京：中国计划出版社，2009.

[3] 齐宝库，黄如宝. 全国造价工程师执业资格考试培训教材：工程造价案例分析 [M]. 北京：中国城市出版社，2009.

[4] 中华人民共和国住房和城乡建设部. GB 50500—2013 建设工程工程量清单计价规范 [S]. 北京：中国计划出版社，2013.

[5] 中国建设工程造价管理协会. CECA/GC1—2007 建设项目投资估算编审规程 [S]. 北京：中国计划出版社，2007.

[6] 中国建设工程造价管理协会. CECA/GC2—2007 建设工程招标控制价编审规程 [S]. 北京：中国计划出版社，2007.

[7] 中国建设工程造价管理协会. CECA/GC6—2011 建设项目工程结算编审规程 [S]. 北京：中国计划出版社，2011.

[8] 国家发展和改革委员会，建设部. 建设项目经济评价方法与参数 [M]. 3 版. 北京：中国计划出版社，2006.

[9] 中华人民共和国2007年版标准施工招标文件使用指南 [M]. 北京：中国计划出版社，2008.

[10] 国际咨询工程师联合会，中国工程咨询协会. FIDIC 施工合同条件 [M]. 北京：机械工业出版社，2002.

[11] 余明，柯洪. 建设单位会计 [M]. 北京：机械工业出版社，2005.

[12] 中国建设工程造价管理协会. 建设工程造价管理基础知识 [M]. 北京：中国计划出版社，2007.

[13] 吴现立，冯占红. 工程造价控制与管理 [M]. 武汉：武汉理工大学出版社，2004.

[14] 天津理工大学造价工程师培训中心. 全国造价工程师执业资格考试辅导及模拟训练——工程造价计价与控制 [M]. 北京：中国建筑工业出版社，2008.

[15] 马永军，张翠红. 新疆工程造价从业人员培训教材：工程造价计价与控制 [M]. 北京：中国计划出版社，2003.

教材使用调查问卷

尊敬的老师：

　　您好！欢迎您使用机械工业出版社出版的"高等职业教育'十二五'规划教材"，为了进一步提高我社教材的出版质量，更好地为我国教育发展服务，欢迎您对我社的教材多提宝贵的意见和建议。敬请您留下您的联系方式，我们将向您提供周到的服务，向您赠阅我们最新出版的教学用书、电子教案及相关图书资料。

　　本调查问卷复印有效，请您通过以下方式返回：

邮寄：北京市西城区百万庄大街 22 号机械工业出版社建筑分社（100037）
　　　张荣荣（收）

传真：010-68994437（张荣荣收）　　　　Email：21214777@ qq. com

一、基本信息

姓名：＿＿＿＿＿＿＿＿＿职称：＿＿＿＿＿＿＿＿＿＿职务：＿＿＿＿＿＿＿＿＿

所在单位：＿＿＿＿＿＿＿＿＿＿＿＿＿＿＿＿＿＿＿＿＿＿＿＿＿＿＿＿＿＿＿

任教课程：＿＿＿＿＿＿＿＿＿＿＿＿＿＿＿＿＿＿＿＿＿＿＿＿＿＿＿＿＿＿＿

邮编：＿＿＿＿＿＿＿＿＿＿＿＿地址：＿＿＿＿＿＿＿＿＿＿＿＿＿＿＿＿＿＿

电话：＿＿＿＿＿＿＿＿＿＿＿＿电子邮件：＿＿＿＿＿＿＿＿＿＿＿＿＿＿＿＿

二、关于教材

1. 贵校开设土建类哪些专业？

□建筑工程技术　　　　□建筑装饰工程技术　　　　□工程监理　　　　□工程造价

□房地产经营与估价　　□物业管理　　　　　　　　□市政工程　　　　□园林景观

□道路桥梁工程技术

2. 您使用的教学手段：□传统板书　□多媒体教学　□网络教学

3. 您认为还应开发哪些教材或教辅用书？＿＿＿＿＿＿＿＿＿＿＿＿＿＿＿＿＿＿＿

4. 您是否愿意参与教材编写？希望参与哪些教材的编写？

课程名称：＿＿＿＿＿＿＿＿＿＿＿＿＿＿＿＿＿＿＿＿＿＿＿＿＿＿＿＿＿＿＿

形式：　　□纸质教材　　□实训教材（习题集）　　□多媒体课件

5. 您选用教材比较看重以下哪些内容？

□作者背景　　　□教材内容及形式　　　　□有案例教学　　　　□配有多媒体课件

□其他

三、您对本书的意见和建议（欢迎您指出本书的疏误之处）＿＿＿＿＿＿＿＿＿＿＿

＿＿＿＿＿＿＿＿＿＿＿＿＿＿＿＿＿＿＿＿＿＿＿＿＿＿＿＿＿＿＿＿＿＿＿＿＿＿

＿＿＿＿＿＿＿＿＿＿＿＿＿＿＿＿＿＿＿＿＿＿＿＿＿＿＿＿＿＿＿＿＿＿＿＿＿＿

四、您对我们的其他意见和建议＿＿＿＿＿＿＿＿＿＿＿＿＿＿＿＿＿＿＿＿＿＿

＿＿＿＿＿＿＿＿＿＿＿＿＿＿＿＿＿＿＿＿＿＿＿＿＿＿＿＿＿＿＿＿＿＿＿＿＿＿

＿＿＿＿＿＿＿＿＿＿＿＿＿＿＿＿＿＿＿＿＿＿＿＿＿＿＿＿＿＿＿＿＿＿＿＿＿＿

请与我们联系：

100037　　　北京西城百万庄大街 22 号

机械工业出版社·建筑分社　张荣荣　收

Tel：010-88379777（0），68994437（Fax）

E-mail：21214777@ qq. com

http://www. cmpedu. com（机械工业出版社·教材服务网）

http://www. cmpbook. com（机械工业出版社·门户网）

http://www. golden-book. com（中国科技金书网·机械工业出版社旗下网站）